谨以此书献给

东南大学115周年校庆！

建筑学院90周年院庆！

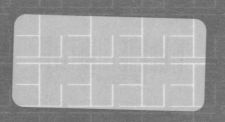

謹以此卡敬祝
东南大学 115 周年校庆!
建筑学院 90 周年院庆!

建造·性能·人文与设计系列丛书

国家自然科学基金资助项目"基于构件法建筑设计的装配式建筑建造与再利用碳排放定量方法研究"(51778119)

国家"十二五"科技支撑计划课题"水网密集地区村镇宜居社区与工业化小康住宅建设关键技术与集成示范"(2013BAJ10B13)

由建造到设计

——可移动建筑产品研发设计及过程管理方法

丛 勐 著

东南大学出版社

南 京

内容提要

建筑设计最终通过建造加以实现。可移动建筑产品研发面向建造过程,将传统建筑学对设计的关注转变为对建造的关注,将传统的建筑作品模式转变为工业化的建筑产品模式。可移动建筑产品研发学习借鉴制造业的产品研发理论、方法与技术,为建筑产品向制造业方向的转变提供了方法与路径。

本书主要对可移动建筑产品研发设计及过程管理方法展开研究。首先对可移动建筑的相关概念、发展历程、应用领域、价值特性等进行基础性阐述。然后从理论研究层面,基于并行工程与产品总体设计理论,对可移动建筑产品研发过程系统要素的构成及系统结构的构建进行研究,提出了由执行域、支撑域和管理域构成的可移动建筑产品研发过程三域系统结构。接下来从方法研究层面,提出了产品研发设计与研发过程管理的具体方法与技术。在建立可移动建筑产品研发过程分解结构基础上,明确了产品研发活动的具体内容及相关研发设计方法。基于设计结构矩阵技术,提出了可移动建筑产品研发流程设计方法。基于集成多视图建模技术,提出了可移动建筑产品集成多视图研发过程管理建模方法。最后通过可移动铝合金建筑产品研发实例,对可移动建筑产品研发设计与过程管理方法进行了实践。

图书在版编目(CIP)数据

由建造到设计:可移动建筑产品研发设计及过程管理方法 /丛勐著. — 南京:东南大学出版社,2017.7

(建造·性能·人文与设计系列丛书 / 张宏主编)

ISBN 978-7-5641-7270-1

Ⅰ.①由… Ⅱ.①丛… Ⅲ.①移动式—建筑设计 Ⅳ.①TU2

中国版本图书馆 CIP 数据核字(2017)第 167457 号

书　　名:由建造到设计——可移动建筑产品研发设计及过程管理方法
著　　者:丛　勐
责任编辑:戴　丽
文字编辑:贺玮玮　魏晓平
责任印制:周荣虎
出版发行:东南大学出版社
社　　址:南京市四牌楼 2 号　　邮编:210096
网　　址:http://www.seupress.com
出 版 人:江建中

印　　刷:南京玉河印刷厂
排　　版:南京布克文化发展有限公司
开　　本:889mm×1194mm　1/16　印张:12.75　字数:410 千字
版　　次:2017 年 7 月第 1 版　2017 年 7 月第 1 次印刷
书　　号:ISBN 978-7-5641-7270-1
定　　价:58.00 元
经　　销:全国各地新华书店
发行热线:025-83790519　83791830

序一

　　2013年秋天，我在参加江苏省科技论坛"建筑工业化与城乡可持续发展论坛"上提出：建筑工业化是建筑学进一步发展的重要抓手，也是建筑行业转型升级的重要推动力量。会上我深感建筑工业化对中国城乡建设的可持续发展将起到重要促进作用。2016年3月5日，第十二届全国人民代表大会第四次会议政府工作报告中指出，我国应积极推广绿色建筑，大力发展装配式建筑，提高建筑技术水平和工程质量。可见，中国的建筑行业正面临着由粗放型向可持续型发展的重大转变。新型建筑工业化是促进这一转变的重要保证，建筑院校要引领建筑工业化领域的发展方向，及时地为建设行业培养新型建筑学人才。

　　张宏教授是我的学生，曾在东南大学建筑研究所工作近20年。在到东南大学建筑学院后，张宏教授带领团队潜心钻研建筑工业化技术研发与应用十多年，参加了多项建筑工业化方向的国家级和省级科研项目，并取得了丰硕的成果，建造·性能·人文与设计系列丛书就是阶段性成果，后续还会有系列图书出版发行。

　　我和张宏经常讨论建筑工业化的相关问题，从技术、科研到教学、新型建筑学人才培养等等，见证了他和他的团队一路走来的艰辛与努力。作为老师，为他能取得今天的成果而高兴。

　　此丛书只是记录了一个开始，希望张宏教授带领团队在未来做得更好，培养更多的新型建筑工业化人才，推进新型建筑学的发展，为城乡建设可持续发展做出贡献。

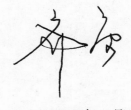

2016年3月

序二

　　建筑构件的制作、生产、装配,建造成各种类型建筑的方法、模式和过程,不仅涉及过程中获取和消耗自然资源和能源的量以及产生的温室气体排放量(碳排放控制),而且通过产业链与经济发展模式高度关联,更与在建筑建造、营销、运营、维护等建筑全生命周期各环节中的社会个体和社会群体的权力、利益和责任相关联。所以,以基于建筑产业现代化的绿色建材工业化生产——建筑构件、设备和装备的工业化制造——建筑构件机械化装配建成建筑——建筑的智能化运营、维护——最后安全拆除建筑构件、材料再利用的新知识体系,不仅是建筑工业化发展战略目标的重要组成部分,而且构成了新型建筑学(Next Generation Architecture)的内容。换言之,经典建筑学(Classic Architecture)知识体系长期以来主要局限在为"建筑施工"而设计的形式、空间与功能层面,需要进一步扩展,才能培养出支撑城乡建设在社会、环境、经济三个方面可持续发展的新型建筑学人才,实现我国建筑产业现代化转型升级,从而推动新型城镇化的进程,进而通过"一带一路"战略影响世界的可持续发展。

　　建筑工业化发展战略目标是将经典建筑学的知识体系扩展为新型建筑学的知识体系,在如下五个方面拓展研究:

　　(1) 开展基于构件分类组合的标准化建筑设计理论与应用研究。

　　(2) 开展建造、性能、人文与设计的新型建筑学知识体系拓展理论与人才培养方法研究。

　　(3) 开展装配式建造技术及其建造设计理论与应用研究。

　　(4) 开展开放的 BIM(Building Information Modeling,建筑信息模型)技术应用和理论研究。

　　(5) 开展从 BIM 到 CIM(City Information Modeling,城市信息模型)技术扩展应用和理论研究。

　　本系列丛书作为国家"十二五"科技支撑计划项目 2012BAJ16B00"保障性住房工业化设计建造关键技术研究与示范",以及 2013BAJ10B13 课题"水网密集地区村镇宜居社区与工业化小康住宅建设关键技术与集成示范"的研究成果,凝聚了以中国建设科技集团有限公司为首的科研项目大团队的智慧和力量,得到了科技部、住房和城乡建设部有关部门的关心、支持和帮助。江苏省住房和城乡建设厅、南京市住房和城乡建设委员会以及常州武进区江苏省绿色建筑博览园,在示范工程的建设和科研成果的转化、推广方面给予了大力支持。"保障性住房新型工业化建造施工关键技术研究与示范"课题 2012BAJ16B03 参与单位南京建工集团有限公司、常州市建筑科学研究院有限公司及课题合作单位南京长江都市建筑设计股份有限公司、深圳市建筑设计研究总院有限公司、南京市兴华建筑设计研究院股份有限公司、江苏省邮电规划设计院有限责任公司、北京中外建建筑设计有限公司江苏分公司、江苏圣乐建设工程有限公司、江苏建设集团有限公司、中国建材(江苏)产业研究院有限公司、江苏生态屋住工股份有限公司、南京大地建设集团有限责任公司、南京思丹鼎建筑科技有限公司、江苏大才建设集团有限公司、南京筑道智能科技有限公司、苏州科逸住宅设备股份有限公司、浙江正合建筑网模有限公司、南京嘉翼建筑科技有限公司、南京翼合华建筑数字化科技有限公司、江苏金砼预制装配建筑发展有限公司、无锡泛亚环保科技有限公司,给予了课题研究在设计、研发和建造方面的全力配合。东南大学各相关管理部门以及由建筑学院、土木工程学院、材料学院、能源与环境学院、交通学院、机械学院、计算机学院组成的课题高校研究团队紧密协同配合,高水平地完成了国家支撑计划课题研究。最终,整个团队的协同创新科研成果:"基于构件法的刚性钢筋笼免拆模混凝土保障性住房新型工业化设计建造技术系统",参加了"十二五"国家科技创新成就展,得到了社会各界的高度关注和好评。

最后感谢我的导师齐康院士为本丛书写序,并高屋建瓴地提出了新型建筑学的概念和目标。感谢东南大学出版社及戴丽老师在本书出版上的大力支持,并共同策划了这套建造·性能·人文与设计丛书,同时感谢贺玮玮老师在出版工作中所付出的努力,相信通过系统的出版工作,必将推动新型建筑学的发展,培养支撑城乡建设可持续发展的新型建筑学人才。

东南大学建筑学院建筑技术与科学研究所

东南大学工业化住宅与建筑工业研究所

东南大学 BIM-CIM 技术研究所

东南大学建筑设计研究院有限公司建筑工业化工程设计研究院

2016 年 10 月 1 日于容园·南京

目　　录

第一章　绪论

第一节　研究背景

一、建筑工业化之路

进入新世纪，处于调整变革之中的世界经济与产业格局在新技术革命的推动下出现了全新的发展趋势。众多科技领域与新兴产业正在酝酿或已取得了巨大突破，一系列最新科技成果正迅速地转化为现实生产力。发展战略性新兴产业和先进制造业，占领未来竞争的制高点，已成为世界各国的共识。我国的产业总体上仍处于世界产业链的中低端，把握世界新技术与产业变革的方向，大力发展新兴产业，利用技术创新驱动传统产业转型升级是我国未来经济发展的必由之路。2002年中国共产党第十六次全国代表大会报告中首次提出了"新型工业化"的概念，指出"坚持信息化带动工业化，以工业化促进信息化，走出一条科技含量高、经济效益好、资源消耗低、环境污染少、人力资源优势得到充分发挥的新型工业化道路"，在之后的"十七大"报告中进一步提出了新型工业化应"由主要依靠增加物质资源消耗向主要依靠科技进步、劳动者素质提高、管理创新转变"。

在新型工业化道路上，也包含了建筑业的新型工业化。建筑业作为我国国民经济的基础性支柱产业之一，具有广泛的包容性，其对于促进国家经济产业发展、解决社会就业、提高居民收入、缓解社会矛盾、促进社会稳定等都起到了十分重要的作用。到2013年，我国建筑业完成的总产值已达15.9万亿元，建筑业增加值在GDP总量中所占比例已近7%[1]。然而客观分析，我国建筑业仍属于劳动密集型的传统产业，总体上仍相对落后，还存在众多问题。首先，建筑生产效率较低，生产仍主要以手工操作与半机械化的粗放模式为主，存在大量的现场施工作业，建筑质量得不到有效保障，工程质量水平受到限制；其次，建筑业从业人员绝大多数为农民工，工人的业务素质得不到保证，流动性大，劳动强度高，社会保障水平较低，劳动者缺乏尊严感；最后，建筑业落后的生产方式造成了大量的资源浪费与环境污染，消耗了大量的建造材料以及水、电等资源，建筑建造过程中所产生的大量建筑垃圾、建筑施工扬尘、建筑施工噪音等成为城市环境的重要污染源。如何面对以上的问题，对于21世纪的中国建筑业来说既是挑战也是机遇。转型升级走新型建筑工业化的道路,逐步实现建筑产业现代化是克服传统建筑业弊端,使建筑业持续健康发展,迎接挑战抓住机遇的必要途径与内在需求。

建筑工业化的思想始于20世纪初的欧洲。第二次世界大战后,由于大量的建设需求,建筑工业化以其突出的综合效益得以广泛应用并快速发展。我国的建筑工业化开始于20世纪50、60年代,期间在借鉴前苏联的经验基础上,对建筑工业化进行了初步的探索。20世纪70—80年代,我国的建筑工业化经历了阶段性的规模发展,虽然此阶段的建筑工业化体系还存在众多问题,但其对建筑工业化方向的积极探索为此后的发展奠定了一定基础。进入90年代,由于住房制度的改革、商品化住宅的发展以及混凝土现浇施工技术的不断完善等多方面原因,以装配式建筑为主体的建筑工业化进程出现了短暂的停滞。进入21世纪,由于传统建筑业的能源消耗、建筑污染等问题日益显现,中国的人口红利逐渐消失以及城镇化的快速发展等原因,为了使传统建筑业转型提升,新型建筑工业化成为当前与未来建筑业的发展方向,我国的建筑工业化之路进入了新的发展时期。

提及建筑工业化首先涉及“建筑产业化”的概念。“建筑产业化”是指整体建筑产业链的产业化,将建筑工业化延伸至上游的产品研发,下游的材料、能源直至产品销售等,把建筑产业链的资源进行不断调配而趋向配置及效益均衡。建筑产业化强调的是社会化大生产及建筑产业的资源优化配置。而建筑工业化则更为具体,其关注的是建筑业领域内生产方式的变革,采用工业大规模方式生产建筑产品。建筑工业化是建筑产业化的基础和前提,是实现产业化的手段和方法,建筑产业化的核心便是建筑工业化。当前新时期的新型建筑工业化是以建筑产品全生命周期内的经济效益、环境效益和社会效益的综合优化为目标,强调信息化与建筑业的深度融合,整合设计研发、生产制造、建造施工等整体产业链,通过掌握先进的研发建造技术与现代组织管理方法,实现建筑产品全生命周期的可持续发展与价值最大化。目前我国的建筑工业化采用较多的是工厂化预制生产、现场装配施工的生产方式,其主要特征有设计标准化、生产工厂化、施工装配化、装修一体化、管理信息化等。

二、向制造业学习

在工业中占有重要比重的制造业在新型工业化道路中有着举足轻重的地位,是新型工业化实施的主要载体之一。改革开放30多年来,我国制造业作为国民经济的主体和支柱产业为工业化发展做出了巨大贡献,取得了举世瞩目的成就。在2012年中国共产党第十八次全国代表大会报告中指出要“坚持走新型工业化道路,要推动战略性新兴产业、先进制造业健康发展”,通过制造业的转型升级,持续发展带动其他相关产业同步提升。在当前世界范围内的新技术革命中,先进制造业正以前所未有的速度快速发展,产品的升级换代日新月异,从享誉世界的苹果手机到宣称颠覆汽车业的特斯拉电动汽车,具有高科技含量、高质量品质的制造业产品层出不穷。然而反观我国的传统建筑业,长期以来粗放的建设与管理模式,致使相当一部分建筑产品在质量、成本、效率等层面上相较于先进制造业产品有着很大差距。

要改变传统建筑业的面貌,需要走新型建筑工业化的道路,将建筑业与制造业深度整合。通过借鉴学习先进制造业的生产方式,吸收运用先进制造业的研发方法、制造技术与管理模式,将先进制造业的生产方式作为改造传统建筑业的手段与工具,是实现新型建筑工业化的有效方法。汽车制造、飞机制造、船舶制造等先进制造业的产品开发战略、研发体系、制造流程、管理工具等为建筑业提供了全新参照系。通过对这些先进制造业生产方式的学习、借鉴与整合,为传统建筑业的转型提供了新的路径。通过对这些先进制造业的研发、制造技术进行学习转化,使建筑领域拥有了全新的问题解决方法。现今,具有先进制造技术、信息技术与现代管理技术的先进制造业已成为未来制造业发展的方向,新型建筑工业化需要结合先进制造业的最新发展,从系统层面将先进制造业的相关理论、方法与技术运用到建筑产品生产的全过程之中,形成先进的建筑工业化研发制造模式,实现建筑产品生产的系统化、集成化与信息化。

三、可移动的建筑

在 21 世纪信息时代,移动已成为人类生存的显著特征,我们过着以各种形态存在的"可移动"的生活。时空的界限正在模糊,人们通过智能手机、平板电脑等便携的电子产品可随时随地保持着信息联络;人们通过汽车、飞机、高速公路、高速铁路等高效的交通工具与交通系统,可随心所欲地改变着生活与工作的地点。世界已经变成了地球村,人们已经不再受固定的生活、工作空间的束缚,"可移动"成为一种生活方式。传统"固定"建筑已不能满足社会多样的功能需求,需要一种灵活高效、"可移动"的建筑形式来作为有效补充。此外,当前中国粗放的建设模式,给生态环境带来了沉重压力,广受诟病,急需新的建造与居住模式出现。面对人类生存状态的改变以及社会对建筑可持续发展的需求,"可移动建筑"对其做出了回应。工业化的可移动建筑产品以其特有的价值满足了社会对建筑产品的高效、绿色需求。可移动建筑运用了建筑领域的众多最新发展成果,代表了一种未来建筑发展的方向。从工厂预制装配到产品功能集成,从轻质高强的结构构件到节能环保的外围护材料,从灾后救援建筑到大型展览场馆,可移动建筑正在开创一片广阔的领域。

我国在向建筑产业现代化、新型建筑工业化发展的路径中,除了永久性、固定类建筑的工业化外,还应有非永久性、可移动类建筑的工业化;除了预制装配式混凝土建筑等重质建筑的工业化外,还应发展轻型结构建筑的工业化。发展工业化的可移动建筑是新型建筑工业化具体实施路径之一。可移动建筑产品生产对制造业生产模式的借鉴、学习与转化,彻底转变了传统建筑业的原有体系,构建了全新的可移动建筑产品研发、制造、管理系统。可移动建筑产品生产将传统建筑业现场施工的建造方式转变为工厂化的大规模预制生产,通过采用标准化、通用化、模块化、集成化、信息化等研发制造策略与科学管理手段,使建筑产品的性能与质量得以保证,生产效率、经济效益得以提高,作业环境得以改善,工人劳动强度得以降低,对资源环境的消耗与污染得以减少。

当前我国的可移动建筑正处于蓬勃发展之中。以其中最具代表性的轻钢结构活动房屋为例,近 10 年来活动房屋生产企业数量逐年增加,分布于全国各省区,已逐渐成为具有较强产业配套能力的独立行业。2008

年 5 月 12 日汶川大地震之后，在短短的一个半月时间内灾区就建立起了约 62 万套，1 200 万 m² 的救灾活动安置房，对抗震救灾起到了重要的作用[2]。目前国内几家知名的可移动建筑产品生产企业通过提高工业化生产能力，不断增强产品的综合性能，扩展可移动建筑产品的应用领域。

第二节 研究现状

一、可移动建筑相关研究

目前在国内各类学术文献中"可移动建筑"较少作为专有名词出现，国内对可移动建筑的相关理论研究较少且不够系统。现有研究大多只针对某一具体可移动建筑类别，如集装箱建筑、轻型结构活动房屋、临时性建筑等。

秦笛在其硕士学位论文《建筑的可移动性研究——以工业化住宅为例》中对可移动建筑的概念和形式特征进行了梳理，提出了建筑的可移动性所产生的背景和根源。吴峰在《可移动建筑物的特点及设计原则》一文中对可移动建筑的分类及可移动建筑设计基本原则进行了阐述。肖毅强分别从场地变化、建筑组装、空间灵活实用、建筑生长以及新材料新技术的应用方面对临时性建筑的概念进行了分析。赵劲军通过将箱式活动住宅与传统住宅进行对比分析，提出了箱式活动住宅的设计与建造新策略。王伟男、赵鹏分别从模块组合设计与物理性能改造方面对集装箱建筑的设计方法与建造流程展开研究，提出了箱体的适应性组合方式与改造措施。柏庭卫、顾大庆、胡佩玲通过设计原则分析和建造类型分类，对集装箱建筑基本箱体单元与附加构件的组合以及单元和结构之间的关系展开研究。张宏教授对铝合金轻型房屋系统展开研究，该房屋系统采用了模块化的内外围护体系和标准化的连接构件，在工厂预制加工组装，并通过集装箱模式进行高效物流运输，实现了工业化的产品设计与建造。朱竞翔基于总体设计思想对轻型建筑系统的设计与建造展开研究，从前期建筑系统的研究开发、生产建造的统筹管理到后期建筑系统的测试维护、资金的筹措与调配进行全过程控制，通过具体项目实践在系统的成型、适应性的扩展、围护体的突破、高度方向的拓展以及山地应用方面取得了一系列研究成果。李强、晁新强、傅爽、杨柳等主要对铝合金活动房与集装箱式活动房的力学性能进行了相关研究，提出了相应的结构设计策略。

国外对可移动建筑的研究较国内而言深入而广泛，大多数研究主要从建筑的便携性及预制装配视角切入，并结合了大量实施案例。英国利物浦大学建筑系自 1997 年起发起了关于便携式建筑与可移动环境的三次国际会议，对可移动建筑的发展前景、技术依托、实践应用等多方面进行了交流与探讨。利物浦大学的罗伯特·克罗嫩伯格（Robert Kronenburg）教授对可移动建筑进行过长期研究，先后发表过多部相关领域的学术著作，其在 *Architecture in Motion：The History and Development of Portable Building* 一书中通过具体案例，对可移动建筑的发展历史、应用领域及价值进行了阐述分析，并将可移动建筑划分为三种类型，分别为可整体移动的便携式建筑、可部分移动的再复位式建筑，以及可拆卸重新组装的可拆卸式建筑。此外艾琳·罗林斯(Irene Rawlings)与玛丽·阿贝尔(Mary Abel)、马蒂亚斯·施瓦兹·克劳斯(Mathias Schwartz-Clauss)以及皮拉尔·M.伊查瓦里亚(Pilar M. Echavarria)等也都通过典型案例对各种类型的可移动建筑进行过介绍与分析。大卫·克雷文(David Craven)与尼古拉·莫莱里(Nicola Morelli)提出现代社会生活存在"新游牧"特征,可移动建筑应通过技术创新对"游牧生活"做出回应。专门从事可移动建筑设计的美国女建筑师詹妮弗·西格尔(Jennifer Siegal)结合自身的建筑实践,将可移动设计理念应用于住宅、学校及商业建筑中,创作出众多优秀的预制装配式小住宅、可移动学校及可移动商店建筑等。日本建筑师坂茂通过人道主义活动,将纸质可移动建筑应用于世界范围内的援助项目中,发挥了可移动建筑的自身优势。LOT-EK 建筑设计工作室基于可持续发展生态理念,在现有工业产品基础上进行可移动建筑设计,完成了众多集装箱可移动建筑项目。慕尼黑工业大学的理查德·霍登(Richard Horden)教授团队于 2001 年开始进行"微家"(Micro Compact Home,MCH)项目研发,该项目通过工厂化的制造方式,将可移动建筑成功转变为工业化建筑产品,产品主要作为临时居住设施以满足学生、商务人士、游客等人群的休闲需求。

二、产品研发过程相关研究

对于产品研发过程研究,本书分别从建筑设计过程与制造业产品研发过程两方面进行文献查阅。在国内建筑设计过程研究领域,胡越在研究西方设计方法论基础上,对阿西曼的设计流程结构进行了转译,建立起建筑设计的流程结构,试图以建筑设计流程作为分析当代建筑设计变革与创新问题的工具。王利通过建立设计过程的三维模型,分别从设计阶段与设计程序层面对设计过程的阶段性与思维进程进行理解,将建筑设计的基本程序总结为:接受设计任务,分析设计条件,由问题到目标,概念构思,设计发展成型,设计的综合,交流、评价和决策,成果表达。赵红斌对建筑设计过程的几种基本过程模式进行了归纳,并对设计过程模式产生的原因及特征进行了分析。古美莹以提高建筑物理性能为目标,对建筑整体环境性能设计流程进行研究,提出由调研策划、边界形态设计、细化设计、室外环境设计、设备系统设计五阶段构成的流程结构。姜勇提出应建立一套基于 ISO 管理与流程优化理论的规范化、标准化的建筑设计质量控制程序,在各设计阶段之间设置检查关卡,使建筑设计过程做到可量化、可控制、可复制。徐维平以强化设计过程控制与管理为目标,通过对国内外建筑设计公司的设计方法与流程进行比较研究,从设计流程角度探讨了与之相匹配的设计格式体系与管理运行模式。王晶具体针对居住地产项目,通过项目调研与建筑师访谈,分析设计行为间的依赖与制约关系以及各设计阶段的关键性制约因素,提出控制要点,建立各设计阶段的信息输出数据库,并绘制出设计流程图。

在国内有关制造业产品研发过程的研究领域,武照云从技术层面提出了基于 DSM 的产品开发流程规划方法。曹守启分别从宏观与微观层面对产品开发过程规划技术展开研究。侯俊杰基于并行工程与集成产品开发理论,建立了以过程为中心的产品研发体系结构,并对产品研发过程规划策略与过程建模技术进行了分析。孔建寿从协同产品开发管理的角度,论述了协同产品开发过程建模与组织建模技术。吴子燕基于并行工程理论,提出了建筑产品的并行设计过程建模方法以及并行设计过程规划与仿真方法。郭峰通过产品设计过程建模方法与基于仿真的过程分析与评价方法研究,提出了机械产品设计过程改进的方法与策略。余本功从复杂产品开发过程管理的视角切入,建立了集成化复杂产品开发建模的模型框架。成飞飞基于Petri网与工作流模型技术,提出了建筑产品设计过程的结构化建模方法。钱晓明对支持产品并行开发过程的产品模型进行研究,提出了基于多视图的产品开发过程建模方法。唐敦兵研究了基于设计结构矩阵的并行产品开发过程重构算法,并运用遗传算法的基本原理开发了一种智能化多项目规划算法。梁开荣、张琦在构建汽车精益集成产品开发体系基础上,提出了结构化汽车产品开发流程的建立方法,将流程分为造型设计、产品工程开发、制造工程及工艺开发、样车制造与验证、生产启动共五个阶段。

在国外方面,卡尔·T.犹里齐(Karl T. Ulrich)与斯蒂芬·D.埃平格(Steven D. Eppinger)在《产品设计与开发》一书中将产品开发中的市场营销、设计与制造整合为一体,提出了一套完整的产品开发方法,指出"产品开发流程"(Product Development Process)是企业对一种产品进行规划、设计并投入市场的步骤或活动的序列。其将一般产品的开发流程划分为六个阶段,分别为计划、概念规划、系统水平设计、细节设计、测试与改进、产品推出,每个研发阶段均具有明确的职能任务及相应的研发方法。大卫·G.乌尔曼(David G. Ullman)将产品研发过程分为项目定义与计划、产品任务书定义、概念设计、产品开发、产品支持共五个阶段,并提出了基于决策矩阵的概念评价方法、基于稳健性设计的产品性能评价方法,以及基于可制造性、可装配性、可靠性设计的产品成本、制造、装配评价方法。格哈德·帕尔(Gerhard Pahl)与沃尔夫冈·贝茨(Wolfgang Beitz)全面总结了德国工程机械设计的经验,系统阐述了合理的工程设计过程以及各设计阶段的内容与工作方法,将工程设计过程主要划分四个主要阶段,分别为产品规划与阐明任务阶段、概念设计阶段、初步设计阶段、细节设计阶段。斯图尔特·皮尤(Stuart Pugh)提出了产品总体设计概念(Total Design),指出总体设计是一种具有清晰可视结构的系统化产品设计方法与模式,其强调产品设计过程是由一系列的核心设计活动组成的,涵盖了从市场需求分析到产品销售的全过程,包括了市场需求分析、产品任务书设计、概念设计、细节设计、制造以及销售阶段。罗伯特·G.库珀(Robert G. Cooper)建立了以产品研发流程结构化模型为核心的门径管理系统(Stage-Gate System,SGS),其将产品研发流程分解为一系列的研发阶段,各阶段由跨专业职能的并行活动组成。研发阶段主要包括:确定范围、确定商业项目、开发产品、测试与修正产品、将产品投向市场等。在通向每个阶段前都设置有关口检查点,担负各阶段研发成果质量的检测与决策。

通过以上对可移动建筑及产品研发过程研究现状的梳理,可以发现目前国内外对可移动建筑的研究主要针对可移动建筑的发展历程、特征、设计策略、物理与结构性能等方面,而从工业化建筑产品视角对可移动建筑产品研发过程展开的相关研究少之又少,因此本书对于可移动建筑产品研发过程设计与过程管理的研究在一定程度上弥补了上述不足。

第三节　研究目的与意义

一、问题提出

1. 设计与建造的分离

我国建筑工程基本建设程序由前期准备、设计、建设准备、建设施工、交付共五阶段构成,五阶段分别面向业主方、建筑设计方、施工承包方三方利益主体。在传统建设程序下,各利益主体往往只关注于自身阶段,忽视或缺乏与其他阶段的协同、配合,有时会形成建设阶段间的脱节,影响了建筑工程建设的实施效率。在三方利益主体中,建筑设计方主要负责设计阶段技术图纸的绘制,而前期准备阶段主要由业主方负责,建设准备与施工阶段则由施工承包方负责。设计方较少参与前期项目策划与后期建造施工过程之中,尤其是向后期阶段延伸的工作较少。由于客观上设计阶段与建造施工阶段的分离,使建筑设计方较难兼顾来自建造过程的制约要求,无法掌控从设计到建造的全过程、建筑产品的最终完成质量以及建造成本等关键问题,更不能确保建筑产品可以完全达到设计预期目标。

2. 建筑师角色的局限

千百年前建筑师们曾以全知全能的建筑领导者角色出现,然而随着现代建筑的发展,建筑系统变得越来越复杂,只有通过专业分工合作才能完成建筑的设计与建造。在此背景下,原本属于建筑师的众多职责被纷纷剥离,只剩下负责建筑生产流水线上的图纸化工作。在专业分工下,建筑师们的视野越发受到局限,其往往倾心于建筑艺术作品的创作,而作为建筑学本质内容的建筑建造过程、建造方法、建造技术等方面却已被许多建筑师们忽视。

3. 亟待提升发展的可移动建筑产品

虽然当前我国在可移动建筑领域已取得了很大发展,但不可否认相当数量的可移动建筑产品还属于低端产品。仍有许多可移动建筑生产厂家设备简陋,技术装配水平较低,还没有形成完整的产品研发、制造体系,没有运用先进的研发管理理论、方法与技术,产品的质量、性能相对较低,产品品质无法得以保证。因此,可移动建筑领域急需通过向先进制造业深入学习,以提升企业的研发与管理水平,完善工业化的研发体系,提高产品竞争力。

二、研究目的

如何才能弥合设计与建造间的裂隙?如何才能使建筑师重新回归"全能建筑师"的角色?如何才能促进可移动建筑行业的发展?本书从建筑师的视角,通过学习、借鉴制造业的先进产品研发理论、方法与技术,对可移动建筑产品研发过程展开研究以回答这些问题。本书对可移动建筑产品研发过程展开研究,一方面是为了建立、完善可移动建筑产品研发过程体系,明确过程系统要素的构建方法,另一方面是以可移动建筑产品研发为切入点,探索建筑产品研发向制造业方向转变的路径与方法,为工业化建筑产品设计提供借鉴,为传统建筑设计提供新的参照系。

1. 将"由设计到建造"转变为"由建造到设计"

"由设计到建造"是传统建筑工程项目的基本建设模式。在此模式下,设计阶段与建造阶段是串行关系,设计与建造相互分离,建筑产品的最终质量难以得到保证。本书的研究目的之一首先是想通过对可移动建筑产品研发过程的研究,将"由设计到建造"的传统建设模式转变为"由建造到设计"。可移动建筑产品研发基于并行工程与产品总体设计理论,产品设计同时面向设计与建造上下游过程,强调在研发前期阶段便运用面向建造的设计方法,对后期的工厂制造、装配及现场建造等活动加以关注并展开并行、一体化设计,最终提高建筑产品质量,缩减研发与建造周期。由此,所谓"由建造到设计"并不是指建设程序上的反转,而是强调设计与建造间的并行、一体化关系以及建造阶段对设计阶段的信息反馈(图1-1)。

图1-1 设计与建造间由串行到并行关系的转变

图片来源:作者绘制

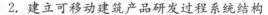

2. 建立可移动建筑产品研发过程系统结构

本书的研究目的之二是运用系统与集成理论,在并行工程体系结构基础上对可移动建筑产品研发过程进行系统分析研究,通过选择确定研发过程系统要素,并对要素间的协同性、集成性、整体性进行综合优化整合,最终构建起可移动建筑产品研发过程系统结构,为实现研发过程系统功能奠定基础。

3. 提出可移动建筑产品研发过程系统要素的构建方法

本书研究目的之三,即本书的核心研究目的是通过对"并行工程"与"产品总体设计"的理论、方法与技术进行吸收、转化与应用,对过程系统要素的内在运行机制进行研究,从产品研发过程与过程管理两方面,提出可移动建筑产品研发过程系统要素的构建方法,即基于过程的可移动建筑产品研发设计方法与研发过程管理方法,并最终完成过程系统的建设。

三、研究意义

相对于引领科技创新发展的学科领域,建筑学在客观上并不促使新知识的产生,相反其总以一种被动和延迟的姿态应对新的科学成果。然而建筑学的此种滞后性,反而有利于其广泛吸收不同学科领域的知识,突破自身的学科局限,从更广阔的视角去审视、发现自身问题,并以综合的知识背景去分析、解决问题,以形成创造性的解决方法,最终对社会与环境产生深刻影响。

1. 理论、方法与技术层面

本书通过学习与借鉴制造业产品研发理念,发挥并行工程与产品总体设计理论的优势,提出了建设可移动建筑产品研发过程系统的方法框架,以及包括可移动建筑产品研发设计与研发过程管理在内的具体研发管理方法与相关技术,为建设可移动建筑产品研发过程系统提供了较完整的理论与方法体系。本书通过对可移动建筑产品研发过程的研究,在建立产品研发过程分解结构基础上明确了产品研发活动的具体内容及研发设计方法;运用设计结构矩阵技术提出了可移动建筑产品研发流程设计方法;运用集成多视图建模技术提出了建立可移动建筑产品研发过程管理模型的方法。

2. 实践层面

本书从可移动建筑产品研发视角切入,通过学习制造业产品研发理论、方法与技术，为其他工业化建筑产品研发过程提供参照，为传统建筑设计过程提供了一种优化重构的方向。传统建筑设计可以借鉴可移动建筑产品研发过程，从产品视角去重新审视设计的目标；从过程视角去关注设计与建造的并行、一体化关系；从管理视角去关注设计过程的内在秩序与全过程管理方法，最终解决要建造什么、如何建造、怎样建造的问题。

本书对于可移动建筑产品研发设计及过程管理的研究，有利于促进可移动建筑行业产品研发体系的完善与管理水平的提高，提高可移动建筑产品综合性能，降低产品成本，缩减研发周期，推动可移动建筑行业的进一步优化升级，提高企业产品竞争力，促进可移动建筑行业的健康发展。

第四节　研究内容与方法

一、主要研究内容

本书从建筑师的视角，主要对"整体移动式与部分移动式"可移动建筑产品进行研究。主要研究内容可概括为"可移动建筑产品研发设计与过程管理方法"。主要研究对象包括可移动建筑产品研发过程系统、可移动建筑产品研发活动、可移动建筑产品研发流程以及可移动建筑产品研发过程管理等。

本书的主要章节内容安排如下：

第一章介绍了本书的研究背景，综述了国内外相关研究现状及存在的不足，并在此基础上提出了本书的研究目的与意义、研究内容、研究方法及结构框架。

第二章对可移动建筑产品的相关概念进行了界定与解析。通过具体案例对可移动建筑的发展历程与应用领域进行介绍，并对可移动建筑所具有的特性与价值进行了阐述。最后在对传统建筑设计与建造及制造业产品研发进行论述基础上，提出了可移动建筑产品研发应借鉴、学习制造业的产品研发理论、方法与技术，实现建筑师角色及组织的转变、流程的转变以及技术工具与设计方法的转变。

第三章基于系统与集成理论，确立了可移动建筑产品研发过程系统的构成要素。以并行工程的体系结构为蓝本，提出了由执行域、支撑域和管理域构成的可移动建筑产品研发过程的三域系统结构。基于并行工程与产品总体设计理论，阐述了可移动建筑产品研发过程系统要素的构建方法。

第四章对产品工作分解结构的相关概念进行了概述，在总结与借鉴建筑工程建设与制造业产品研发的过程分解结构基础上，建立起可移动建筑产品研发过程分解结构。在明确可移动建筑产品研发阶段划分与研发活动范围基础上，对产品定义与规划、概念方案设计、系统层面设计、建造设计、原型产品建造以及产品测试阶段的研发活动内容与研发设计方法展开研究，提出了基于质量功能展开的可移动建筑产品任务书的制定方法、概念方案设计方法、产品平台化策略与模块化构造设计方法以及面向建造的设计方法等。

第五章对设计结构矩阵的定义与发展、分类及分析运算方法进行了概述。阐述了基于设计结构矩阵的并行产品研发过程优化方法,具体包括有划分算法、定耦操作、信息依赖度求解、割裂算法等。在并行产品研发过程优化方法基础上,提出了可移动建筑产品研发流程设计的基本步骤与方法,并对可移动建筑产品研发流程模型的具体构建过程进行了阐述。

第六章对产品研发过程系统建模及集成多视图建模的概念与相关方法进行了概述。在明确管理及现代项目管理知识体系相关概念基础上,建立基于并行工程的可移动建筑产品研发过程管理活动体系,并对时间进程管理、人员组织管理、物力资源管理以及财力资源管理活动的主要任务、内容、作用及管理方法进行了论述。最后,以集成多视图过程系统建模技术为依据,提出了适用于可移动建筑产品研发过程管理的集成多视图研发过程管理建模方法,确立了由过程视图、产品视图、组织视图及资源视图构成的可移动建筑产品集成多视图研发过程管理模型的结构框架,最终通过多视图间的集成建立起可移动建筑产品集成多视图研发过程管理模型。

第七章以可移动铝合金建筑产品研发为具体案例,对基于过程的可移动铝合金建筑产品研发设计与集成多视图过程管理建模进行了阐述。具体介绍了可移动铝合金建筑产品系统分解结构,产品研发活动的内容及其成果,产品研发流程,产品研发集成多视图过程管理模型中产品、过程、组织、资源视图以及多视图集成的内容。

二、研究方法

本书在建筑学基础上结合管理学、系统学、工业工程学以及机械设计学科的相关知识,具体运用包括并行工程、产品总体设计、产品设计开发、项目管理、模糊数学等在内的相关理论、方法与技术,对可移动建筑产品研发过程展开研究。具体的研究方法有以下方面。

1. 比较研究

本书通过对传统建筑产品的建设过程、设计过程、设计方法,与制造业产品的生产过程、研发过程、研发方法进行比较分析,将可借鉴学习的制造业产品研发相关理论、方法及技术转化应用于可移动建筑产品研发设计及过程管理研究中。

2. 定性与定量相结合研究

本书主要运用过程分解结构方法对可移动建筑产品研发范围与研发活动间的层级结构展开定性研究,运用了设计结构矩阵及集成多视图建模方法对产品研发流程建模和产品研发过程管理建模进行定性与定量相结合研究,以提高对可移动建筑产品研发过程研究的科学性与客观性。

3. 理论研究与实践应用相结合

本书通过可移动铝合金建筑产品的研发实践,将可移动建筑产品研发设计及过程管理的具体方法与技术应用于实际研发项目中。通过实践,总结实际产品研发过程中的问题,发现不足之处,从而促进研发设计及过程管理方法的进一步优化。

第五节　研究框架

　　本书首先对向制造业方向转变的可移动建筑产品的相关概念、发展历程与应用领域、特性与价值，以及具体转变内容进行基础性研究；然后基于相关制造业产品研发理论，从理论层面对可移动建筑产品研发过程系统的建设进行研究；接下来，作为本书的核心内容，从方法层面分别对可移动建筑产品研发活动的具体内容与相关研发设计方法、可移动建筑产品研发流程设计方法以及可移动建筑产品研发过程的管理方法进行研究；最后以可移动铝合金建筑产品研发为实践案例，对产品研发设计与集成多视图过程管理建模的内容进行了阐述（图1-2）。

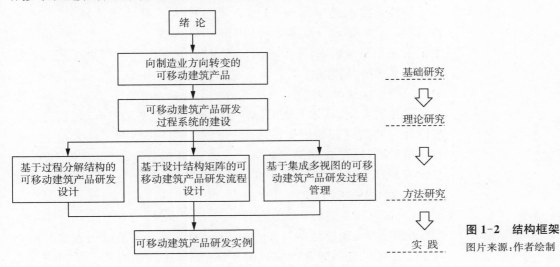

图 1-2　结构框架
图片来源：作者绘制

注释

[1]　吴涛.加快转变建筑业发展方式促进和实现建筑产业现代化[N].中国建设报，2014-02-28(8)

[2]　林施颖.轻钢结构活动房屋的现状及发展趋势[J].钢结构，2011，26(10):54

第二章　向制造业方向转变的可移动建筑产品

在科学技术进步驱动下，当今世界建筑发展日新月异，建筑的材料、设备、建造技术等众多方面都取得了巨大进步。世界摩天大楼的高度记录在不断被刷新，像中国国家体育场"鸟巢"、中国中央电视台总部大楼等众多极具挑战性的宏大工程不断被建造完成。然而在这些夺人眼球的明星建筑外表之下，其建造方式与近百年来相比，似乎并没有发生实质性的变化，总体上依旧保持了从设计到建造的基本建设模式，建筑设计与建造过程依旧会经历漫长时间，建造仍然会消耗大量的人力与自然资源，建设效率仍然较低。反观世界制造业的发展，如汽车、航空航天、船舶制造业等在过去百年间所取得进步，是建筑业所远不能达到的。这些先进制造业通过生产方式的不断革新，生产效率得以持续提高；通过不间断地转化运用最新科学技术成果，引领和推动着本行业持续快速发展；通过理念与方法的不断创新，推动着产品研发过程持续改进。面对先进制造业所取得的丰硕成果，建筑业的从业者们不得不进行反思，建筑业如何才能跟上科学技术快速发展的步伐，如何才能彻底改变相对滞后的生产方式？毫无疑问，向制造业学习，用制造业的生产方式革新建筑业，走建筑工业化之路是当前与未来建筑业的发展途径之一。

面向制造业的可移动建筑产品生产通过借鉴、吸收、运用先进制造业的生产管理方式与制造业进行深度整合，在产品全生命周期范围内，控制产品成本、提高产品质量，缩短生产周期，将传统的建筑设计转变为建筑产品研发，将建筑施工转变为建筑产品的制造与装配，将设计与建造相分离的传统建设模式转变为一体化的建筑产品研发与建造过程，最终实现建筑产品的研发与建造模式向制造业方向的转变。

第一节　可移动建筑产品的概念界定与解析

一、产品

产品（Product）在《马克思主义与当代辞典》中的定义是：产品即劳动生产物，为人们有目的生产劳动所创造、具有使用价值并能满足人们某种需要的物品[1]。此定义中的产品一般指具有实体形态的物品，定义的范围相对狭义。当今产品的内涵早已被拓展，从广义上讲，为满足人们某种需求而进行的活动或过程以及过程所产生的结果都可称为产品。产品可以是有形的，也可以是无形的。

国际标准化组织(ISO)把产品分为四类，它们分别是：

硬件类产品：指具有特定形态的并可分离的有形产品，它们由各种材料、零部件、组件装配、制造、建造而成。硬件类产品主要由建筑业、机械制造业、轻工业等行业制造生产，产品如机器设备、汽车、飞机、房屋等。

服务类产品：通过生产者内部活动所产生的结果以及与消费者间的活动，来满足消费者需求的产品。金融服务业、通讯服务业、交通服务业、公共事业服务业等行业所提供的产品都属于服务类产品。

软件类产品：指由各种信息载体中的信息所构成的知识产品。软件类产品的外在形式可以表现为图纸、程序、概念等。软件开发、建筑勘察设计、法律咨询等行业的产品为软件类产品。

过程性材料类产品：由原材料加工转化成预定状态的有形产品，其状态可以是液态、气态、板状、线状、粒状等等，石油制品、水泥、木材、钢筋等产品均属于过程性材料类产品。

依据以上产品定义与分类标准，本书所研究的可移动建筑产品为工程化的、独立的实体形态产品，并属于硬件类产品。

二、制造业产品

1. 制造业与制造业产品

制造业是对自然物质资源及工农业生产所需的原材料进行加工与再加工制造，为国民经济其他行业提供生产资料，为全社会提供生活消费品的国民经济行业。美国生产与库存管理协会(APICS)根据生产过程的组织方式和生产批量方式，将制造业划分为离散型制造业和流程型制造业两类生产类型。离散型制造业以单件生产为特征，通过离散型加工和组装的制造方式，对物料进行非连续性的物理或机械化加工，主要代表有汽车、船舶、飞机制造业等。流程型制造业主要通过连续的生产路径对物料进行一系列混合、分离、成型或化学反应等生产加工，生产出有价值的工业产品，主要代表有化学工业、食品工业、医药工业等。此外APICS还根据制造环境及生产策略将制造业生产分为按订单设计、按订单生产、按订单装配、按库存生产四类生产方式。

在我国《国民经济行业分类》(GB/T 4754—2011)标准中将国民经济行业分为20大门类，其中包括制造业与建筑业。制造业又分为31大类，本书所研究借鉴的制造业产品属于离散型制造业，主要为汽车、船舶、机械和各类设备制造业等所生产的有形的、可分离的产品。

2. 先进制造业

先进制造业是相对于传统制造业提出的，"先进"一词的内涵主要体现为产业的先进性、技术的先进性与管理的先进性，是指制造业不断吸收先进的制造技术、信息技术与现代管理技术等，并将高新技术综合应用于产品研发与制造等全过程，而形成先进的研发制造模式，实现产品生产全过程的系统化、集成化、信息化。目前先进制造业的代表行业主要有计算机、通讯、电子、汽车、机械设备、船舶、航空航天等制造业。

三、建筑产品

"建筑"一词在英文中对应有"Architecture"和"Building"两词。"Building"主要指通称的建筑物,其主要侧重于工程技术方面的内涵,在广义上泛指能够满足人类物质功能需求的建筑工程。而"Architecture"一词的含义主要是从人类精神需求的层面出发,将建筑作为能够满足人类物质与精神双重需求的艺术作品,即"建筑艺术"。本书所研究的可移动建筑主要倾向于"Building"一词,侧重于建筑的工程技术物质层面。

张钦楠在其编著的《建筑设计方法学》一书中将建筑分为"遮蔽物、产品、文物"三个层级系统,以分别达到"安全、效益、文化价值"三个目标[2]。遮蔽物体现了建筑最原始的基础功能;产品创造了经济、社会与环境效益;建筑的文物性也就是建筑的文化价值,反映了社会的文化与思想意识。在资本主义社会之前,建筑物只是作为消耗品而存在。当资本登上历史舞台后情况发生了改变,建筑不仅利用其自身的使用价值与交换价值创造社会财富,而且还成为投资品。建筑变成了"产品",建筑业成为现代国家的支柱性产业。从设计目标角度来看,遮蔽物所关注的是建筑基本的材料、结构及安全等要素,而建筑产品所关注的是在产品的全生命周期内如何创造出新的价值。张钦楠根据我国的实际情况,从效益角度将建筑产品分为三类:营利性产品,如宾馆、商场等;公益性产品,如学校、医院、图书馆等;综合性产品,如体育馆、剧院等。张钦楠对于建筑的层级划分与目标定义,体现了广义层面上建筑产品与其他工业产品相比较所具有的内在区别与特殊性。

建筑业是专门从事土木工程、房屋建设和设备安装以及工程勘察设计工作的生产部门[3]。在 JG/T 151—2003《建筑产品分类和编码》建筑行业标准中将建筑产品定义为:建筑工程从立项、设计、施工、使用到维修全过程中所用到的产品,包括各种硬件、流程性材料、软件、服务以及它们的组合。凡可供在建筑中单独使用的任何一种上述实体,就是一种建筑产品。该标准根据我国建筑行业的专业划分,将建筑产品分为通用、结构、建筑和设备四种类型。其中结构部分包括室外工程产品、混凝土产品、砌体产品、金属产品以及木和塑料产品;建筑部分包括维护结构和防护材料产品、门窗和幕墙材料产品、室内外装修产品、专用建筑制品产品、家具和装饰品产品、特殊建筑和系统产品;设备部分包括专用设备产品、传输设备产品、水暖通风和空调产品,以及电气电子产品[4]。

《建筑经济大辞典》对建筑产品做了如下定义:"建筑产品主要是指建筑业生产的,具有功能、可供使用的物质成果与非物质成果。"建筑产品首先可划分为物质产品与精神产品。物质产品又包括实物产品和非实物产品。实物产品可分为:最终产品即建筑物和构筑物;中间产品即建筑材料、建筑构配件与建筑制品等。非实物产品分为:建筑技术产品即新理

图 2-1 建筑产品的种类与范围
图片来源:作者绘制
参考文献:黄汉江.建筑经济大辞典[M].上海:上海社会科学院出版社,1990:457

论、新技术等建筑专利;建筑设计产品即建筑勘察、设计、规划成果等产品;建筑劳务产品即安装劳务等不带料的工程以及咨询服务产品等。精神产品是指独立存在的建筑艺术成果[5](图 2-1)。

本书借鉴《建筑经济大辞典》对建筑产品的定义与划分,将本书所研究的建筑产品界定为最终实物产品。而《建筑产品分类和编码》中所定义的建筑产品,如混凝土产品、砌体产品、维护结构和防护材料产品、门窗和幕墙材料产品、室内外装修产品、水暖通风和空调产品等大部分可界定为中间产品,其并不被包括在本书的研究范围内。

四、固定建筑产品

根据本书对建筑产品概念的界定,当前的绝大多数建筑产品具有固定、不可移动的特性,相对于可移动建筑产品而言,笔者在本书中将其定义为"固定建筑产品"。例如,混凝土结构建筑,其在固定场地被现场建造,建筑基础与地基相连接、固定,在非破坏的前提下,建筑物整体不可移动。从设计与建造的角度分析,当前固定建筑产品相较于其他制造业产品主要有以下特性。

(1)产品的固定性

固定建筑产品选择在固定场地进行现场建造施工,建筑基础与地基相连接固定,建筑物一旦建成,除受外部不可抗力影响,其在生命周期内整体不可移动。

(2)产品的唯一性

建筑产品不同于制造业产品可大量重复性制造,每个建筑工程项目都是通过业主的委托,根据不同的任务要求进行单独设计与单独建造,产品的建造地点、类型、功能、规模等都各不相同,产品具有唯一性。

(3)产品的整体性

建筑产品一般具有较大的空间体积,占用较多的土地资源。建筑一经建成,便较难以对其进行非破坏性前提下的拆卸分解,产品整体性强。

(4)产品生产的流动性

建筑产品的固定性决定了建筑项目必须在不同的地点进行施工建造,而不能同大多数制造业产品一样在工厂进行集中制造。建筑施工人员、材料、机具设备等需随着建筑产品建造地点的变动而相应流动。

(5)产品生产的长周期性

建筑产品从设计到建造的流程复杂,大多建筑产品具有较大的体量,在施工中大量采用手工建造方式,建造施工过程受外部环境条件影响较大。因此建筑产品最终的建成耗费了大量的人力、物力、财力,形成了较长的生产周期。

五、可移动建筑产品

笔者针对本书所研究的范围与内容,从狭义层面对可移动建筑产品概念做如下界定:可移动建筑产品是指通过工厂化预制生产,以整体移动、部分移动以及可拆卸现场装配移动方式,改变建筑物的坐落或建造地点,以适应外部环境,满足使用需求的建筑产品类型。这里所定义的"移动"是指建筑产品在建造或坐落地点建造完成就位后,具有再次或多次被移动的能力。常见的可移动建筑产品有各类轻型板式活动房、集装箱可移动房屋、工厂预制的可移动小住宅、可反复拆解重建的各种临时性建筑等。目前在国内得以快速发展的装配式混凝土建筑在建造完成后大多不再具备被拆解移动的能力，故此类建筑不属于可移动建筑产品，不在本书的研究范围之内。

固定建筑产品生产具有单件性、一次性的特点，建筑产品固定、生产人员流动；离散型制造业产品具有重复生产的特点，产品流动、生产人员固定，工厂生产制造完成的产品，一般即是最终产品；装配式混凝土建筑在工厂预制生产的主要为建筑构件、部品等中间建筑产品，而最终完成的建筑产品仍需在现场进行建造装配。可移动建筑产品与离散型制造业产品的生产方式更为接近，相当一部分可移动建筑产品在经过工厂化批量重复性制造后，便可完成最终建筑产品的主体部分，在现场只需要再进行简单基础性的建造活动即可。

六、可移动建筑产品的分类

从机械运动的视角观察，城市公共领域的人工物质大体可以分为静止固定部分与可移动部分两大类。静止的部分包括大部分的固定建筑物、公共工程设施等，而可移动部分则主要包括各种交通运输工具及本书所研究的可移动建筑等。可移动建筑相对于固定建筑，在全部建筑类型中只占有相对较少的数量。然而，可移动建筑凭借自身的特有功能，使其在建筑领域具有不可或缺的作用，并成为固定建筑的重要补充。

为适应不同的外部环境及功能需求，不同的可移动建筑产品在形式、功能、建造方式上有着很大的差别。本书从可移动建筑产品的建造与移动方式角度，将其分为三种类型：整体移动式可移动建筑产品、部分移动式可移动建筑产品以及可拆卸现场装配式可移动建筑产品。

1. 整体移动式可移动建筑产品

整体移动式可移动建筑产品（图2-2）能够被以整体的方式移动到新的建造地点，并以最快的速度投入使用。此类可移动建筑产品通常将运输方式作为设计与建造考虑的重点，并将移动运输的特性整合到建筑整体设计之中。例如，在建筑底部直接装上轮子，被车辆拖挂进行运输，或将建筑整体吊装到交通运输工具之上进行运输，再或采用集装箱的规格尺寸与运输吊装构造，通过集装箱的运输方式进行运输。整体移动式可移动建筑产品的规格体量通常会因为其运输方式而受到限制。

2. 部分移动式可移动建筑产品

如果想将一个尺度与质量巨大的物体快速搬运移动，通常最好的方法是将其分解成为若干部分，再分别运输。例如航天运载火箭由多个舱段组成，在发射前需要将不同舱段分别独立运输，最后在发射场总装成为完整的火箭。部分移动式可移动建筑产品有着与运载火箭相似的运输移动方式。部分移动式可移动建筑产品（图2-3）能够被分解为多个独立部分，分别进行运输。当到达建造现场后，再将各个部分快速装配、拼装为完整建筑。

3. 可拆卸现场装配式可移动建筑产品

蒙古族传统的居住建筑蒙古包由一些相对独立的轻质构件组成，将其拆解后可通过人力和马匹进行搬运，到达新的定居地点后，再按

图2-2　运输中的整体移动式可移动建筑产品

图片来源：Kronenburg R. Architecture in Motion：The History and Development of Portable Building[M]. New York：Routledge Press，2014：151

图2-3　建造中的部分移动式可移动建筑产品

图片来源：Smith R E. Prefab Architecture：A Guide to Modular Design and Construction [M]. Hoboken：John Wiley & Sons Inc，2010：261

照构件相互间的原有空间关系进行组装，形成整体。虽然时代变迁，但蒙古包的建造与运输移动模式仍可为今天所借鉴，成为可拆卸现场装配式可移动建筑产品的经典参照蓝本。可拆卸现场装配式可移动建筑产品（图 2-4）由便于拆卸的材料、构件构成，拆卸后的所有构件可通过不同的运输方式灵活运输，最终在建造现场进行再次现场总体装配。

图 2-4　建造中的可拆卸现场装配式可移动建筑产品
图片来源：Kronenburg R. Portable Architecture［M］. Burlington：Architectural Press，2003：196

以上将可移动建筑产品分为整体移动式、部分移动式与可拆卸现场装配式三种类型的分类方式，可应用于绝大部分的可移动建筑产品类型。本书所研究的可移动建筑产品主要限定于整体移动式与部分移动式可移动建筑产品类型。

第二节　广义层面可移动建筑的发展历程与应用领域

在远古时代，原始人为了遮风避雨、躲避危险，用树枝、兽皮、草叶等自然材料搭建起的简易栖息庇护场所已经具备了可移动建筑的初步特征。此外，世界许多民族的传统居住形式，如游牧民族的帐篷、依水而居民族的船屋等，都随着居住地的不断变化而处于移动之中，它们也可被称为"移动的房屋"。这些原始传统的可移动房屋所体现的居住模式、可移动特性以及建构原理，仍可为几千年后之今日建筑所研究借鉴。本节在广义层面选取具有代表性的可移动建筑，对其简要的历史发展脉络及应用领域进行阐释。

一、发展历程

1. 传统的可移动建筑

"游牧"是游牧民族的生存生活方式。游牧人群或逐水草而居，或沿商路迁徙，或追寻着猎物的足迹，他们为了寻找理想的生存环境、生存空间，往往不远千里。在游牧者的不断迁徙中，帐篷因其简洁的构造、突出的环境适应性与便携性，成为他们最适宜的房屋居住形式，满足了游牧人不断移动中的生活居住需求。世界游牧民族所使用的帐篷有着众多的类型与形态，总体来看最具代表性的有贝都因人的黑帐篷（Black Tent）、印第安人的圆锥形帐篷（Tipi）和蒙古包（Yurt）。

黑帐篷除了是贝都因人的传统居住形式外，还被北非、中东、西藏等其他地区的游牧民族所运用。黑帐篷的篷面通过撑杆和拉索进行拉结支撑，其构造原理与现代的张拉结构系统非常相似。黑帐篷通常选择在背风的地点进行搭建，通过调整撑杆的高度来改变帐篷内空间的大小。黑帐篷篷面由动物皮毛编制而成,具有良好的保温隔热效果以及较高的强度(图2-5)。

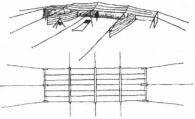

图2-5 贝都因人的黑帐篷

图片来源:Kronenburg R. Architecture in Motion:The History and Development of Portable Building[M]. New York:Routledge Press,2014:23

北美印第安人的圆锥形帐篷可以看做一个个独立的空间单元。其平面为椭圆形,主要结构由中心柱与外部柱相互搭接绑扎成锥形。外层柱表面由兽皮覆盖,形成围护表皮。帐篷顶端覆盖有一块防水的兽皮,兽皮与顶端的间隙可以起到拔风的效果,通过空气的流动来调节帐篷内部温度(图2-6)。

图2-6 印第安人的圆锥形帐篷

图片来源:Kronenburg R. Architecture in Motion:The History and Development of Portable Building[M]. New York:Routledge Press,2014:18-19

亚洲蒙古族的蒙古包由骨架系统与外表皮系统构成,它运用了类似今天模块化制造与装配的概念,墙体的曲面网格结构更像是20世纪的结构。蒙古包的搭建与拆卸非常简便与迅速,蒙古包被拆卸为若干功能部分后,被搬运到新的定居地点又重新搭建。搭建时,先将外壁骨架、屋面骨架、屋顶骨架等各部分进行拼接,形成完整主体结构,然后再在骨架外表面覆盖围毡、顶毡、底毡等各表皮部分,并用系绳绑扎(图2-7)。蒙古包具有良好的结构与居住性能,是草原民族移动的家园。

图2-7 蒙古包

图片来源:Kronenburg R. Architecture in Motion:The History and Development of Portable Building[M]. New York:Routledge Press,2014:25-26

船只是最早被人类制造并利用的交通运输工具之一,它们在社会中扮演了重要的角色。特别是那些依靠江河、湖泊与海洋资源而生存的人群,船对于他们而言不仅是交通工具,也是必不可少的谋生工具和生活的场所。这些相对特殊的生活方式,反映到居住建筑形式上,便出现了船与建筑相结合的产物"船屋",其将船只赋予了工作、居住与生活的功能。在印控克什米尔的达尔湖上有着众多的船屋,这些外形相似的船屋由当地的工匠制造,每艘船上都有着富丽的雕刻与装饰(图2-8)。漂浮在湖岸边的船屋是达尔湖最主要的交通形式,也是当年英国殖民者们的居住生活空间。内陆运河船只是船屋形式的另一个典型代表,是反映社会生活的可移动住宅特殊案例,它将人们的生活从河岸边转移到了船上。英国的运河系统是从延伸至海岸的自然水系发展而来的,它是一条货运便捷路线。最初英国运河上的运输主要靠驳船完成,但随着运输的距离逐渐增加,船员及其家人开始需要长期在船上生活,驳船较小的船舱已不能满足居住生活的需要。驳船的制造者们根据这种专门的需求,对驳船进行了再设计。他们运用可拆卸的木制构件建立起一套新的船屋居住模式。驳船船屋的居住空间被分隔为卧室、食品日常衣物储存空间、烹饪及燃料贮藏空间等(图2-9)。经过长期的发展,在运河上生活的人们逐渐形成了自己的生活方式和社会结构,形成了移动中的居住模式。

图2-8 达尔湖船屋
图片来源:http://you.ctrip.com/travels/hongkong38/2038871.html

图2-9 英国驳船船屋
图片来源:Kronenburg R. Architecture in Motion:The History and Development of Portable Building[M]. New York:Routledge Press,2014:31

2. 房车

房车,顾名思义兼具车辆与住宅两种属性,是一种可以在移动中居住与生活的车辆。现代化的房车主要有自行式和拖挂式两种类型,车内分为驾驶区、卧室区、起居区、卫生区和厨房区等区域,可以提供紧凑而完整的居住生活空间。

轮式交通工具在世界已有千年的历史,其中吉卜赛人的大篷车可以说是房车较早的雏形。吉卜赛人的生活总是处在不断的迁徙和旅途之中,他们需要一种特殊的居住形式来适应这种生活方式,大篷车因此应运而生。由马匹牵引的大篷车经过吉卜赛人精心的设计,可以用较小的空间来满足家庭的日常生活。大篷车底部距室外地面高度约1.2 m,室外地面距大篷车顶部约3.5 m,车顶棚设计成曲面形式,中间部分高起,具有采光和通风的功能。车厢内部有火炉、床铺、碗柜、食品储藏柜等(图2-10)。

到了20世纪20年代,汽车的发明给人类生活带来了革命性的变化,旅行有了全新的模式。在现今房车发展最为发达的美国,最初人们只是乘坐汽车携带帐篷进行户外旅行。但很快人们便不满足于此,房车先驱者们开始制造车轮之上的家,大量各种类型、内部复杂且舒适的旅行拖车、房车逐渐被制造,人们驾驶着它们在旅途中宿营,房车成为活动的房屋,旅行变得更加舒适与美好。除此以外,在美国房车还被用做临时性的

图 2-10 吉卜赛人的大篷车仿制品

图片来源：Kronenburg R. Portable Architecture：Design and Technology[M]. Basel：Birkhauser Verlag AG Press，2008：9

住宅。在 20 世纪 30 年代的大萧条中，大量失业的产业工人四处迁移寻求谋生出路，为这些失业者提供住房是政府所面临的急迫问题，相对廉价的房车成为主要的住房解决手段之一。20 世纪 50 年代以后，伴随着人口增长，军人退伍，移民的大量涌入，城市对于住房的需求量大大增加，美国出现了住房短缺。此时，可移动的汽车房屋又成为高效、快速解决居住问题的重要途径。现今，房车文化已成为美国社会的一种独特文化，其体现了美国人对自由精神的追求，人们厌倦了都市的钢筋水泥"森林"，希望在不断向前方延伸的移动生活中寻求心灵的归属。据不完全统计，美国平均 10 个有车家庭便拥有 1 辆房车，房车成为生活的必需品。

　　在美国的房车产品中，清风房车是最为著名的房车品牌（图 2-11）。1935 年，美国人沃利·贝姆（Wally Byam）建立了清风（Airstream）旅行房车公司，清风房车有着流线型、闪亮的外观，具有较低的重心，车头、车尾乃至车底部的设计都充分考虑了空气动力学原理，有效减少风阻。清风房车创立伊始一度风靡全美国，成为在大萧条时期唯一幸存下来的房车公司，并在第二次世界大战之后得以进一步长足发展。直到今天清风房车仍被认为是富于想象力、永不过时的房车品牌，它在房车的发展史上有着标志性的地位。

图 2-11 清风房车

图片来源：http://data.auto.ifeng.com/pic/g-524-1787816.html

3. 可移动住宅

　　第二次世界大战结束后，由于劳动力的减少和城市住房的严重匮乏，西方发达国家掀起了建筑工业化的高潮。英国、法国、瑞典、美国、前苏联、日本等国家通过工厂化的预制生产与现场的机械化施工，将传统独立住宅、多层住宅、高层住宅的建设向工业化生产方式转变。建筑工业化的发展路径提高了建设效率，改善了住宅的综合性能，促进了建筑与环境的协调可持续发展。在建筑工业化的发展进程中，各国根据本国的不同特点选择了不同的发展道路与模式。在众多发展建筑工业化的国家中，美国相对特殊，它并没有选择大规模的预制装配化方向，而着重发展独立住宅、多层住宅的工业化，强调工业化住宅的个性化、多样化。

可移动住宅（Mobile Home）是美国工业化住宅的主要代表（图2-12）。可移动住宅是指通过在工厂的预制装配生产，完成住宅主体或多个住宅模块，其经运输至现场后直接就位或拼接成完整住宅的工业化住宅类型。可移动住宅最初是从旅行房车的基础上发展而来的。20世纪50年代，随着对固定类住房需求量的增加和对住宅性能要求的提升，用做临时性居住的房车已不能满足美国市场需求，在房车基础上工厂制造的具有更大体量、更高建筑性能的可移动住宅开始出现。某些可移动住宅保留了房车可于公路移动运输的车辆特征，住宅底部装置有带车轮的永久性车辆化底盘，可经高速公路被整体拖挂运输到建造地点。较小宽度的移动住宅可通过车辆直接牵引，当可移动住宅体量尺寸较大不能被车辆整体运输时，住宅会被分为两到三个甚至更多的单元体独立建造，并分别运输，最后在现场总体组装。

图 2-12 可移动住宅

图片来源：http://images. wisegeek. com/mo-bile-home-on-trailer. jpg；https://www. fac-torybuilthomesdirect. com/gfx/manufactured-homes-building-lg. jpg；http://mobilehome-living. org/wp-content/uploads/2013/07/mo-bile-home-wall-construction. jpg；http://www. fema. gov/media-library-data/69aa413f-9554-4dbf-9288-418388defd08/33714. jpg

20世纪70年代以后，人们对住宅提出了更高的要求，希望住宅的面积更大，功能更加完善，形式更加美观。1976年美国住房与城市发展部（Department of Housing and Urban Development，HUD）颁布了工厂预制住宅施工与安全标准（HUD-Code）等一系列严格的工业化住宅行业规范标准，并一直沿用至今。美国的工业化住宅建设开始从注重数量到注重质量转变，"可移动住宅"重新升级定义为"工厂预制住宅"（Manufac-tured Housing）。随着可移动住宅的不断发展进步，其与传统住宅在外观上已无明显差别，可移动住宅的建筑风格越来越丰富，拥有了复杂的坡屋顶、大面积的开窗和更为方正的平面等。然而这些外在的改变并没有影响到其内在建造逻辑，工厂预制住宅仍然采用了建立在整体底盘之上的轻型结构体系。与此同时，由于工厂预制住宅体量尺寸的不断增加，其移动性也在逐渐减弱，通过公路运输变得较以往困难。据统计，实际上美国97％的工厂预制住宅在其生命周期中，只经历了从工厂到建造地点大约 500 km 距离内的一次移动运输,尽管工厂预制住宅有着被重复多次运输的建筑性能,但现实情况是大部分工厂预制住宅在第一次落地后就不再继续移动。

目前在美国有超过一半的可移动住宅被放置在被称为"房车公园""可移动住宅公园"的社区中(图 2-13)。住宅拥有者向社区租用放置住宅的土地,社区向可移动住宅居民提供生活配套设施以及公共服务,如供水、供电、燃气、垃圾处理、污水排放、儿童活动场地、游泳池以及公共活动用房等。目前全美总共有超过 38 000 个移动住宅社区,其有多种功能细分类型,除了以基本居住功能为主的社区外,还包括如退休养老型社区、季节度假型社区等。在 2000 年全美国住宅销售量为 110 多万套,其中可移动住宅就占有 20 多万套,在过去 20 年中美国所建造的可移动住宅更是超过了 900 万套。尽管在 2005 年后,美国新建住宅的总量有所下降,但可移动住宅仍旧保持了每年超过 14 万套的建设量,并在新建住房中的占比逐年增加。可移动住宅为北美地区提供了大约四分之一的住房,有超过 1 200 多万人居住其中,可移动住宅是美国中低收入阶层经济型住房的最主要类型之一。现今在美国可移动住宅已成为住宅商品市场中的重要组成部分,可移动住宅以其建造标准化、外观多样化、产品定制化等优势正逐渐受到越来越多购房者的青睐。

图 2-13　可移动住宅公园
图片来源:https://en. wikipedia. org/wiki/
Mobile_home#/media

4. 箱式可移动房屋

箱式可移动房屋(Mobile Dwelling Unit,MDU)是采用箱型形式,通过集装箱改造或以集装箱近似规格建造的可移动建筑类型,其一般以集装箱模式进行陆路运输或海运,并作为临时性或非永久性建筑使用。箱式可移动房屋可分为集装箱可移动房屋和集装箱化可移动房屋两大类。箱式可移动房屋可以单箱体独立使用,也可以多箱体组合使用,其具有移动运输便捷、建造装配快速、可灵活组合、抗震性能强、建造使用成本低等优势,广泛应用于临时性居住建筑、灾后救援建筑、临时性城市公共建筑等领域。

集装箱可移动房屋是最具代表性的箱式可移动房屋,其主要由标准集装箱改造而成。集装箱是一种模块化、高结构强度的移动产品,它具有全球统一的制造标准,广泛应用于全世界范围内的物流运输业。因此,由集装箱改造、转换、构建而成的集装箱可移动房屋更容易被装载运输。集装箱是一个由钢结构框架、波形围护侧板及吊装运输角件共同构成的坚固箱体。虽然集装箱本身并不具备建筑功能,但它所具有的模块化、标准化的单元空间以及坚固的钢结构骨架都为其建筑化的改造与利用提供了条件。在经过对集装箱的围护体性能、内部空间与附属设备进行建筑化设计改造后,集装箱的内部空间具备了使用功能,集装箱便升级为集装箱可移动房屋(图 2-14)。由于集装箱自身既可以作为空间单元也可作为结构单元,因此可以通过模块化的组合与空间的拓展,构建起由众多箱体单元构成的大体量集装箱可移动房屋(图 2-15)。

图 2-14　箱式可移动房屋
图片来源:http://www. lot-ek. com/MDU-Mobile-Dwelling-Unit

图 2-15　游牧博物馆
图片来源:Kronenburg R. Portable Architecture:Design and Technology [M]. Basel:Birkhauser Verlag AG Press,2008:34

集装箱化可移动房屋是按照标准集装箱规格尺寸或相近尺寸制造的,以集装箱模式吊装运输的箱式可移动房屋。集装箱化可移动房屋(图 2-16)的主体已在工厂预制加工完成,可直接整体运输至建造现场,且现场不需要过多的装配工作。集装箱化可移动房屋的主体结构主要由轻钢框架、木框架、铝合金框架等轻型结构构成,围护体大多采用轻质复合保温材料。集装箱化可移动房屋移动运输、现场建造便捷快速,建造成本较低,在国内普遍应用于各类建设工地,被作为临时办公用房、临时工人宿舍等使用。但目前国内的集装箱化可移动房屋在建筑的居住舒适性、保温隔热等性能方面相对较低,整体建筑品质还有待于进一步提高。

图 2-16　整体式集装箱化可移动房屋
图片来源:http://www. szyazhi. com/yahgee-application. html

二、应用领域

1. 灾后避难领域

海啸、地震、台风、洪灾、火灾等灾难给社会造成了巨大的人员与财产损失,灾后大量灾民流离失所,急需庇护与居住场所,因此灾民安置便成为灾后最为紧迫而重要的工作。目前世界上许多国家与国际组织对于灾后避难建筑都给予了高度重视,对其进行了大量的研究。如印度内政部2006 年颁布了《台风与海啸灾后避难建筑设计与建造指导标准》,欧盟于2009 年成立了欧洲灾后紧急临时庇护所管理机构,联合国颁布有《灾后避难所援助标准》等。在此背景下,可移动建筑以其移动运输的便携性、建造的快速性、居住的安全性等优势成为灾后避难建筑的首选。

根据灾难后救援与重建的过程,灾民安置大体可分为紧急临时避难、过渡性临时居住以及重建永久性住房三个阶段。国际上灾后避难建筑主要包括紧急临时避难所和过渡临时性住房两大类别,建筑类型主要以各类便于移动运输和快速建造的救援帐篷、装配式活动板房、箱式可移动房屋为主。目前,以日本、欧盟为代表的一些国家和地区在灾后避难建筑领域的研究取得了一定成果,其通过结合灾区具体特点,运用新结构、新材料及创新的设计方法,使灾后避难建筑具有了较快的建设速度和较好的技术性能。中国在汶川大地震后,由住房和城乡建设部颁布了《地震灾区过渡安置房建设技术导则》,并于2009年5月1日起实施了《中华人民共和国防震减灾法》,在全社会层面提高了对灾后避难建筑建设的重视程度。国内很多企业也通过结构、材料等层面的技术革新推出了自己的灾后过渡安置建筑产品,但其中多数仍以装配式活动板房为主,其在建筑性能、居住品质和功能适应性层面上仍有不少亟待解决的问题。因此提高灾后避难建筑的功能适应性、建筑性能和居住品质已成为我国灾后避难建筑未来改进发展的方向。

日本建筑师坂茂长期关注灾后避难建筑设计,他强调设计应结合灾区的现实情况,坚持快速的建造原则与低成本的经济性原则,从灾民的角度出发,考虑灾民的实际需求。坂茂通常要在对灾区进行现场走访了解真实情况后,才开始真正的设计。对于避难建筑的建造,坂茂通常采用当地或捐助的材料,并请志愿者或灾民亲自参与。坂茂创造性地将"纸管房屋"运用到了灾后避难建筑领域。1995年日本阪神大地震后,坂茂在灾民紧急临时住房设计中,以106 mm直径、4 mm厚度的纸管作为建筑的外围护结构,将野外帐篷材料用做屋顶,以填充有沙袋的啤酒板条箱作为基础(图2-17)。一座52 m²的紧急临时住房所需要的材料成本不超过2 000美元,建筑建造拆卸简便,纸管等材料可回收处理再利用。此外坂茂还在震区以纸管为主要结构材料,建造了一所临时教堂,教堂通过160名志愿者在短短5天时间内便建造完成(图2-18)。此后坂茂的"纸管建筑"还在中国、卢旺达、印度、土耳其等国灾区得以应用。在2011年日本3·11大地震的灾后重建中,坂茂设计并参与建造了宫城县女川町的集装箱临时住宅。临时住宅由经过改造加工的20 ft标准集装箱上下叠加组合而成。住宅高三层,结合集装箱的平面尺寸与空间特点设计有三种

图2-17 纸管房屋
图片来源:http://www.shigerubanarchitects.com/works/1995_paper-log-house-kobe/index.html

图2-18 纸质教堂
图片来源:http://www.shigerubanarchitects.com/works/1995_paper-church/index.html

户型,适用于不同人口结构的家庭(图2-19)。坂茂设计的集装箱临时住宅拥有优秀的抗震性能,并可作为永久性住宅使用,其快速的建造方式大大缩减了建设周期,为日本政府建立新的灾后紧急临时住宅与救灾设施标准提供了良好的原型案例。

图2-19 集装箱临时住宅

图片来源:http://www.shigerubanarchitects.com/works/2011 _ onagawa-container-temporary-housing/index.html

在我国汶川大地震后,由丹麦马士基集团援建,在绵阳六中坍塌的校址之上建立起一座集装箱博爱中学。整体校园建筑由52个经改造过的40 ft标准集装箱构成,建筑两层,包括26间教室和若干办公室,项目从开工到落成只用了8周的时间(图2-20)。此外,中集集团在汶川援助建设了集装箱化的雁门中心学校,利用可移动的集装箱化箱体完成了包括教学、办公、宿舍、食堂等功能在内的校园整体解决方案。学校由171个集装箱化可移动房屋箱体组成,总建筑面达3 000 m²,可容纳1 100多名学生学习和生活。学校从规划、设计、生产制造、运输到最后组装仅用时3个多月,总体工程量的80%在工厂中预先制造完成,现场部分只占20%,大大加快了灾后重建的进度(图2-20)。

图2-20 绵阳集装箱博爱中学(左)与汶川雁门中心学校集装箱化校区(右)

图片来源:http://dlc9921.blog.sohu.com/102578230.html;http://www.chinaccia.com/news.php? id=8352

香港中文大学的朱竞翔教授在2009年四川广元剑阁县下寺村新芽小学的重建中,设计研发了新型轻型钢框架建筑系统。此系统在保持了轻型钢框架系统建造快速的基础上,通过围护结构的创新,提高了建筑的热工性能。轻型钢框架与外围护板共同构成复合结构,由C型钢龙骨构成立柱、连系梁与水平构件,整体结构通过连系杆拉结。外围护墙板完全覆盖于钢框架外侧,避免了冷热桥问题。建筑系统使用了标准化的平面结构模数,主要建筑构件及材料均在工厂预制生产,在施工现场通过机械连接等干作业方式进行组装。此建造模式既简化了施工流程,提高了建造效率,也便于建筑分解拆卸和异地重新装配建造。450 m²的校舍由8位专业工人、10位当地村民和30位大学生志愿者耗时2周建造完成。每平方米建筑造价约人民币1 300元,与当地新建住宅成本相当,建筑寿命可达20多年[6]。建筑的保温隔热性能、通风效果及舒适性能明显优于灾区大量使用的装配式轻钢活动板房和当地居民的普通住宅(图2-21)。

图2-21 新芽环保小学

图片来源:朱竞翔,夏衍.下寺村新芽环保小学[J].世界建筑,2010(10):48-49

2. 军事领域

在世界科学科技的发展过程中,每当有重大革新技术发明出现时,其往往首先被运用到军事领域。现代战争的胜利依靠的是国家整体科技力量,其所依仗的高新科技不仅体现在作战武器系统,也体现在与民用技术紧密相关的后勤保障领域。在当前的国际军事冲突中,军队的快速反应、快速部署至关重要,可移动建筑凭借对复杂地形的适应性、形式功能的灵活性、运输的高机动性、展开的快速性以及工厂制造的经济性,在军事后勤保障领域扮演着重要角色。

第二次世界大战之后,军事后勤保障技术取得了很大的发展,军工与民用厂商针对不同的军事单位研发推出了大量标准化、通用化、轻量化的军用可移动建筑产品。其中代表性的有可快速展开的野战医疗方舱、各种类型的野战帐篷、野战活动房屋、野战机库等。Weatherhaven 公司是一家在商业、军事和医疗领域从事可移动建筑产品研发制造的著名企业,其研发出了一系列不同类型的军用可移动建筑产品,具体包括各类野战帐篷、扩展式可移动方舱等。扩展式可移动方舱主要由三部分组成,中部是集装箱核心部分,两侧是可变扩展部分(图 2-22)。方舱运输时呈现为集装箱形式,到达现场后两侧扩展空间可迅速展开,形成三倍于集装箱体积的使用空间,其既可放置于地面也可安装于车辆之上或由拖车牵引。扩展式可移动方舱可通过集装箱模式进行海运、空运和公路运输,现场安装只需两个人在 10~15 min 便可完成,产品具有良好的保温隔热性能,可适用于包括极地在内的强风、高雪荷载地区。扩展式可移动方舱的标准规格主要为 8 ft×8 ft×20 ft 和 4 ft×8 ft×20 ft。方舱的主体结构为钢结构或铝合金结构,可通过附属连接单元将多个房屋单元相连接,形成有序的房屋群体。扩展式可移动方舱系列产品具有多功能用途,可用做战地临时指挥所、野战居住单元、战时综合车间、野战箱式厨房、野战医院等。

图 2-22 扩展式可移动方舱
图片来源:http://www.weatherhaven.com/products/expandable-container/mecc

可移动建筑产品在我国军队中也有着广泛的应用。例如,解放军总后勤部建筑工程研究所以标准化、通用化为目标研发了 801 型双坡式活动房(图 2-23)。该活动房屋以轻质高强的铝合金型材作为结构材料,以铝蒙皮和聚氨酯夹芯复合板作为外围护材料,在现场可快速装配建造。活动房屋分为基础、结构框架、面板、附件四部分,结构框架采用了折叠结构,可迅速展开,便于运输和拆装。屋面板、墙面板、门窗板通过铝合金结构型材的凹槽插接固定,结构框架通过螺栓与地圈梁连接固定,地圈梁再与地面相锚固。此活动房屋由于采用了铝材作为主要的建造材料,房屋的耐久性与重复使用效率得到很大提高[7]。

图 2-23 军用双坡式活动房
图片来源:李强,郝际平.拼装式铝合金活动房在竖向荷载作用下的蒙皮效应[J].建筑结构,2010,40(11):87

3. 城市公共领域

在以固定建筑为主体的城市中,可移动建筑同样扮演着重要角色,它是城市固定类建筑的有效补充,其凭借自身的临时性、低成本、可移动特性为许多特殊的功能需求提供了解决之道。可移动建筑在城市中除了常应用于建设工地外,还可广泛用做办公类建筑、商业类建筑、酒店类建筑、文化教育类建筑、展览类建筑、体育类建筑等。

　　城市对建筑的功能需求是多样的,可移动建筑利用自身的特性,为城市提供了固定建筑所不具备的可移动综合解决方案。建筑师洛伦佐·阿皮瑟拉(Lorenzo Apicella)在城市公共领域设计了一系列满足不同商业需求的可移动建筑产品。他的设计打破了交通工具与建筑物之间的界限,充分利用了传统货运拖车的自身条件,创造出交通工具与建筑相结合的新颖建筑形式。洛伦佐·阿皮瑟拉在他完成的信托储蓄银行(TSB)移动银行与酒店(图2-24)、香港旅游协会(HKTA)展示馆和沃尔沃(Volvo)汽车移动营销单元三个项目中,都利用了标准货运卡车底盘作为建筑的基础。此基础具备交通运输工具的特性,为建筑的移动运输提供了便利。当建筑安放于坐落地点后,其又可以通过外观形式的改变来掩饰自身交通运输工具的特征。建筑的底盘与车轮被活动平台、挡板、出入口的踏步与坡道等遮挡,使之在外观上与固定建筑无明显差别。建筑的墙面与地面、楼面通过折叠拓展出新的空间,突破了由运输条件所带来的建筑空间尺寸限制。在香港旅游协会项目中(图2-25),两个移动建筑单元平行间隔一定距离放置,两单元间通过独立的楼地板与薄膜屋面连接覆盖,形成完整的双层中庭空间。在沃尔沃汽车移动营销单元项目中(图2-26),其所要完成的目标不仅是要建立可以独立使用的移动单元,还要将众多单元组合构建成更大体量规模的建筑,完成更复杂的建筑功能。

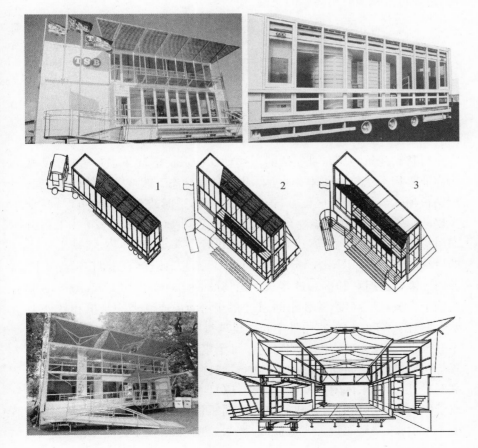

图2-24　信托储蓄银行移动银行与酒店
图片来源:Kronenburg R. Portable Architecture［M］. Burlington:Architectural Press, 2003:105

图2-25　香港旅游协会展示馆
图片来源:Kronenburg R. Portable Architecture［M］. Burlington:Architectural Press, 2003:107-108

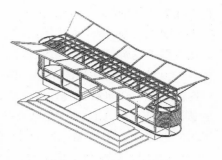

图 2-26　沃尔沃汽车移动营销单元

图片来源：Kronenburg R. Portable Architecture［M］. Burlington：Architectural Press, 2003：111-113

可移动建筑应用于教育领域，将坐落于固定地点的传统学校转变为流动的学校，能够根据具体需求深入教育缺乏的社区，在移动中广泛传播知识。由詹妮弗·西格尔（Jennifer Siegal）的可移动设计工作室（OMD）设计的可移动培训中心（图 2-27），主要为低收入与弱势群体提供建筑技能培训。建筑整体建造在 20 m 长的货车底盘之上，包括抹灰、油漆、木工、电气安装等培训工作间和 20 m² 的会议与展示空间。建筑由经济性的材料和构件建造而成，如木材、塑料片材、金属网等。当可移动建筑培训中心被运输到建造地点后，其一整面墙体可向上折叠形成连续的外廊，将各个培训空间加以连通。詹妮弗·西格尔设计的另外一个相似项目是可移动生态实验室（图 2-27），它作为可移动的教室用于向美国洛杉矶好莱坞地区的小学生传递环境保护方面的知识。可移动生态实验室项目以便于移动运输、安装就位为设计出发点，利用可循环再生材料建造在 10 m 长的标准货车底盘上。当到达建造地点后，建筑的台阶、室外平台、坡道从主体上折叠展开，使得室内外空间得以连通，内与外的界限被打破，形成可以积极参与体验的交流空间。

图 2-27　左：可移动培训中心，右：可移动生态实验室

图片来源：Kronenburg R. Portable Architecture［M］. Burlington：Architectural Press, 2003：29-30

可移动建筑利用自身便捷的可移动性与灵活的环境适应性，可以成为商业零售类建筑的载体。商业零售在移动状态下改变了传统的固定场所销售模式，根据市场区位、广告宣传的需要，适时改变销售地点，与商业零售的营销特征更加契合。纽约建筑设计公司 LOT-EK 于 2008 年利用 24 个货运集装箱为彪马（PUMA）公司设计了集零售、办公、活动于一体的可移动彪马城（PUMA City）项目（图 2-28）。该建筑已经在世界不同的国际港口被组装和拆卸过多次。彪马城总建筑面积约 1 022 m²，由集装箱堆叠成三层高度，集装箱间通过相互错动形成巨大的悬挑和室外平台，创造出富于变化的室内外空间。建筑每层由 4 个 12 m 标准集装箱水平并置，形成较大的室内开放空间。每个集装箱模块根据其自身所处位置与功能，形成不同的内部构造。彪马城首层为零售区，二层为办公、储藏区，三层为娱乐休闲活动区。此外，LOT-EK 公司还于 2006 年设计完成了优衣库（UNIQLO）服装品牌的移动零售店（图 2-29）。移动零售店由 6 m 的标准集装箱设计改造而成，巡回放置在纽约的不同城市街区中，

主要向美国民众宣传展示优衣库服装品牌。移动零售店内分为货架区、付款区和试衣间,外立面开有竖向连续长窗,透过窗户呈现出一层层放有衣物的货架,体现了该品牌仓储式的销售理念。移动零售店的试衣间进行了专门的设计,用可伸缩的管状结构限定了试衣空间。室内尽端墙面设置有整面的试衣镜,在视觉上延伸了室内空间。

图 2-28　彪马城

图片来源:http://www.lot-ek.com/PUMA-CITY

图 2-29　优衣库移动零售店

图片来源:http://www.lot-ek.com/UNIQ-LO-POP-UPS

　　大型的展演、体育类建筑是城市文体生活的重要载体,它们在塑造城市公共空间和提升市民文化生活品质上有着重要作用。部分展览、体育类建筑因其自身的功能需求,具有临时性特征,如世博会建筑、大型临时展场等。对于此类建筑,传统固定类建筑的建造方式便与其不相适应。可移动建筑以其工业化的预制装配模式,为临时性城市展演、体育类建筑提供了最佳的建造途径。FTL 工程设计工作室成立于美国纽约,其工作方法是将建筑设计与其他工程设计专业进行整合,创造与应用具有轻量化、灵活适应性的建筑技术与建造方法是其核心的建筑理念。FTL 尤其擅长设计可移动的张拉膜结构建筑。2002 年 FTL 工程设计工作室用张拉膜结构为哈雷戴维森摩托车品牌设计了具有圆形平面的可移动展示帐篷(图 2-30)。该建筑被用于在美国、澳大利亚、日本、德国等国家间巡回展示哈雷摩托车产品。在建筑装配过程中,位于 50 m 跨度圆形建筑中心的核心立柱首先被安装,然后以其为圆心的安装有灯光音响设备的 6 根次级立柱模块被吊装,次级立柱顶端装有拱形桁架,桁架上表面覆盖有顶棚张拉膜结构。这种特殊的结构形式为该建筑创造了独一无二的建筑形式。为了缩减人工与装配建造时间,FTL 将主体结构设计为"自吊装"模式,立柱中安装有电机和绞盘,可以对自身及其他设备进行自吊装。哈雷戴维森摩托车可移动展示帐篷不需要运用大型吊车与其他辅助设备便可相对快速地装配建造完成,全部结构安装完成只需要三天时间。

图 2-30　可移动展示帐篷

图片来源:Kronenburg R. Portable Architecture [M]. Burlington: Architectural Press, 2003:22.

　　伦敦奥运会射击馆(图 2-31)位于伦敦东南部的皇家炮兵兵营旧址上,建筑规则的矩形体量上点缀着具有通风功能的彩色圆形孔洞。建筑外表面的白色膜结构在这些圆形结构的参与下生成了具有起伏曲面的建筑外表皮形式。射击馆内部的结构框架主要由租借的可重复拆卸组装的标准钢结构构件构成。这种体育场馆的建造模式为建筑赛后重复利用提供了有效途径,伦敦奥运会射击馆赛后经拆解后将重新装配用做2014年格拉斯哥英联邦运动会射击馆和巴西2016年夏季奥林匹克运动会篮球馆。

4. 科学考察领域

科学考察工作通常会在野外进行,不可避免地要面对严苛恶劣的自然环境。可移动建筑为科研工作者提供了安全的庇护场所,创造了舒适的工作与生活环境,为科学研究提供了物质与空间的保证。

英国南极科学考察站始建于1956年,已在南极地区持续进行科学研究达50余年。但由于考察站建造地150m厚的布伦特冰架以每年400m的速度不断向海洋方向漂移,以及不断堆积的冰雪正将科考站逐渐掩埋,为应对此问题英国决定重建南极科学考察站。2004年新英国南极科学考察站"哈雷六号"的设计竞赛要求发布,设计要求考察站应对脆弱的南极环境破坏最小,能够抵御南极零下30℃的严寒,考察站应完全在英国进行预制,并在南极的夏季进行现场建造组装。此外科学考察站还应便于被移动,以保持与海洋的安全距离,并有合理的措施避免被冰雪覆盖。

最终获胜并实施的设计方案采用了可移动单元模块的设计概念(图2-32)。考察站由8个独立的单元模块组成,单元间首尾相连。每个单元下部安装有液压腿状结构,腿底部装有巨大的雪橇板构件,独立单元体除了可以通过液压腿垂直升降外,还可以被牵引车辆拖拽而进行移动。"哈雷六号"科学考察站中的7个蓝色标准单元分别为科学实验模块、能源供给模块、指挥办公模块与睡眠模块,两层高的中心红色模块包含了餐饮、娱乐、健身、图书阅览等功能。科学考察站最多可同时容纳52人工作

生活,然而在冬季所能容纳的人数上限仅为 16 人。单元模块主体结构为轻钢框架,在南极现场装配建造时,每个单元轻钢结构框架通过"雪橇腿"被牵引至建造地点,然后陆续安装室内预制功能模块与外围护体。外围护体主要由可维修替换的预制玻璃纤维增强塑料面板构成。"哈雷六号"科学考察站的能源供给在夏季部分依靠太阳能发电,而电和热力来源主要依靠四台航空燃油发电机。"哈雷六号"科学考察站于 2006 年开始筹备建设,2013 年 2 月正式竣工,前后一共经历了近 7 年时间。

2011 年香港中文大学建筑学院朱竞翔研究团队受邀为上海浦东南汇东滩禁猎区工作站提供设计方案并负责统筹建造。朱竞翔团队对此项目提出了一套工厂预制、现场拼装的箱式建筑系统解决方案(图 2-33)。禁猎区工作站总建筑面积近 100 m²,主要由两个平行的标准箱体单元构成,两个单元相距 2 m,箱体端头连接有两个阳台组件,整体呈现为底层架空、覆盖有木制表皮的方形体量。箱体结构主要由木龙骨与蒙皮构成,箱体尺寸为 9 m×3 m。以标准箱体为空间基本单元,可以通过不同的组合方式产生富于变化的室内空间和建筑体量。工作站的主要功能是办公与展示,室内空间可根据功能需要进行分隔[8]。

图 2-33 上海浦东南汇东滩禁猎区工作站
图片来源:吴程辉,朱竞翔. 湿地中的庇护所——上海浦东新区南汇东滩禁猎区工作站[J]. 建筑学报,2013(9):25-28

5. 居住领域

居住领域是可移动建筑应用最早也最为广泛的领域之一。从民族传统帐篷到房车再到集装箱可移动房屋,其在居住领域经历了不断的变迁。时至今日,可移动建筑已被广泛用做住宅、公寓、宿舍、酒店等建筑类型。

荷兰 Tempo Housing 公司一直致力于集装箱可移动房屋的设计、应用与推广。该公司于 2006 年在荷兰阿姆斯特丹完成了大规模的学生宿舍建筑群 Keetwonen。该宿舍建筑群共由 12 栋宿舍楼组成,所有宿舍楼由 1 000 个 12 m 的标准集装箱可移动模块拼装建造而成(图 2-34)。每个集装箱模块由位于中部的卫生间和两侧的学习区、厨房、卧室区构成,集装箱模块成为小巧而功能完善的独立居住单元。集装箱两端开有落地大窗,以充分引入自然光线,阳台和公共外廊悬挂于建筑两侧,公共楼梯间位于各栋宿舍楼之间的连廊中。Tempo Housing 公司倡导模块标准化设计,通过标准模块组合拼装的建造模式来提高建筑的质量与施工效率,减少建筑成本。该项目之所以采用集装箱可移动房屋模式,原因之一源于其建筑用地只有 10 年的使用年限,如果采用传统固定建筑模式势必会造成巨大的浪费,采用集装箱可移动房屋的优势在于当到达土地使用

图 2-34 阿姆斯特丹学生宿舍 Keetwonen
图片来源:https://www. flickr. com/photos/tempohousing/2343118628; http://www. marineca-rgoclaimsinc. com/wp-content/uploads/2012/08/homes. jpeg

年限时，建筑不需要进行拆除，而可以拆解为独立标准单元并运输至新的地点重新建造。可移动建筑在此充分体现了其可持续性价值，最大限度实现了土地的弹性利用。

近些年来我国在可移动建筑的居住应用领域也取得了一定的发展。例如，2009年珠海城市职业技术学院为解决招生规模不断扩大与基础设施建设相对滞后、资金缺乏之间的矛盾，采用可移动集装箱建筑模式建成了面积达1万 m^2 左右的学生公寓(图2-35)。公寓由独立的集装箱居住单元组合搭建而成，每个居住单元面积约为15 m^2，有独立的卫生间，可容纳两人居住。集装箱居住单元承重能力达每平方米1.7 t，抗风等级为10级，抗震等级为8级，由于居住单元具备较高的结构性能与整体性，在遇到地震等恶劣自然条件时不会发生严重性破坏，对于居住使用者起到了很好的保护作用，大大提高了建筑的安全性。此外，当前保障性住房建设是我国最为重要的民生议题之一，中国政府计划在"十二五"期间共建设3 600套保障性住房，使保障性住房覆盖率达到20%。面对短期内如此大的建设规模，传统粗放式的建设模式必然会带来巨大的资源消耗与浪费，而工业化建造的可移动建筑凭借其低成本、低消耗、可持续、高效率等优势可以成为保障性住房的解决途径之一。

图2-35 珠海城市职业技术学院学生宿舍

图片来源：陈雪杰. 可持续发展的国内集装箱建筑应用探究[J]. 中国住宅设施，2011(09)：55

第三节　可移动建筑产品的特性与价值

可移动建筑产品研发不同于建筑作品创作，它并不主要基于建筑师、产品设计师的主观意图，而是从客观的产品用户需求出发，并由此来确定产品应具有何种特性。可移动建筑产品生产采用制造业模式，关注于从产品研发、制造、装配、建造直至产品回收再利用的全生命周期，新的生产方式赋予了其区别于传统固定建筑的特性与价值。

一、可移动性

"可移动性"是可移动建筑产品最根本的特征，它是可移动建筑与固定建筑的基本区别，也是可移动建筑产品的命名来源，本书对于可移动建筑产品的分类也基于其不同的移动方式。

可移动性是可移动建筑产品研发的基本目标之一，对移动方式的确立是产品设计的首要问题。对于可移动性的设计主要有两种思路：一种是基于交通运输条件限制，在现有交通、运输工具基础上，对其进行再设计再利用。如美国的可移动住宅便是这种设计思路的典型代表，其被建造于货运车辆底盘之上，可直接被车辆牵引进行公路运输。此外各类集装箱可移动房屋也是利用了货运集装箱便于运输、成本低廉、适应性强、工业化程度高的特点，将其设计改造为可移动建筑产品。另外一种设计思路是针对非永久性、临时性建筑产品，对其建造与运输方式进行可移动性设计，使其便于移动运输和快速拆卸装配，如装配式的大型临时演出舞台、世界博览会中可拆卸再建造的各类场馆、灾后临时安置中广泛应用的拼装式活动板房等。

可移动建筑产品的各方面研发工作应以"可移动性"为核心展开，建筑产品的各项性能除满足功能使用需求之外，还应适应、完善、服务于产品的可移动性。首先,可移动建筑产品的结构体应采用轻型结构系统与轻质结构材料,减轻建筑产品自重,以利于移动运输。可移动建筑产品内外围护体的材料与构件除采用轻质材料以外,还需考虑其构造方式应适应运输条件下的特殊工况。构成产品的组件、部件、模块应构造紧凑,空间体积尽可能小,尽可能增加移动运输阶段的效率。其次,可移动建筑产品应依据各种不同的运输方式,针对具体的限制条件对产品的规格、体积尺寸等进行设计。如公路运输应考虑运输车辆运载能力以及公路管理制度中对车辆高度、宽度等方面的限制。集装箱运输则应考虑所运输的可移动建筑产品构件尺寸是否满足集装箱标准规格等因素。最后,可移动建筑产品还应针对与可移动性相关的具体建造方法进行专门化设计。为了便于产品的预制装配、拆卸移动、后期维修等,其构造连接方式应主要采用机械连接。为满足现场吊装建造,还需进行可吊装设计,设计吊装构造节点、吊具等。

二、临时性

可移动建筑产品的临时性与固定建筑产品的永久性相对应。固定建筑产品所谓的永久性是相对概念,可以理解为其生命周期中,在不受外部力量影响下,不会改变其建造坐落的位置。相对于固定建筑产品的永久性特征,可移动建筑产品在地理位置与时空变换上有着阶段性、临时性的特点。这种临时性是在时间、空间层面进行界定的,当可移动建筑产品在某一使用时间阶段结束后,根据使用需求其有着被再次或多次改变坐落地点的能力。可移动建筑产品所具有的临时性特性是其成为固定建筑产品有效补充的主要原因之一。

然而对于可移动建筑产品所应具备的使用功能与建筑性能而言,它又不能随着位置、时间、空间的改变而变化,因此可移动建筑的临时性是指空间、时间上的临时性,而非建筑功能、建筑性能的临时性。当可移动建筑产品在使用地点建造装配完成后,那么在相对固定停止移动的时间阶段内,可移动建筑产品应提供并满足与固定建筑同等水平的使用功能与建筑性能,不应因临时性而降低可移动建筑产品的各项性能标准。与其他固定建筑产品一样,可移动建筑产品同样需要满足对于产品功能、环境适应性、外在形式、经济性等各方面的标准与要求。由于可移动建筑产品不会长期坐落于一个地点,现有的建筑法规、政策减轻了对其的约束、束缚,为可移动建筑产品的发展实践提供了契机。

三、可适应性

可移动建筑产品具有灵活的适应性,其不仅体现在对于外部环境的适应能力方面,还体现在其可满足不同功能需求并应用广泛。可移动建筑产品的工业化生产方式及其移动性、轻量化、临时性特性,为其灵活的适应性提供了前提条件。

可移动建筑产品可适应不同的地理条件、气候环境以及人文环境。以箱式可移动房屋为例,其采用了系统集成的产品模式,通过整体或部分移动式的运输方式,将独立箱体或多箱体在建造现场进行吊装放置或组合堆叠,不需要在建造现场再进行过多的建造活动,建筑就位后便可快速投入使用。箱式可移动房屋的工厂化制造模式可针对具体的外部环境适应性需求,诸如建筑的保温隔热性能、太阳能光电光热利用、水循环处理等环节进行专门设计。以箱式可移动房屋为代表的整体移动与部分移动式可移动建筑产品在现场建造时,由于房屋具有较强的整体刚度与可灵活调节的基础构造,地基不需做处理或只需做简单处理即可,这使得可移动建筑产品对复杂地形条件有着较强的自适应能力。可移动建筑产品的可适应性优势使其可应用于各种条件复杂的自然与人工环境,如水电缺乏的灾区、建设工地、自然景区等。

居住功能是可移动建筑产品最具代表性的使用功能,其可作为灾后临时安置住房、独立式小住宅、公寓宿舍、社会保障性住房等。此外可移动建筑产品还可作为野战营房、边防哨所等用于军事领域;作为科考营地用房用于科学考察探险领域;作为临时展览演出建筑、临时商业办公建筑等用于城市文化、商业等领域;作为建设工地临时用房、临时公共卫生间等用于城市公共专门领域。

四、可持续性

可移动建筑产品的可持续性不仅体现在其对环境的充分关照,以自我克制的姿态尽可能地减少对于环境的介入与破坏,还体现在其通过转变传统的建筑业生产方式,采用工业化的工厂预制装配,最大限度地克服传统建筑业弊端,减少资源消耗,避免环境污染,努力实现人、建筑、环境之间的和谐发展。可移动建筑产品的可持续性表现在其生命周期的各个阶段。

在产品研发与工厂制造阶段,可移动建筑产品生产借鉴采用了制造业的设计、制造、管理模式,工厂化的生产方式在有效控制产品质量的同时,大大提高了生产制造效率,降低了产品成本,增强了产品生产全过程的经济性。

在建造阶段,可移动建筑产品的现场建造主要采用整体吊装或各预制装配单元、模块、构件现场装配模式。现场建造以干作业、机械化施工为主,有效减少了对于水、电等能源的需求,工地整洁有序,避免了传统建筑施工所产生的大量建筑垃圾、施工扬尘、施工噪音等污染,减少了对环境的破坏与影响。

在建成使用阶段,可移动建筑产品的可重复使用特性,有效避免了传统固定建筑在生命周期结束后以拆除方式所带来的资源浪费。可移动建筑产品在某一使用功能结束后,可通过再次重复使用的方式,移动到新的建造地点去满足新的功能需求,此种建筑使用方式减少了对建筑材料与土地资源的消耗与浪费,延长了可移动建筑产品的生命周期,是一种低碳、绿色的建筑模式。

五、轻量化

选择运用轻量化的建筑材料是可移动建筑产品的重要建造策略之一。减轻可移动建筑产品的整体重量及其模块、部件、构件重量,能够便于工厂化制造、降低建造难度、缩短建造时间、减少建造与运输成本,以及有效地减少大型设备机具的使用。

可移动建筑产品的轻量化可以从建造材料的轻量化与建构逻辑的轻量化两个层面来理解。建造材料的轻量化是指可移动建筑产品的结构、构件等采用轻质的材料。例如,主体结构采用轻型钢结构、木结构、铝合金结构等,围护体材料选用木材复合板、夹芯板、石膏板等轻质板材。建造材料的轻量化提高了可移动建筑产品移动运输的经济性与便捷性,降低了建造过程中对于施工条件的要求,原本需要大型机具辅助施工的复杂工序,现只需少量人工便可快速完成。建构逻辑的轻量化是指结构、构造、材料在功能与形式上的统一,舍弃或简化没有实际功能意义的多余装饰与额外附加构造。可移动建筑产品的结构体、围护体、装饰体、设备体之间功能分工明确,构造逻辑明晰,建筑产品的外在形式直观体现了结构、构造及材料间的建构逻辑。

六、标准化

国家标准 GB/T 20000.1—2002《标准化工作指南第 1 部分:标准化和相关活动的通用词汇》对标准化做了如下定义:为在一定范围内获得最佳秩序,对现实问题或潜在问题制定共同使用和重复使用的条款的活动[9]。标准化不仅是制定标准、实施标准、修订标准的活动,同时也是建立规范的活动,其所建立的规范具有共同使用和重复使用的特征。产品的标准化是在产品研发范畴内,通过对设计、制造过程中所积累的经验进行分析、优化与总结,进而制定不同属性各类标准以及贯彻执行标准的过程。产品标准化核心是产品设计的标准化。

建筑产品设计的标准化是建筑工业化的技术基础与前提条件。可移动建筑产品设计是制造、装配与建造的上游环节,对产品成本、产品质量有重要的控制作用。通过对可移动建筑产品的构件、模块等进行标准化设计可以降低建造成本、提升产品质量、简化建造难度、提高建造效率,实现产品生产的工业化规模效益。可移动建筑产品标准化设计的基本方法有:模数化、通用化、模块化、系列化。

1. 模数化

建筑产品模数化设计最主要的内容是模数协调。建筑产品的模数协调是指建筑物及其建筑制品、构配件、部品等通过有规律的数列尺寸协调与配合,形成标准化尺寸体系,用以有序规范指导建筑生产各环节的行为。可移动建筑产品设计运用标准化方法以减少产品的零部件、模块等种类数量并使其具有通用性、互换性,为高效的工业化生产创造条件。可移动建筑产品的模数化设计首先要建立模数网格系统,通过结构体模数化系列尺寸的确立,创造一个被结构体所包容的模数化网格空间,在此空间基础上零部件、模块、设备、家具等得以具备模数化条件。其次,对于可移动建筑产品零部件、模块等的参数系列需进行充分的优化选择。在保证产品性能的基础上,尽可能减少其数量与种类。最后,经过尺寸参数优选的零部件、模块,还需形成具有互换性的一系列优先尺寸,以满足产品的系列化、多样化需求。

2. 通用化

产品的通用化是在互换性基础上,尽可能扩大同一零部件、模块等对象使用范围的标准化方法。可移动建筑产品的通用化设计主要是将功能相同、构造相似、尺寸相近的零部件、模块等进行简化统一,使其具有功能与尺寸互换性,以减少其数量,扩大其应用范围。首先,产品重复利用率高的零部件、模块应尽量采用符合国家标准、行业标准的标准件,无须进行专门设计,有效提高设计效率。其次,对于专门设计的产品零部件与模块,其应具有互换性,在不同的可移动建筑产品系列中均可通用,不受产品类型限制。最后,通过通用化设计可使可移动建筑产品生产不因外部需求、产品类型的变化而改变零部件、模块的基本内部设计,减少设计制造过程中的重复性劳动与改变生产格局所带来的生产成本的增加,为工业化的规模生产奠定了基础。

3. 模块化

模块化设计是将一个复杂的系统问题分解到多个独立子系统中去处理的标准化设计方法,各子系统为可组合、分解、更换的功能模块,各模块根据自身功能特性进行独立标准化设计,最终通过各子系统的分别优化进而达到系统整体最优。可移动建筑产品的模块化设计通过对产品系统进行功能分析,由整体到部分将产品分解为若干具有独立功能的模块,如结构体功能模块、墙面功能模块、卫浴功能模块等。这些功能模块总体上可被分为不变的标准模块与可变的专用模块两大类。标准模块与专用模块依据产品的总体结构进行相互匹配与链接,通过模块间的标准化接口,共同构成具有所需功能的可移动建筑产品,并为产品的系列化、多样化创造了条件。

4. 系列化

可移动建筑产品的系列化设计方法是在产品通用化、模块化的基础上,首先对原型产品进行选择与定义,将原型产品的结构、构造、材料典型化,然后在原型产品之上通过对所研发产品的市场对象、产品功能、经济成本、技术参数等进行全面的分析,运用转换与扩展的设计方法开发出派生产品,进而规划形成分类、分层级的可移动建筑产品系列。

七、工厂化

可移动建筑产品生产在结合建筑业自身特点基础上与制造业进行深度整合,实现了可移动建筑产品的工厂化制造装配。工厂化制造装配将传统固定建筑现场建造中的绝大部分工作转到工厂之中,主要包括可移动建筑的中间产品与最终产品的制造与装配。可移动建筑的中间产品主要指产品的零部件、功能模块等。最终产品则主要指整体移动式与部分移动式可移动建筑产品的主体部分。由于可移动建筑产品的主体已于工厂制造完成,因此在现场只需较少的建造工作。

工厂化的生产方式通过对供应链进行整合形成协作企业联盟,将零部件、模块等中间产品交由协作方生产,使可移动建筑产品生产企业主要集中从事系统化集成工作,大大提高了生产效率与专业化水平。

第四节　可移动建筑产品研发向制造业方向的转变

长期以来我国建筑业在工业化程度上一直滞后于制造业,用制造业的生产方式革新建筑业是建筑工业化的重要发展途径。建筑业不但应向制造业的生产制造过程学习,更应向其研发过程学习,从产品全生命周期的层面,学习先进制造业的产品研发理念、方法与技术,最终形成向制造业方向转变的建筑业产品研发模式。

一、传统建筑产品的设计与建造

传统建筑工程建设较制造业产品生产而言，是一种特殊的产品生产过程，其最终所交付的产品与一般意义上制造业产品有着很大不同。建筑业所生产的建筑产品在工地现场进行建造施工，生产地点固定；建筑产品具有单件性、唯一性特点；不同建筑产品在不同地点建造，生产具有流动性；建筑产品的生产建设周期长，体积大，占用大量空间与土地。而离散型制造业产品则集中在工厂制造，产品可大量重复性生产，大多数产品体积较小并可移动。传统建筑业产品与制造业产品的不同特点使其在产品研发过程方面存在着较大差异。

目前我国的建筑工程建设仍以传统的"设计—招标—施工"建设模式为主，建筑工程基本建设程序大体可分为五个阶段：前期准备阶段、设计阶段、建设准备阶段、建设施工阶段和交付阶段（图2-36）。前期准备阶段又可称为"决策阶段"，此阶段需要根据市场背景与资源条件，进行项目可行性研究，提出项目建议，制定设计任务纲要。设计阶段主要根据设计任务纲要，进行建设条件分析，编制工程设计、施工文件以及工程预概算等。建设准备阶段与建设施工阶段首先需根据初步设计和施工图文件进行材料、设备、人员等准备，然后进入建造施工过程。在交付阶段，最终建造完成的建筑物通过竣工验收，交付使用。

| 前期准备阶段 〉 | 设计阶段 〉 | 建设准备阶段 〉 | 建设施工阶段 〉 | 交付阶段 |

图2-36 建筑工程基本建设程序
图片来源：作者绘制

建筑工程基本建设程序的五阶段分别面对不同的利益主体。利益主体中构成建筑活动核心三方的分别是面向前期准备阶段的业主方、面向设计阶段的建筑设计方和面向建设准备阶段、建设施工阶段的施工承包方。建筑设计方和施工承包方需分别与业主签订合同，为业主负责并提供服务。建筑工程建设需要将不同利益主体联系起来，形成多组织、多主体协调工作才能完成建筑产品的生产。在传统建筑工程的建设程序下，设计阶段与施工阶段相分离，各阶段主体往往从自身利益出发，采用有利于实现本阶段目标的方法与手段，而与其他阶段缺乏充足的信息交流，有时造成各生产阶段的脱节，影响了建筑工程建设的实施效率。

在传统建筑工程建设过程中，由于三方利益主体的相对分离，建筑设计方一般只狭义地负责设计阶段建筑技术图纸的编制，而前期准备阶段主要由业主方负责，建筑设计方参与较少。在现行建筑勘察设计体制下，建筑设计方主要通过设计招标、项目委托等形式获得业主的设计任务，为业主提供建筑设计等相关服务内容。建筑设计方的工作包括有设计准备、方案设计、初步设计、施工图设计、施工配合、回访六部分，其中核心工作是从接到业主方的设计任务书开始，直到建筑施工之前的图纸文件作业。在图纸文件作业中，大量的工作及工作的重点则是施工图纸设计。在我国传统建筑产品生产中，建筑设计方并不主导产品生产全过程，而是为建设方、业主提供建筑设计等技术性服务工作，其只分担了部分的研发工作，并没有掌控建筑产品研发全过程，也较少参与到建筑建造施工过程之中，建筑设计向前后两阶段延伸的工作较少。

二、制造业产品的研发

在当前日趋激烈的全球化市场竞争条件下,现代制造企业为了提高市场竞争力,实现企业的生存与发展,必须积极响应市场需求的变化,采用新方法、新技术来创新产品研发模式,以赢得用户与市场。以汽车制造、船舶制造、机械装备制造、通讯设备制造等行业为代表的先进制造业,面临如何用最短的时间、最低的成本、最高的质量以及最完善的服务向市场提供优质产品的问题,并树立企业所追求的最终目标。为了完成此目标并在市场竞争中取得成功,先进制造业不断吸收信息技术、制造技术、现代管理技术等高新技术,并将它们综合应用于研发、制造等生产环节,实现研发与制造过程的系统化、集成化、信息化,最终达到缩短产品研发周期、提高产品质量、降低开发总成本、完善服务水平的最终目的。

传统制造业一直以来往往将生产出优质产品的路径聚焦于产品制造过程,然而随着现代制造业的发展,越来越多的企业认识到产品的研发能力才是实现产品跨越的制约因素,产品研发阶段比产品制造阶段所创造的效益更加显著,产品的成本、质量和生产周期主要在研发阶段就已被确定。以美国福特汽车公司为例,其用于产品研发活动的成本仅占生产总成本的5%,然而研发阶段对总成本的控制和影响能力远大于自身所花费的成本。一个典型制造业产品的生产成本主要在产品研发阶段就已经被预先决定,而且成本中75%的部分早在概念方案设计阶段结束后就已经被预定(图2-37)。此外产品的质量主要取决于产品研发能力,质量是在研发阶段被设计到产品之中的,而制造阶段对于产品质量的贡献比重相对较小。产品研发对于产品的生产周期也有着很大的影响,优秀的产品研发模式可以有效缩短产品推向市场所需要的时间。如图2-38所示,A、B两家不同的制造企业由于采用不同的研发理念,在产品生产周期中造成了不同的设计被更改程度。在产品研发过程中,产品设计需要反复被修正以使其趋于最优,然而如果设计更改主要发生在研发的后期,那它所带来的成本增加等负面因素将远大于发生在前期。图中显示A公司在研发前期投入了更多的工作,进行了大量的设计更改,随着研发进程的推进,到产品批量生产前,设计的更改已经结束。反观B公司虽然在其研发前期的更改程度少于A公司,然而随着研发进程的深入设计更改却在不断增加,乃至在进入批量生产制造阶段后仍在修改设计,最终B公司的研发周期要长于A公司。

图 2-37 产品研发所预定的产品成本

图片来源:作者绘制

参考文献:[美]大卫·G.乌尔曼.机械设计过程[M].黄靖远,刘莹,译.第3版.北京:机械工业出版社,2006

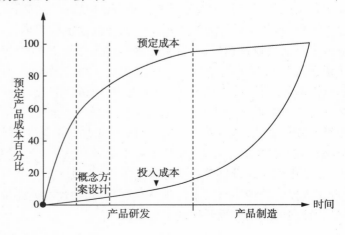

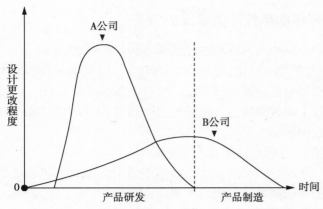

图 2-38 产品设计更改

图片来源:作者绘制

参考文献:[美]大卫·G.乌尔曼.机械设计过程[M].黄靖远,刘莹,译.第 3 版.北京:机械工业出社,2006

在世界信息化革命背景下,随着制造业的不断发展,一系列先进的产品研发理念得以出现,并成为推动制造业进步的核心支撑,如并行工程、计算机集成制造、精益产品开发、敏捷制造、虚拟制造等。这些产品研发理念的共同点均是面向产品全生命周期,通过建立高效的人员组织系统和以供应链为中心的企业联盟,在信息化的技术支撑环境下,采用并行、一体化的产品研发模式,以实现产品全生命周期中的人员组织、过程管理、技术工具,以及信息流、价值流、知识流、物流的集成优化,最终提高产品的市场竞争能力。

并行工程作为先进制造业产品研发的基础体系,改变了传统产品研发过程的串行模式。串行模式通过部门专业划分来组织产品研发工作,产品规划、设计、制造等阶段由不同的专业部门负责。当上游团队工作结束后,下游团队才能在其成果之上继续工作,这种"抛过墙"式的信息传递方式存在众多的弊端。首先,将产品研发过程分解为一系列串行的独立活动或步骤,忽视了活动间尤其是非相邻活动间的信息交流与协调,专业部门各自为政,过多关注局部产品开发,对整体过程缺乏综合考虑。产品设计师在串行模式下,由于对市场、规划、制造等阶段缺乏全面了解,致使设计阶段与制造阶段相分离,产品设计方向容易出现偏差,带来制造方面的问题。其次,在串行模式下,各专业团队间信息交流不畅,在上游出现的问题不易被及时发现,往往带来跨阶段大范围的反复设计,造成生产周期的拖延和产品成本的增加,产品质量无法得以保障。

并行工程主张摒弃按专业部门划分的组织模式,转而建立集成产品研发团队,取消部门间、专业间的人为阻隔,各专业人员协同展开工作。团队中除了上游的产品研发设计人员,还包括下游制造、装配、销售阶段的专业人员乃至供应商。团队全体研发人员在统一的组织领导之下,独立负责产品研发。并行工程运用集成化、并行化的产品研发方法,在产品研发早期就综合考虑产品生命周期中的各个阶段,强调产品研发阶段、研发活动、研发子活动的并行,各专业在研发上游阶段便针对下游的产品制造与装配环节展开并行设计,尽可能避免设计错误,减少跨阶段的设计反复与更改。在早期的产品设计中除了传统的功能设计、结构设计、工艺设计等之外,还要面向下游针对产品的可制造性、可装配性、可测试性、可靠性、安全性等进行设计。并行工程通过协同、一体化的工作模式,对产品研发过程进行动态化持续改进,最终实现产品研发过程的整体优化。

三、可移动建筑产品研发的转变

可移动建筑产品的研发通过借鉴、学习先进制造业的产品研发理念与方法，并对其进行转化、应用，在结合建筑产品固有特点基础上，形成可移动建筑产品研发的体系与方法。相对于传统建筑设计，可移动建筑产品研发实现了建筑师角色与组织模式的转变、流程的转变以及技术工具与设计方法的转变。

1. 建筑师角色与组织模式的转变

在千百年前，建筑师们曾以全知全能的建筑领导者角色出现，建筑领域各方面的知识都可以被他们所掌握，正如欧洲文艺复兴时期的伟大建筑师米开朗基罗、伯鲁乃列斯基、达·芬奇等，他们既是建筑师，也是建造师，同时也是结构专家与材料专家。在佛罗伦萨圣母百花大教堂穹顶的设计中，伯鲁乃列斯基身兼建筑师、结构工程师与建造师的角色，运用其丰富的综合性知识，完成了史无前例的巨大穹顶的建造。然而进入工业经济时代之后，随着现代建筑科学的不断进步，建筑自身系统变得越来越复杂，一座现代建筑包含有控制系统、暖通系统、水系统、电系统等众多系统，建筑仿佛成为巨大的机器，只凭建筑师一人之力想要掌握所有的建筑科学知识已无可能。只有通过专业划分，使各专业知识由不同专门人才掌握，以分工合作的方式才能完成建筑的设计与建造。现今，建筑领域的专业划分经过长期发展早已被制度化，不同的专业领域有着各自独立的人才培养体系、职业资格认证以及专业机构，例如目前我国建筑领域根据职能划分有建筑师、结构工程师、设备工程师、建造师、监理工程师、造价工程师等。

在专业化分工背景下，建筑师在建筑业中的角色定位已发生了根本性改变。历史上全才型的建筑师已不复存在，在工业经济"效率优先"的原则之下，原本属于建筑师的众多职责被纷纷剥离，建筑师的主要工作只剩下负责建筑生产流水线上的图纸化设计一环。在由设计到建造的建筑工程建设模式下，建筑的资本运作、建筑材料与设备的研发生产以及建造施工与管理大多都与建筑师无关。专业化的分工给建筑领域带来的影响是双重的，它既推动了建筑产业的进步，促进了专业内部技术的发展，同时也致使各专业领域相对狭窄，带来了各专业间的割裂。建筑各专业从业者大多只专注于本专业内部知识的研究，关注本专业自身的发展，而对其他专业缺乏深入了解，忽视与其他专业间的内在联系。在专业分工之下，建筑师们的专业视野越发受到局限，往往倾心于建筑艺术作品的创作，建筑的形式与功能成为建筑师主要的工作对象。而作为建筑学的重要本质内容，建筑的建造过程、建造方法、建造技术等却已被很多建筑师慢慢忽视。当今世界建筑学的发展证明，这种细化的分工并不能拓宽建筑师的创作空间，相反建筑师们正逐渐失去广阔的舞台，处于进退维谷的尴尬处境。反观制造业领域，产品设计师的工作早已拓展到了产品全生命周期范畴，贯穿于产品生产的全过程。其工作范围除了包括基本的产品设计阶段，还参与到前期基于市场的产品规划阶段以及中后期的制造阶段等。先进制造业的产品研发强调不同专业人员协同工作，不局限于局部过程，而是强调整体全局最优。产品总工程师担负产品研发领导者的角色，整合研发团队，对产品研发过程规划、产品设计、人员组织管理以及工具技术选择做出决策。

借鉴、学习制造业的产品研发模式，建立集成产品研发团队，使建筑师重新回归"全能建筑师"的角色是可移动建筑产品研发组织建设的首要内容。组织建设摒弃了按专业部门划分的传统模式，取消部门间、专业间的人为阻隔，转而建立各专业人员集成、协同的组织模式。集成产品研发团队成员涵盖了建筑设计方、制造企业方和供应商等多方面的相关人员。具体成员既包括面向上游产品设计的建筑设计师、结构工程师、设备工程师等，也包括面向下游制造、建造、测试等过程的制造工程师、装配工程师、材料工程师等(图2-38)。团队领导产品总工程师由建筑师担任，其在研发过程重要关节点做出决策。团队全体成员在产品总工程师的统一领导协调下，在产品研发各阶段协同并行展开工作。建筑师不仅对产品的制造、装配、建造过程展开设计，同时还参与到制造与建造过程之中，同制造工程师、装配工程师、材料工程师等共同工作，及时发现制造与建造中出现的问题，以对产品设计进行优化，使产品性能得以持续改进。

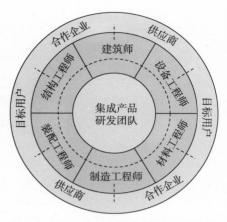

图2-39 可移动建筑产品集成研发团队成员组成

图片来源：作者绘制

2. 流程的转变

可移动建筑产品研发流程包括的活动范围比传统建筑设计流程有很大拓展。传统建筑设计流程基本仅限于建筑设计阶段，与前期的产品规划活动较少发生联系，也较少涉及后期的建造活动。而可移动建筑产品研发流程同时面向设计与建造上下游过程，内容同时涵盖了上游的产品规划、设计活动及下游的产品制造、装配、建造活动。

可移动建筑产品研发流程模型主要由产品定义与规划阶段、概念方案设计阶段、系统层面设计阶段、建造设计阶段、原型产品建造阶段、产品测试阶段共六部分构成，六阶段及其内部活动间以并行关系为主。可移动建筑产品研发强调在研发早期阶段便对后期的制造、装配、建造等过程加以关注并展开一体化设计，尽量在早期阶段发现设计中的错误，将传统产品研发的"设计—评价—再设计"大循环模式转变为多次小循环，以阶段内部多次局部迭代修改来避免跨阶段的大范围迭代修改。在不同研发阶段，不同专业背景研发人员协同展开工作，及时发现并处理研发活动中遇到的问题，最终使可移动建筑产品的研发周期得以缩短。

可移动建筑产品研发区别于传统建筑设计的重要方面在于对建造过程的关注，重点解决"怎样建造、如何建造"的核心问题，其不仅体现在产品设计过程中，也反映于原型产品的工厂制造装配与现场建造过程中。在产品研发流程的建造设计阶段，建筑师与制造、装配工程师协同工作，从建造过程的实施管理层面，对产品的可制造性、可装配性以及现场建造的人员组织、时间进度控制、建造资源准备、工序工法等进行设计研究。在原型产品建造阶段，以建造设计成果为指导，通过对其具体落实，确保在工厂制造装配及现场建造过程中，恰当的人员能够在正确的时间以适当的资源手段正确地完成工作，做到人、时间、资源、任务的统一。在工厂，建筑材料与零部件被精确制造加工，并被进一步装配成产品模块，各模块最终在工厂组装为产品装配单元。在建造现场，施工主要采用整体吊装及现场拼装方式，完成各产品装配单元间的机械连接。现场建造以干作业、机械化施工为主，施工工序简化，在运用较少人工和简单工具设备基础上，完成快速高效、高质量的建造。

3. 技术工具与设计方法的转变

可移动建筑产品研发需要运用区别于传统建筑设计的技术工具与设计方法，为集成、并行的研发活动提供有效的支撑环境。首先，运用 BIM 等相关技术对可移动建筑产品进行数字化定义，建立可移动建筑产品数字信息模型，实现产品全生命周期信息的集成。在数字信息模型平台之上，产品研发人员可协同、并行的展开工作，形成顺畅的信息共享、交流、反馈渠道，实现及时的技术交流与协商。其次，可移动建筑产品研发对产品数据信息实施全过程管理，实现产品全生命周期的产品信息、过程信息、组织管理信息和资源信息的有效管理，做到随时将正确的信息以正确的方式传递到正确的地方。最后，可移动建筑产品研发在早期阶段就针对产品全生命周期采用面向 X 的设计（DFX）方法，面向制造、装配、运输、建造、拆卸、测试、维护、回收利用以及成本、可靠性、安全性等方面进行设计。通过面向 X 的设计（DFX）方法，在产品设计阶段就针对后期各项产品性能影响因素展开设计研究，实现相关设计过程的协同一体化。

本章小结

本章首先对包括产品、制造业产品、建筑产品、固定建筑产品、可移动建筑产品以及可移动建筑产品的分类在内的相关概念进行了界定与解析；然后通过具体案例对可移动建筑的发展历程与应用领域进行了介绍，并对可移动建筑所具有的可移动性、临时性、可适应性、可持续性、轻量化、标准化、工厂化的特性与价值进行了阐述；最后在对传统建筑产品的设计与建造及制造业产品研发进行论述基础上，提出了可移动建筑产品研发应借鉴、学习先进制造业的产品研发理念与方法，实现建筑师角色与组织的转变、流程的转变以及技术工具与设计方法的转变。

注释

[1] 刘佩弦. 马克思主义与当代辞典[M]. 北京：中国人民大学出版社，1988：287

[2] 张钦楠. 建筑设计方法学[M]. 第 2 版. 北京：清华大学出版社，2007：24

[3] 吴涛. 加快转变建筑业发展方式促进和实现建筑产业现代化[N]. 中国建设报，2014-02-28(8)

[4] 建设部建筑制品与构配件产品标准化技术委员会. JG/T 151—2003　建筑产品分类和编码[S]. 北京：中国标准出版社，2003

[5] 黄汉江. 建筑经济大辞典[M]. 上海：上海社会科学院出版社，1990：457

[6] 朱竞翔，夏衍. 下寺村新芽环保小学[J]. 世界建筑，2010(10)：49-50

[7] 晁新强. 新型铝合金军用活动房承载力试验研究[D]. 西安：西安建筑科技大学，2007

[8] 吴程辉，朱竞翔. 湿地中的庇护所——上海浦东新区南汇东滩禁猎区工作站[J]. 建筑学报，2013(9)：5-28

[9] 中华人民共和国国家质量监督检验检疫总局. GB/T 20000.1—2002　标准化工作指南第 1 部分：标准化和相关活动的通用词汇[S]. 北京：中国标准出版社，2002

第三章　可移动建筑产品研发过程系统的建设

可移动建筑产品研发通过运用系统与集成理论,从系统与集成的视角对可移动建筑产品研发过程进行整体分析,将产品研发所涉及的活动、流程、产品、资源、过程管理系统要素进行整合与重构,建立起可移动建筑产品研发过程系统结构。可移动建筑产品研发在学习、借鉴制造业产品研发理念基础上,重点对并行工程与产品总体设计的理论、方法与技术进行吸收、转化与应用,最大限度地发挥并行工程与产品总体设计思想的优势,以完成对可移动建筑产品研发过程系统要素的构建。

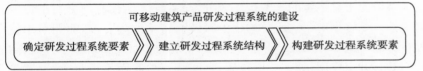

图 3-1　可移动建筑产品研发过程系统的建设
图片来源:作者绘制

建设可移动建筑产品研发过程系统需要对系统结构、系统构成要素及要素的构建方法展开研究。具体建设过程可分为三个步骤:第一步,需要选择、确定可移动建筑产品研发过程系统要素;第二步,通过对要素间的协同性、集成性、整体性进行综合优化,完成研发过程系统结构框架的搭建;最后一步,对过程系统要素的内在运行机制进行设计研究,实现要素的功能目标及相互间的集成,从而完成产品研发过程系统要素的构建(图 3-1)。可移动建筑产品研发过程系统的建设主要遵循以上步骤,分别从确定研发过程系统要素、建立研发过程系统结构,以及构建研发过程系统要素三方面加以具体实施。

第一节　可移动建筑产品研发基础理论概述

一、系统理论

1. 系统与系统论

科学研究的方法论阐释的是有关研究所遵循的路线与途径,具体的科学研究方法是在方法论的指导下展开的。如果方法论产生了偏差,那么再好的方法可能也无法解决实际问题。从方法论的视角来看,还原论在近现代科学发展过程中发挥了巨大的作用,其路径是将事物自上而下分解为部分、低等级、低层次来进行研究,如物理学已研究到物质结构的夸克层级，生物学已经研究到基因层面。然而随着科学技术的发展，许多事实使科学家认识到即使对事物的基本组成部分有充分的了解，却仍无法回答事物高层次、整体性的问题。如虽然认识了基因但仍无法解释生命是什么，认识了基本粒子却依旧不能阐释复杂物质的构造，还原论方法的不足之处在于不善于处理整体性的问题。较早认识到这一问题的是生物学家贝塔朗菲（L. von Bertalanffy），他发现在分子层面上对生物研究越深入，反而对生物的整体认识越不清晰。在此背景之下，贝塔朗菲于20世纪40年代提出了"一般系统论"，强调从系统整体层面来研究问题，并运用整体论与整体论方法[1]。在此之后的近70年间，系统论经历了由经典系统论向现代系统论的不断发展，并已成为现代科学的基础性理论。

系统是指由一些互相关联、互相作用、互相影响的要素以一定结构形式所构成的具有某些功能的整体[2]，它是人类世界中自然、社会与人类自身的重要特征。系统论主要研究的是系统中整体与部分的关系，认为系统是整体与部分的有机统一。整体是系统的核心，其具有组成部分所不具备的特性，但整体不等同于系统，其并不是各组成部分简单的相加，认识了系统的各组成要素并不等于了解系统的全部，要将整体与系统的要素、结构、功能、联系、环境进行综合考察，将整体与部分相结合研究才能正确认识系统[3]。

系统要素是系统的基本构成成分，与系统之间具有部分与整体的相对关系。要素相对于它所要构成的系统而言才称为要素，而相对于构成其自身的组成部分来说，则成为系统。系统的各组成要素并不孤立存在，它们具有特定作用，处于特定位置，之间相互关联而不可分割，要素是系统的要素，脱离了系统，要素也将失去意义。

系统联系是指系统要素之间、系统与要素间、系统与环境间的相互作用关系。系统与内部要素、外部环境通过各种不同的联系相互连接，成为整体。首先，单个要素的变化会引起系统内部其他要素变化，同时系统也会对要素的发展形成制约。其次，系统与环境间的物质、能量、信息的交换形成系统与环境的联系。

系统结构是指系统要素在时间和空间层面相互作用、相互联系的方式[4]，它是实现系统功能的关键。不同的系统有着各自不同的结构，它决定了要素在系统中的位置与作用，系统的结构形式影响着系统整体的发展，反之要素间关系与数量的变化也会对系统结构产生制约。

系统功能是系统内部要素以及系统与外部环境之间相互作用与联系所产生的效能，通过系统输入、处理、输出关系来实现。它体现为系统内部要素之间以及系统与外部环境间相互联系、制约与作用过程中所产生的物质、能量与信息交换。改变系统构成要素或者改变其相互之间作用关系，可以改变系统的功能。

系统环境是指与系统进行物质、能量、信息交换的外部事物或其总和。系统与环境的分界被称为系统边界，其对系统的输入与输出起到过滤作用。系统环境变化往往会引发系统功能与结构的变动，因此系统必须适应外部环境，满足环境对系统功能的需求，通过系统反馈调整系统的输入与输出关系。

系统论是整体论与还原论的辩证统一，其任务是通过利用系统的特点与规律去建立与改造系统,去管理与控制系统,通过系统结构的调整,系统各要素、各层次之间关系的协调与协同,使系统得到整体优化。在应用系统论时,应首先从整体入手将系统分解,在对各分解部分研究基础之上,再综合集成为系统整体,最终在整体层面研究解决问题,实现1+1>2的系统目标。

2. 系统的特征与原理

系统论认为整体性、层次性、目的性、相关性、环境适应性是所有系统所具有的共同特征,同时它们也是系统的基本原理与系统方法论的基本原则。

整体性是系统的基本特征,也是系统论所研究的基本原理。整体性主要有如下内涵:首先,系统的整体性体现为系统是要素的集合,是相互联系的各部分组成的有机整体,并以整体的形式存在于特定环境之中;其次,系统要素对系统的作用不是孤立存在的,而是相互联系、相互协同地影响系统整体的功能与特性;最后,各种要素构成的系统整体具有独立要素所不具备的功能与性质,系统整体的功能与性质不等于各要素简单相加,而是大于各部分功能之和。

层次性是指任何系统都具有一定的层次结构,若干要素构成一个系统,若干系统又构成更高层级的系统。系统的发展在空间上呈现出金字塔形的结构,简单的系统位于底部,而复杂的系统则处于顶部(图3-2)。在底部与顶部之间有若干系统同上下相互联系,这些系统相对于低层级来讲它们是系统,相对于高层级而言它们则是要素。顶端的系统可分为若干子系统,每个子系统又可向下层分解为更低层级的子系统,直到分解为可完成系统功能的基本系统要素[5]。由以上可见,系统的层次性体现了系统目标逐层级的具体化,以及系统要素在系统结构中所处的位置与从属关系。

图3-2 系统的层次结构
图片来源:作者绘制

目的性是指系统在内部要素与外部环境的作用下,都具有趋向某种最终状态的特性,它存在于系统发展的全过程之中,体现了系统发展的趋势与倾向。系统的目的性要求系统要首先确定其要达到的目的,以明确系统发展的最终状态。通过对系统现状与发展的研究,在总体目标的指导下,系统内各子系统、要素相互协调共同作用将系统导向预设目标。

相关性是指系统内部要素间,系统与外部环境间相互联系、相互制约的关系。一方面,当系统内部某一要素发生变化时,与其相关联的要素也会做出相应的调整和改变,以保证系统整体最优。另一方面,系统的运行需要从外部环境输入,并向外部环境输出,这种输入与输出的作用使系统与环境具有了紧密的相关性,形成顺畅的反馈渠道,促进系统的健康发展。

环境适应性反映了系统与环境之间的互为作用的关系。一方面,系统无法脱离环境而独立存在,环境通过与系统的物质、能量、信息交换,对系统产生影响。另一方面,系统又通过其功能及输出作用对环境施加影响,改造外部环境。要保持系统与环境间的最佳和谐关系,需要系统具有灵活的适应性,能够适应环境的变化而做出系统结构与功能的改变。

3. 系统科学与系统工程

系统论有广义与狭义之分,贝塔朗菲认为狭义系统论是对系统整体与组成部分描述与分析的理论，而广义系统论则是与应用科学有着广泛联系的基础理论，可归纳总结为系统科学。我国著名科学家钱学森认为系统科学是与自然科学、社会科学相并列的科学门类，他提出系统科学的体系框架可以分为四个层级：第一是工程技术层级，包括系统工程、通信技术、自动化技术等；第二是技术科学层级，包括系统论、控制论、信息论、运筹学等，它们是系统工程的直接指导理论；第三是系统学层级，其是系统科学的基础理论；第四层级是系统观，也是最高层级，是系统的哲学与方法论观点。系统科学是将系统作为其研究与应用的对象，从部分与整体、部分与系统关系的角度研究客观世界。系统科学不同于自然科学、人文科学与社会科学，它将不同科学门类的问题相联系作为系统进行交叉性、整体性、综合性研究，是一种综合整体化的现代科学。

系统工程是系统科学在工程技术层面应用的典型代表，它是对系统进行组织与管理的具体技术。系统工程以系统总体目标为出发点，综合运用相关学科理论、方法与技术，对系统的功能、结构与环境进行总体分析、论证、设计、协调，具体内容包括系统的建模、仿真、分析、优化、设计与评估等，以获得最优化系统方案并加以实施[6]。系统工程是一种综合集成优化的整体、定量技术，其根据不同的应用对象采用不同的适用于对象系统的方法与技术。工程系统是最早应用系统工程的领域，其运用系统工程对工程的规划、设计、制造、建造、运行等进行组织管理，如航天系统工程、电子系统工程等。

二、集成理论

集成（Integration）一词具有集聚、综合、整合、融合、一体化的含义。集成是一种存在于自然科学与社会人文科学之中的普遍活动，现今在人们认识自然与改造自然的科学研究与工程实践之中，集成的思想与方法被广泛运用于解决大量的复杂性问题，如功能集成、组织集成、过程集成、技术集成、信息集成、管理集成、知识集成、供应链集成、制造集成等等。

系统理论是集成的理论基础，对于集成理论具有指导作用。系统是要素的集成，而集成则是建构系统的方式与途径，是形成系统的基本活动。集成是以系统的结果为落脚点，处在高于系统的层面，将不同低层级的系统构建成新的有机整体、新的更大层面系统，以实现系统功能的聚变与涌现以及系统整体效能的提升[7]。集成的内涵可概括为：集成是以系统思想为指导，将两个或两个以上的要素或系统整合成有机整体的活动、过程与结果，集成体并不是要素的简单相加，而是通过要素间主动的选择、优化与匹配所构建形成[8]。集成是系统的综合与优化，是一个主动寻优的过程。

根据系统论观点，集成概念主要包含五方面基本内容，其分别是：集成要素、集成模式、集成界面、集成条件和集成环境。

1. 集成要素

集成要素是构成集成体的基本单元，是形成集成体的物质前提。集成要素是相对的概念，其针对具体的集成对象。构成集成体的集成要素又由低层级的集成要素组成，集成要素可层层向下分解。对于不可再分的集成要素，称为基本集成要素。以复杂产品集成制造系统为例，其由产品设计子系统、加工生产与装备子系统、经营管理与决策子系统、质量管理子系统以及支撑子系统组成,各子系统即为复杂产品集成制造系统的集成要素。而其中的经营管理子系统又由企业资源规划、项目管理、客户关系管理、供应链管理、电子商务五种要素构成。由以上可见,面对不同的系统层级集成要素具有不同的内容[9]。

2. 集成模式

集成模式是指集成要素间相互联系、相互影响的方式,它反映了集成要素间物质、信息与能量的交换关系。从集成要素间的组织关系角度分析,集成包含有三种组织形式,分别是单元集成、过程集成与系统集成。

单元集成组织是处于同一层级的集成要素,通过简单而又紧密的关系相互联系,以实现特定功能的集成组织形式。各集成要素具有相同的集成界面,统一的集成介质,共同形成相对稳定的集成体。以集成电路为例,其将晶体管、二极管、电阻、电容、电感等元件以及连接导线集成在硅片之上。集成电路中的各种元器件可以被视为集成要素,而硅片既是集成要素又是单介质集成界面,它们共同集成为具有统一集成界面与介质的集成组织。

过程集成组织是以有序的过程串联集成不同要素,将相分离的过程集成为完整过程的集成组织形式。过程集成组织中的集成要素具有统一的集成介质,并形成有时序关系的集成界面。如制造业的生产流水线便是一种过程集成组织形式,流水线上的工具设备作为集成要素按照加工工艺之前后顺序进行安装布置,所加工的产品则作为集成介质,在流水线中以一定的节拍顺序被加工制造。又如制造业产品的开发过程基本都是从规划、设计、制造到销售的顺序进行组织管理的,形成开发过程的集成,开发过程中所设计的虚拟产品与制造的实体产品成为集成的介质。

系统集成组织是各种相同或不同类别的子系统在同等或不同层级上集合而成的整体系统组织。系统集成组织有着显著的层次性,系统结构与要素间的联系复杂,集成介质与集成界面具有多样化的特征。如在汽车、船舶等制造业产品的开发体系中,各集成要素包括有人员子系统、管理子系统、技术与工具子系统、流程子系统、资源子系统等,它们共同集成为整体系统。各子系统作为集成要素,其层级与性质各不相同,集成界面集成与集成介质多样且复杂,集成介质包含信息流、能量流、货币流等多种形式。

3. 集成界面

集成界面是集成要素之间、集成体与外部环境之间相互联系的方式与机制,是要素间相互集成的接口,也是信息、物质与能量流传递的通道。集成界面会促使集成要素间的联系向有序化方向发展,高性能的集成界面会提高与促进集成体集成效能的发挥。以并行工程的集成产品研发团队为例,其中的产品研发人员可视为是系统集成的要素,人与人之间交流的语言是集成的介质,而团队的组织管理方法则是集成的界面,组织管理方法的正确与否,直接影响着团队系统功能的实现。

4. 集成条件

集成条件是集成要素集成为有机整体的前提与基础,其反映了集成要素间的内在关系。集成条件主要有相容性条件、互补性条件和界面条件。相容性条件是根据集成要素间内在性质相互兼容的程度,判断各集成要素能否形成集成关系,共同建立集成系统的依据。集成要素的相容性越高,越容易形成紧密关系,越易形成集成体。互补性条件是集成体内各集成要素为实现集成目标而相互选择、组合、判断的依据,它体现了集成要素间功能、性质的互补程度。界面条件是形成集成体以及发挥集成功能的基本条件,具有了优质的界面条件,才能在要素间高效地传递物质、信息、能量流,使集成体效能得以有效发挥。

5. 集成环境

对某一具体的集成体而言,其与集成环境之间是内与外的关系,集成环境是影响集成体形成与正常功能运行的外部因素。然而从系统论的观点扩展来分析,集成环境可以被理解为更高一层级系统的集成要素,从而它与集成体之间的关系转变为要素间的关系,这是理解集成环境的基础。集成环境对于集成体产生正面积极作用时,会促进集成体的健康发展,而对集成体有消极负面作用时,会对集成体产生抑制作用,破坏集成功能,以至使集成体解体[10]。

三、先进研发制造理念的发展

现代制造业始于数控制造设备的大规模应用,此后经历了由自动化向信息化、集成化、并行化、虚拟化、智能化、网络化、绿色化等方向的发展。为了应对全球经济一体化时代的产品激烈竞争,围绕时间(Time)、质量(Quality)、成本(Cost)、服务(Service)与环境(Environment)的主题,在制造业发展过程之中形成了计算机集成制造、并行工程、敏捷制造、精益生产、虚拟制造、门径管理系统、集成产品开发等先进的产品研发制造理念。这些不同时期的先进研发制造理念与模式,其实现途径虽各有不同,但发展方向与目标却基本一致,均是在信息化的基础上实现产品全生命周期的信息与知识共享、研发与制造一体化、并行协同化产品研发以及集成化研发管理等,实现从信息集成、过程集成到企业集成等方向的发展。

1. 计算机集成制造

20世纪50年代在计算机自动化技术的推动下,数控制造设备(NC、CNC)得以诞生,其大大提高了产品制造的精度、灵敏度与质量可控性,使制造业的生产效率有了质的飞跃。之后,于20世纪70年代出现了柔性制造系统(FMS),其是数控制造设备、物料储运设施与计算机控制技术的集成。柔性制造系统通过计算机的控制与管理,高效地完成数控加工与物料的储备运输。

伴随着数控制造、柔性制造的发展,计算机辅助设计(CAD)、计算机辅助制造(CAM)、计算机辅助过程工艺规划(CAPP)、计算机辅助生产管理(CAPM)等技术领域也实现了长足的进步,使制造业的研发制造能力获得了极大的提升。然而,另一方面这些计算机辅助技术只是相对独立的技术单元,各自之间很难形成信息交流与共享,成为一个个自动化的孤岛,阻碍了计算机技术在制造业进一步的应用与发展。在此背景之下,1973年美国的约瑟夫·哈林顿(Joseph Harrington)博士首次提出了"计算机集成制造"的概念(Computer Integrated Manufacturing,CIM)。其指出:制造企业生产的各个环节,从产品规划、设计、制造、管理到售后服务等全部活动是一个有机整体,紧密联系,不可分割。产品生产的全过程实质上是对数据信息进行采集、传递和处理的过程,最终产品是数据信息的外在物质表现。

计算机集成制造系统(Computer Integrated Manufacturing System, CIMS)是基于计算机集成制造思想建立的研发制造系统,其核心内容是信息的集成,目标是企业全部生产活动的综合优化。我国 863/CIMS 专家组将计算机集成制造系统定义为:整合信息技术、现代管理技术与先进制造技术,并将其应用于产品全生命周期之中,在信息集成、过程优化、资源优化的基础上,完成信息流、价值流和物流的集成与优化,从而提高与改善产品开发的时间、质量、成本、服务与环境[11]。计算机集成制造系统理念自提出以来对制造业的发展产生了深刻影响,主要体现在:首先,通过运用计算机及网络技术,实现了企业内部的网络互通,为产品研发制造全过程中的信息集成提供技术支持与工作平台。其次,各专业研发部门通过网络工作平台实现了及时的协商与信息交流,解决了制造业中"自动化孤岛"问题,实现了企业全部活动从市场规划、产品设计、工艺设计、制造加工到最后市场销售全过程的信息集成。最后,服务于产品设计、制造与管理的计算机关键技术取得了长足的进步,计算机辅助工程、计算机辅助质量管理、计算机柔性制造等技术逐渐趋向成熟,在制造业产品生产中发挥了重要作用。

2. 并行工程

计算机集成制造系统虽然实现了制造业产品研发制造过程中信息的集成,极大推动了产品研发制造能力的提升,然而,它并没有改变已成为制造业可持续发展障碍的"泰勒式"产品串行研发模式。由于偏重于对计算机辅助技术及信息集成的关注,而忽视了产品研发过程以及人在研发过程中的主观能动作用,往往使系统实施效率大打折扣,甚至导致失败。20世纪90年代以来制造业在总结计算机集成制造系统的经验教训基础上,在注重信息集成的同时,开始关注产品研发制造过程的综合优化和过程的集成,产品研发过程成为行业内新的重点研究方向。

20世纪 80 年代末,美国国防部的相关研究机构提出了并行工程(Concurrent Engineering, CE)的概念,在其著名的 R-338 报告中,对并行工程的思想内涵做出了阐述。指出并行工程是对计算机集成制造系统的进一步发展与深化,在信息集成的基础上,强调产品全生命周期的研发过程的集成与并行,最终实现人员组织、研发制造过程与技术工具的综合集成。并行工程是一种区别于传统串行模式的产品研发理念(图 3-3),有着新的产品研发过程、研发组织管理模式与研发技术方法,强调在产品研发早期阶段就对产品生命周期相关过程展开一体化并行设计,以缩短产品研发周期,减少产品成本,提高产品质量,提高企业的竞争能力。并行工程的出现适应了经济全球化环境下市场对产品创新的迫切需求。在科技快速进步、产品日趋复杂化的条件下,为产品研发提供了新的手段与方法。

3. 敏捷制造

敏捷制造(Agile Manufacturing, AM)的基本思想是在并行工程基础上,将企业内部的活动集成扩展为企业之间的动态集成。在全球经济一体化环境下,以敏捷化的组织管理方式和信息技术为支撑,通过建立动态

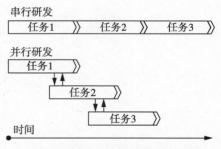

图 3-3　产品串行与并行研发模式对比

图片来源:作者绘制

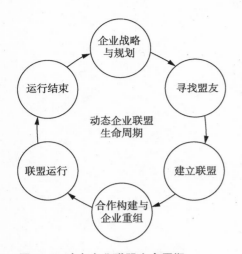

图 3-4　动态企业联盟生命周期
图片来源:作者绘制
参见:姚振强,张雪萍.敏捷制造[M].
北京:机械工业出版社,2004:22

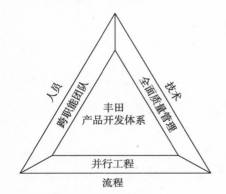

图 3-5　丰田产品开发体系
图片来源:作者绘制

化的企业联盟来进行产品的研发、生产、销售与服务,实现资源的动态优化配置,以适应多变的市场需求,赢得市场竞争优势。

敏捷制造首次提出了"虚拟企业的概念",所谓虚拟企业是一种打破空间阻隔的企业组织形式。为了抓住市场机会,制造企业将不同企业的优质资源集中整合,与设计企业、供应商、销售商乃至用户共同组成动态企业联盟(图 3-4),相互间利用网络信息工具沟通联系,共同快速完成产品任务。当市场机会出现时,虚拟企业可迅速建立,而目标任务完成后,企业便自行解体。敏捷制造思想下的虚拟企业具有单独个体公司所不具备的资源、技术与人力优势,增强了企业对市场的应变能力,是顺应信息时代发展的新型企业组织模式。

4. 精益生产

20 世纪 80 年代日本的汽车工业快速发展取得了巨大成功,在此背景下美国麻省理工学院对日本丰田公司展开了大规模细致研究,于 1990 年出版了《改变世界的机器》一书,提出了丰田公司成功的秘密在于其"精益生产方式"(Lean Production,图 3-5)。精益生产思想主要是以产品生产工序为线索,对产品生产全过程进行优化调整,以人为核心,快速应对市场变化,精简业务流程,消除无效劳动,避免超量生产,实现零库存,以最少的投入实现最大的产出。精益生产的主要特征有:运用并行工程,在产品研发阶段,将概念设计、详细设计、工艺设计与制造过程以及最终客户需求紧密结合考虑,各项目团队协同并行完成任务;实行团队工作法,团队根据业务职能划分组织关系,充分调动团队成员的主观能动性,参与到决策过程之中,强调团队成员的综合专业能力,根据任务需要灵活组建团队,同一人员可属于不同的团队;实现拉动式生产,追求资源物流平衡,制造流程中依靠"看板"形式传递信息,通过各生产单元间相互协调控制生产节拍,完成生产计划与调度;实现全面的质量管理,强调质量是制造出来的,在生产过程中对产品质量进行严格的检测与控制,如发现问题立即停止生产直至问题解决。

5. 虚拟制造

虚拟制造(Virtual Manufacturing,VM)是 20 世纪 90 年代由美国首先提出的制造理念,它是制造业技术进入信息时代的重要标志。虚拟制造是指以计算机建模与仿真技术、虚拟现实技术、信息技术为基础,在计算机上模拟实现产品规划、设计、制造、装配以及管理等产品研发制造的本质过程。通过虚拟模型检验,预估产品系统的性能、功能、可制造性、可装配性等产品研发制造过程中的相关问题,发现产品设计中出现的错误与缺陷,做出产品优化,最终增强产品生产活动中各层级与环节的管理、决策和控制能力。虚拟制造并不是已有计算机辅助技术的简单组合应用,而是综合相关制造理论、技术并对其系统化组织,面向产品对象、研发制造活动、制造资源进行全面建模。在建立产品模型、过程模型、活动模型与资源模型的基础上,不同模型信息实现综合集成,最终建立包括虚拟研发平台、虚拟生产平台、虚拟企业平台在内的可实现产品数据管理的制造系统仿真平台(图 3-6)。

虚拟制造与传统制造模式相比主要有以下优势:虚拟制造通过对实际研发制造过程的模拟仿真,在产品研发阶段便可发现设计中的缺陷并及时反馈、更正,变后期的产品检测为前期的产品预测,缩短了产品研发

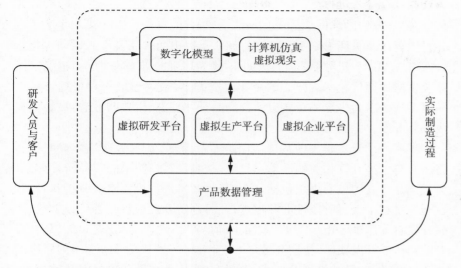

图 3-6　虚拟制造的概念结构
图片来源:作者绘制
参考文献:肖田元,韩向利,张林鹍.虚拟制造内涵及其应用研究[J].系统仿真学报,2001,13(1):121

时间;虚拟制造的相关活动均围绕虚拟数字模型展开,取代了传统的实验样品的制造与测试,降低了产品研发成本;在虚拟制造系统模式下,不同企业、不同部门、不同专业的产品研发人员可分布于不同地点,共同基于同一虚拟产品模型协同展开工作,实现信息及时传递与共享,并对市场变化做出快速响应。

虚拟制造技术是敏捷制造理念实现的前提,也为敏捷制造中虚拟企业的运行提供了全面支持。而并行工程则是虚拟制造的基础,为虚拟制造技术的运用创造了良好的条件与环境,同时虚拟制造也为并行工程的实现提供了关键的技术工具。

6. 门径管理系统

门径管理系统(Stage-Gate System,SGS)最先由罗伯特·G.库珀教授于 20 世纪 80 年代提出,其主要建立了一种产品研发流程的结构化模型。门径管理系统将产品研发流程分解为一系列的研发阶段,每一阶段由跨专业、跨职能的并行活动组成。这些阶段主要包括:确立范围、开发项目立项、开发产品、检验与修正产品、投放市场等(图 3-7)。在通向每个阶段前都设置有一个入口检查点,被称为"关口"。各个关口内有一系列严格的决策评估体系,担负各阶段研发成果质量的检测与决策,并判断研发过程能否继续进行,本阶段的研发活动需要为下一级的关口与阶段提供所需信息。门径管理系统的核心是建立系统化的产品研发流程与跨职能的产品研发团队。

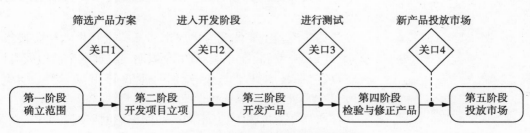

图 3-7　门径管理系统概念结构模型
图片来源:作者绘制

7. 集成产品开发

集成产品开发(Integrated Product Development,IPD)思想主要源于并行工程以及美国 PRTM 公司于 1986 年提出的产品及生命周期优化法(PACE)。IBM 公司于 20 世纪 90 年代为增强企业竞争力,实施了以产品及生命周期优化法为核心的企业改造方案,最终形成一种根据市场导向以客户需求为主导的行之有效的产品开发理念、模式与方法,被称为集成产品开发。

集成产品开发是一种系统运用跨专业跨部门团队,通过集成并行实施所有与产品开发相关的活动与过程,来满足客户需求的产品研发理念。集成产品开发的核心思想包括:应对产品开发进行投资组合分析和管理,在开发过程中设置阶段性的评审点,及时判定开发项目是否可以继续;产品开发首先应基于市场需求,做出正确的产品概念定义;建立跨部门、跨专业的产品开发团队,协同高效展开工作;将产品开发分解为不同层级的任务与活动,对其并行展开研发;开发过程中运用共享的公用基础模块,以提高产品开发效率;建立具有弹性的结构化流程,在结构化与非结构化流程间取得平衡。

在核心思想基础上,集成产品开发的体系结构主要由产品市场管理、开发流程再造和产品重整三部分构成,包括七个基本要素(图 3-8)。

产品市场管理范畴二要素:客户需求分析与投资组合分析。

新产品的开发首先需要对客户需求有充分的了解,否则产品的研发方向会出现偏差,导致产品失败。集成产品开发从八个方面对客户需求进行分析,分别是产品价格、可获得性、包装、性能、易用性、保证程度、生命周期成本、社会接受程度。

投资组合分析是根据产品投资利润率来确定产品可否开发,以及在所开发的新产品间如何进行资源分配等问题。投资组合分析贯穿于产品全生命周期之中,通过分阶段评审来确定开发是否能继续进行,最大化地避免资源无谓投入。

开发流程再造范畴三要素:跨部门团队、结构化流程、开发项目管理。

集成产品开发团队主要由跨部门、跨职能的人员组成,其来自市场、开发、制造、采购、财务等各个部门。团队分为两大部分,集成产品管理团队(IPMT)与产品开发团队(PDT)。集成产品管理团队是产品开发决策层,主要负责判断决策产品定位,监控保证开发项目的顺利运行,控制资金与资源的投入。产品开发团队是产品开发执行层,负责制定具体的产品开发策略与计划,通过实施产品开发活动,确保产品按计划推向市场。

结构化流程主要体现为集成产品开发流程由六个阶段组成,分别为概念、计划、开发、验证、发布与生命周期。在这六个阶段间有明确的决策评审点,包括技术评审与业务评审,通过评审点后开发才可进入下一阶段。

在产品开发过程中,有不同的职能部门共同展开工作,众多研发活动同时实施,这些部门与研发活动间有着复杂的关系,需要依靠产品开发项目管理来协调组织相关职能部门有序展开研发活动。产品开发项目管理通过对职能部门的活动制定计划,对活动进行资源与预算的调配,并在开发过程中对计划做出及时调整,最终实现计划目标。

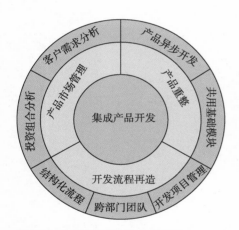

图 3-8　集成产品开发体系结构
图片来源:作者绘制

产品重整范畴二要素：产品异步开发与共用基础模块。

产品异步开发模式是运用并行工程的思想，将产品分解为不同的层级，如平台层、子系统层、模块层等，不同的团队针对不同层次并行展开研发工作，从而削弱了以往各层级间的相互依赖与制约关系，大大缩短了开发周期，提高了开发效率。

共用基础模块是指在不同的产品系统中共同应用的相同零部件、模块以及技术等。通过建立共用基础模块数据库，实现共用基础模块的共享与重用，以简化产品设计，提高质量可控性，减少开发成本，降低产品开发技术风险。

四、产品并行工程

从制造业研发制造理念的发展过程来看，并行工程有着重要的基础性地位。各种先进研发理念的侧重点虽有不同，如计算机集成制造系统偏重制造信息的集成、敏捷制造侧重企业间的集成、精益生产关注制造过程效益的提升、虚拟制造强调通过对过程的模拟做出决策与优化等，但这些理念之中都蕴含了并行工程的思想，有些理念更是在并行工程的基础上发展而来的。可以说并行工程是制造业发展的理论推动力，在其基础之上结合信息时代的新资源、新技术工具、新组织管理手段，形成了不断发展的制造业先进产品研发理念与模式。

1. 并行工程的基本内涵与特征

并行工程是一种系统化的产品研发理论、方法与技术，其强调研发过程的集成、并行与一体化，人员组织的协同化，在产品研发阶段就综合考虑从产品规划定义到投放市场，乃至产品报废的产品全生命周期中各相关过程，同步并行地对制造、装配、测试、质量、成本等因素展开设计。美国国防部相关机构于 1988 年在 R-338 报告中对并行工程做出如下定义：并行工程是对产品及其相关制造过程与支持过程进行并行一体化设计的系统化工作模式，使产品研发人员从研发早期阶段就考虑产品生命周期的所有相关因素[12]。并行工程的目标是通过集成化、并行化的产品研发过程，缩短产品研发周期，降低产品研发成本，提高产品质量，提供优质服务，实现绿色制造，最终提升企业的产品研发能力与产品的市场竞争力。

并行工程主要有以下五种基本特征：

关注早期研发阶段：在产品研发过程中，各研发阶段随时间的推进对产品的影响程度呈反比关系，早期设计阶段对产品质量、成本与研发周期具有决定性作用。并行工程强调在早期阶段尽可能同步设计考虑后期的制造相关过程，尽量避免设计错误的产生，减少设计更改的次数与范围，将大范围大跨度的设计迭代改变为小范围设计循环，使产品研发取得一次性成功。

重视用户需求：满足用户的需求是现代制造企业生产经营活动的核心。并行工程以用户的需求为出发点，强调研发过程中用户的参与以及对用户需求变化的积极响应。在研发早期阶段便引入用户需求，并随之将其分解到各研发阶段之中，使用户需求成为研发的基本依据。

一体化并行设计：并行工程中的"并行"是指产品研发相关过程与活动在进程方向上的并行化。其并不意味着各过程、活动的完全并行，而是强调研发子过程以及子过程内部活动间的重叠，尽可能地并行，并在此基础上完成产品研发相关过程与活动的集成,形成"一体化"的有机整体(图3-9)。在进行产品设计的同时,还需要对后期的制造、测试、营销等相关过程并行展开设计,包括工艺过程设计、制造过程设计、生产计划安排、采购计划安排、产品服务计划安排等。此外,在产品设计阶段除了进行传统的产品功能设计、结构设计、美观性设计等之外,还需并行展开面向产品的可制造性、可装配性、可测试性、可维修性、可拆装性、安全性、可靠性、成本等因素的相关设计。

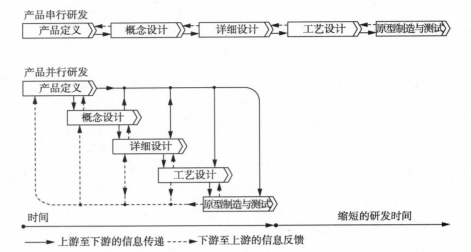

图 3-9　产品串、并行研发过程对比
图片来源:作者绘制

协同化的组织方式:协同化工作是产品研发实现一体化、并行的组织基础。并行工程主张建立集成化的产品研发团队,打破专业间的壁垒,摒弃抛过墙式串行组织模式,不同专业研发人员在统一组织下,协同展开研发活动,及时进行信息交流与协调,实现人员与组织的集成。

持续改进:并行工程强调产品以及产品研发过程的持续优化改进,随着研发的进行,在不同研发阶段针对设计冲突进行协调与改进,通过局部动态的优化,最终实现研发过程整体的优化与产品性能的提升。

2. 并行工程的系统构成

并行工程是聚焦于产品创新及产品研发过程的系统化工程,其主要由组织管理子系统、研发过程子系统以及环境子系统构成。

并行工程的组织管理子系统包括了研发活动管理、研发过程管理和研发管理决策以及相关的组织管理技术。研发活动管理与研发过程管理分别从活动与整体过程的层面对诸如产品研发进程、质量、成本、组织、资源等目标实施管理,并在活动与过程范畴内分别实现各管理目标的综合优化与管理集成。研发管理决策是从整体研发过程层面对研发活动管理与过程管理进行多因素、多目标的综合优化,实现产品研发组织管理的集成、协同、一体化。支持组织管理子系统的技术工具主要有集成产品研发团队组织技术、可视化多视图管理技术等。

并行工程的研发过程子系统主要由研发过程、研发活动、研发技术工具构成,产品研发过程是并行工程的核心内容。并行工程以产品研发人员为主体,通过运用研发过程技术工具,使产品研发过程、子过程与活动并行、集成、一体化实施,最终实现产品研发过程的集成与目标产品的综合优化。支持研发过程子系统的技术工具有产品研发过程建模技术、质量功能展开技术、面向 X 的设计等。

环境子系统为研发活动提供高效的支撑环境是并行工程成功实施的必要条件,通过支撑环境的建设以实现信息的集成、管理与共享。对于支撑环境的构建,首先需要完成软、硬件基础设施的建设,包括计算机与通信网络、数控制造设备、计算机软件系统、网络管理系统等。其次,通过建立产品数据库与产品数据管理系统,以实现产品全生命周期的产品信息、过程信息、组织管理信息和资源信息的集成及有效管理,做到随时将正确的信息以正确的方式传递到正确的地方。然后,在信息集成的基础上,构建形成集成支撑框架,所谓集成支撑框架是能够兼容并集成不同产品研发管理软件的软件环境,能够实现源于这些研发应用软件的信息、知识、技术、方法、模型的集成。最后,通过整合软硬件基础设施、产品数据库、产品数据管理系统以及不同的研发管理应用软件,建立起面向产品研发与管理的应用平台,最终为产品研发及管理人员提供一个开放、集成、高效的工作环境。

3. 并行工程的三域系统结构

并行工程的三域系统结构主要由支撑域、执行域和管理域组成(图3-10),三域在整体结构形态上呈现为相互作用的上、中、下三个层级。底层支撑域主要由环境子系统构成,为产品研发提供了基于信息集成与管理的基础工作环境;中层执行域由研发过程子系统构成,反映了在产品研发人员主导下,由产品研发活动、研发过程所构成的并行、一体化的目标产品实现过程;顶层管理域由组织管理子系统构成,体现了并行工程的人员组织模式以及活动管理与过程管理方法。

在并行工程三域系统结构中,支撑域的作用主要是为产品研发过程和研发组织管理提供高效、功能完备、用户友好的信息集成与共享环境。在此基础上,执行域中的研发人员在管理域的组织下,以并行工程的理念与方法展开并行、一体化的产品研发过程。而管理域则对执行域的研发过程进行管理与监控,保证产品研发过程得以正确、顺利地实施。在三域系统结构中,由产品及其研发过程、活动构成的执行域处于核心地位,支撑域与管理域分别从研发环境和组织管理的维度为执行域提供上下两个层面的支持。

4. 并行工程的关键技术

并行工程的关键技术是服务于并行、一体化的产品研发过程、产品研发组织管理、研发支撑环境,确保产品研发能够按照并行工程的理论方法成功实施的核心技术与工具。这些关键技术为并行工程的实际应用提供了具体途径,主要包括产品研发过程建模、数字化产品建模、产品数据管理、集成产品研发团队、面向X的设计、质量功能展开等。

产品研发过程建模是运用数学方法对产品研发过程与活动做出设计、描述,建立产品研发过程数学模型。运用研发过程建模可对产品研发过程进行模拟仿真,以发现过程中的问题,并对其进行改进与优化。此外,还可借助研发过程模型对人员组织、进程、质量、成本、资源等因素展开产品研发管理。

数字化产品建模是产品研发人员将产品设计成果转换为计算机数字化模型,此模型之中包含产品全生命周期中的相关产品信息。不同专业、职能的产品研发、制造、管理人员均可在同一产品模型之上并行开展工作,进行技术协商与协作。

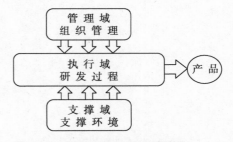

图3-10 并行工程三域系统结构
图片来源:作者绘制

产品数据管理的作用是在数字化产品建模的基础上，对产品研发过程中所产生的大量相关数据进行有效的管理。产品研发人员通过对数据的提取、使用以及修改与再存储，使研发工作可以在不同产品研发阶段、研发活动中并行协同展开。产品数据管理是并行工程实现产品信息集成的核心技术工具。

并行工程的基本组织模式是集成产品研发团队，其创造了一种并行、协同的团队工作模式。集成产品研发团队由来自不同专业、职能部门和研发阶段的研发与管理人员组成。集成产品研发团队独立负责产品的研发，团队全部成员在统一组织协调下开展工作。研发人员在负责本专业职能研发任务的同时，还需与其相关联的研发活动进行协同，并及时对其做出反馈与修改。

面向 X 的设计强调在产品设计阶段就针对生命周期中的产品性能影响因素展开设计研究，面向制造、装配、运输、建造、测试、维护、拆卸、回收利用以及成本、可靠性、安全性等方面进行设计，实现相关设计过程的并行、一体化。

质量功能展开是一种将用户需求转化为相应产品质量特性的方法，其将产品质量与实现产品质量的过程相整合，对产品研发过程实施质量规划与控制，在产品研发的各阶段把用户需求转变为与之适应的产品性能要求，最终确保产品满足用户需求。

五、产品总体设计

纵观工业产品，无论是建筑物、桥梁，还是汽车、电脑，它们都是在人类的主观意识、工程化和非工程化的行为共同作用下产生的，每一种产品都具有自身特有的人文、工程属性。工业产品的设计既包含工程技术层面的因素，也包含非工程技术层面因素，它是多种设计内容、设计目标的集成。例如，台式电脑的设计包含电子设计、机械设计、人机交互设计、外观设计等。又如，建造一座建筑物所需要的设计工作既包括建筑设计、结构设计、电气设计、暖通空调设计，还包括施工组织设计等。由此可见，要赢得产品设计的成功，必须在不同的设计方向间取得平衡，依靠多学科、多专业知识的综合与集成。基于以上观点，工业产品的设计模式可以理解为是由不同的"部分设计"所集合而成的"总体设计"，最终产品设计成果是所有部分设计所输出结果的集成。部分设计的完美并不能确保产品设计最终的合理与正确，只有通过总体设计优化才能取得产品设计的成功。

1. 总体设计的定义

英国思克莱德大学的斯图尔特·皮尤教授在其所著的 *Total Design：Integrated Methods for Successful Product Engineering* 一书中对于总体设计做出如下定义：总体设计是一种具有清晰可视结构的系统化产品设计方法与模式。其强调产品设计是由一系列的核心设计活动组成的，涵盖了从市场需求分析到产品销售的全过程。总体设计主要面向产品、过程、人员与组织四方面内容，并以产品开发过程为主要核心[13]。总体设计的概念具有普遍性与通用性，适用于涉及产品设计的所有相关行业，如汽车制造业、设备制造业、建筑业等。

2. 总体设计的概念结构模型

总体设计主要由一系列的核心设计活动组成,包括市场需求分析、产品任务书设计、概念设计、细节设计、制造以及销售等(图3-11)。任何产品在设计之初,都需要对其所面对的潜在用户进行需求分析,确定产品策略是基于现有市场还是未来市场。在此基础上,下一步则需要对产品任务书进行设计,通过产品设计任务书限定产品设计活动的边界,设定产品设计目标,对后续的总体设计活动加以约束与控制。总体设计过程中的各核心设计活动均围绕产品任务书逐步深化展开。总体设计是一个核心设计活动不断循环迭代的过程,设计产生反复的主要原因之一是核心设计活动出现错误或需要进行设计优化改进。设计循环迭代改变了产品任务书与核心设计活动之间的原有关系,需要对产品任务书重新做出调整。此外,为了使核心设计活动顺利高效地运行,还需要向设计活动输入设计方法与技术工具,设计者与设计团队在其支撑之下才能有效展开设计工作。设计方法具有相对的独立性,普遍适用于各制造行业的产品设计活

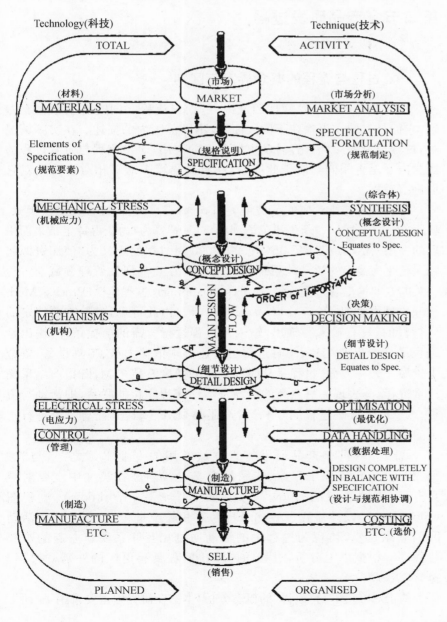

图3-11 产品总体设计结构模型

图片来源:Pugh S. Total Design: Integrated Methods for Successful Product Engineering [M]. New Jersey: Addison-wesley, 1991: 11

动,如分析、综合、决策、建模等通用性方法。而技术工具则主要针对具体的行业、学科,是一种专门性技术,例如应力分析、热力学分析、建筑信息模型等。由以上可以得出,总体设计的活动结构模型是以设计过程为主轴,以分阶段产品任务书为设计约束目标,并通过设计方法与技术工具的输入而建立起来的。

从总体设计概念角度分析,作为建筑设计领导者的建筑师,其活动主要局限于建筑工程建设的设计阶段,较少参与建筑工程投资方与建设施工方的活动,主要扮演了投资方与施工方之间的沟通者角色。从建筑师的技术专业领域而言,其只擅长于本专业的建筑设计技术,而对于其他设计专业,如结构设计、电气设计、给排水设计等专业知识缺乏全面掌握。由以上可以看出,建筑师无法掌控了解建筑工程建设的全过程,建筑师所从事的建筑设计活动只是一种部分设计活动,而非总体设计活动。

第二节　产品研发过程

一、过程与流程的概念界定与区别

在制造业产品研发管理领域内,过程与流程二词既有联系也有差别,它们是对同一事物在不同层面上、不同范围内的描述。在实际情况中,过程与流程二词很容易发生概念上的混淆,研发流程与研发过程的概念内涵是否相同? 对于此问题,在英文语境中能够相对容易地对它们进行辨析。

"过程"一词所对应的英文词为"Process",其包含过程、进程、步骤、程序、工序的含义。《新牛津英语词典》对其解释为"为获得特定结果而采取的一系列活动或步骤",ISO 9000：2000 对过程的定义为"使用资源将输入转化为输出的活动的系统"[14]。又如,在产品研发管理领域与过程相关的专业词汇有过程规划(Process Planning)、过程建模(Process Modeling)、过程管理(Process Management)等。由此可见,过程有着特定的运行目的,具有输入与输出,输入是过程运行所需的前提条件,输出是过程最终产出的结果,同时过程运行还必须依赖人员、工具设备、资金等资源。另一方面,过程是从时间进程的角度看待事物,既指向结果又注重进程,其表现为一系列的活动及活动间程序化的联系,即活动与流程。此外,要实现过程的顺利运行,还必须对活动、流程与资源进行正确的管理。

"流程"一词是产品研发管理领域常用的专业术语之一,与"过程"相比较,它更偏于程序、步骤的含义。"流程"在英文中主要对应具有流、流动之意的"Flow"一词,如工作流程(Workflow)、流程图(Flowchart)、设计流程(Design Flow)。相较于过程,流程关注于活动间的联系逻辑,体现为过程中的活动通过相互联系所建立起的步骤与程序。根据以上分析,过程的内涵比流程具有更广的外延,"过程"包含"流程"。

基于对"过程"与"流程"的概念分析,本书在研究中主要采用了"研发过程"一词,而"研发流程"则是研发过程系统范畴之下的流程要素所研究的内容。

二、制造业产品研发过程的定义与特征

制造业产品研发过程是指从最初的项目规划与产品定义到最终产品大批量生产开始之间的整个过程,其包含一系列的研发活动、流程、支持过程运行的资源以及对过程实施的管理。制造业产品研发过程是一种典型的"过程",其具有研发活动间的一系列输入与输出、特定的产品研发目标以及外部研发资源等典型过程属性。制造业产品研发过程包括项目规划、产品定义、概念设计、系统整体设计、细节设计、原型制造与测试改进等若干研发活动。研发活动相互间通过形成有序化的逻辑联系,建立起产品研发流程。此外,制造业产品研发还要通过对研发活动、研发流程、研发资源等实施研发过程管理,以保障产品研发过程的顺利进行,如进行人员组织管理、进程管理、成本管理、质量管理等。

现今随着先进制造业的不断发展,相对单一的传统串行产品研发过程模式早已不能适应企业发展要求。以并行工程为基础的精益化、敏捷化、虚拟化、集成化、网络化、绿色化等多样的先进产品研发过程模式已成为当前的发展趋势,它们具有系统性、层次性、渐进性、协同性等共同的基础特征。

系统性特征主要指出产品研发过程是由一系列的研发活动与研发流程所组成,这些活动与流程在研发资源的支持下,通过研发过程管理形成一个系统整体,对于产品研发过程的研究要从系统的层面加以展开。层次性说明了产品研发过程系统具有显著的层级化构成特征,产品研发过程可以分解为一系列的子活动、子流程,子流程与子活动可进一步分解为若干子子流程与子子活动,并可根据研发过程的复杂程度确定进一步向下分解的层级数量(图3-12)。因此,在微观层面上产品研发过程系统可看做由大量最基本要素的研发子子活动和子子流程所构成。不同的活动

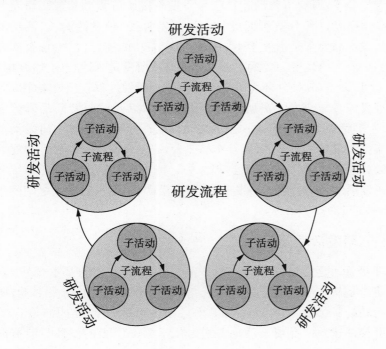

图3-12 产品研发过程中研发流程与研发活动的层级结构

图片来源:作者绘制

与流程分别有着自身的运作机理与机制,其所输出的结果又成为其他活动与流程所输入的内容。渐进性特征表现为产品研发过程的持续改进,随着研发工作的不断进展,研发活动内容逐渐清晰,通过对已完成研发工作的经验积累,研发过程与过程管理得以不断优化。协同性特征是指在产品研发过程中,不同部门、不同专业的产品研发与管理人员协同合作,形成集成产品研发团队,以实现信息的集成与知识的共享以及研发过程的并行、一体化。

第三节　可移动建筑产品研发过程系统要素

制造业是实现建筑工业化的基础,要对可移动建筑产品进行研发,首先需对制造业进行深入理解。在制造业向先进制造业转变过程之中,先进的研发制造理念对制造业发展起到了核心支撑作用,如并行工程、集成产品开发、计算机集成制造、精益生产、敏捷制造、虚拟制造等等。这些研发制造理念均强调了系统的集成,各类子系统在相同或不同层次上集合成整体系统组织,通过子系统的协同工作,使得整体系统的功能倍增,以解决复杂综合的产品研发制造问题。

可移动建筑产品研发系统是多方面要素的集成,包括活动的集成、流程的集成、产品的集成、资源的集成以及组织管理的集成。其主要内涵可概括为:建立高效的人员组织架构,综合运用与可移动建筑产品研发过程相关的技术、工具与方法,实现产品研发并行、协同、一体化的工作模式,以及研发活动、流程、产品、资源与过程管理的综合集成优化。

可移动建筑产品研发系统主要由研发活动要素、研发流程要素、研发产品要素、研发资源要素与研发过程管理要素五大要素组成,五种要素在不同的维度层面上形成互为支撑的有机整体。研发流程要素是在并行工程理念指导下,所有可移动建筑产品研发阶段子流程的集成。研发活动要素是由研发过程分解所形成的不同研发阶段、研发活动、子活动的集成。研发产品要素是由处于不同层级的产品功能体、产品模块及产品零部件的集成。研发资源要素主要是支持产品研发过程运行的人员、时间、资金、工具设备、软硬件环境等资源的集成。研发过程管理要素主要是研发管理决策者与研发人员所形成的研发组织以及对研发活动进行的计划、控制等管理活动的集成。在可移动建筑产品研发系统中研发活动与研发流程要素是核心部分,研发产品要素、研发资源要素与研发过程管理要素以其为主轴,整合于研发过程之中。可移动建筑产品研发系统实质上是研发活动、研发流程、研发产品、研发资源、研发过程管理之间的集成统一(图 3-13)。

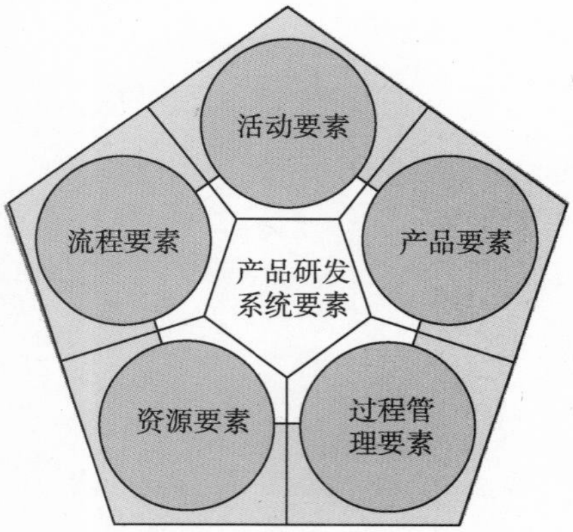

图 3-13　可移动建筑产品研发过程系统要素
图片来源:作者绘制

一、研发活动要素

研发活动要素是可移动建筑产品研发过程系统的基本要素,它的主要功能是从产品研发全过程的视角,划分不同层级的研发活动,明确研发活动的具体任务内容以及提出各研发活动所需要的研发设计方法。可移动建筑产品研发活动要素由位于第一层级的设计与建造两大部分活动组成。设计活动部分又包含产品定义与规划、概念方案设计、系统层面设计、建造设计四种核心研发活动,建造活动部分则由原型产品建造与产品测试两种核心研发活动组成,这六个核心研发活动从研发进程角度也可被称为核心研发阶段,它们共同组成了第二层级的研发活动。最后核心研发阶段又由更低层级的众多内部研发活动、子活动组成。

可移动建筑产品研发活动区别于传统建筑设计活动之处在于其拓展了设计活动的领域范围,加入了一般建筑设计活动中所不包含的产品定义与规划活动、面向工厂制造装配与现场建造过程的建造设计活动,以及针对产品优化改进的产品测试活动等。研发活动要素中除了不同层级的研发活动还包含研发活动实施所需的研发设计方法,如工作分解结构方法、质量功能展开方法、概念方案设计方法、面向建造的设计方法等。

二、研发流程要素

研发流程是可移动建筑产品研发过程系统中的核心构成要素,它是对产品研发过程中所有研发活动间逻辑关系的有序化表达。可移动建筑产品研发活动按照研发流程加以实施执行是实现缩短产品研发周期、降低产品研发成本、提高产品质量目标的核心途径。

可移动建筑产品的研发流程与传统建筑设计流程相比较而言,前者更加强调在设计阶段对产品全生命周期的信息集成与共享,对产品生产全过程中的相关因素加以考虑,更加关注产品研发下游的制造装配与建造过程,运用并行工程的理论方法,将研发设计活动转变为并行模式。在可移动建筑产品研发设计活动与建造活动间存在密切的信息传递与反馈关系,在实际制造装配与建造过程中出现的问题会及时向上反馈到产品设计活动中,形成并行化的产品研发活动,最终实现研发设计活动的迭代以阶段内部迭代为主,减少相邻研发阶段间的迭代,尽量避免跨阶段的迭代。

可移动建筑产品研发流程的建立,需要运用适宜的流程分析与建模方法,即运用数学化的分析方法对研发活动间的依赖关系加以梳理、优化与重构,以形成并行化的研发流程模型。此外,建立可移动建筑产品研发流程也是进行产品研发过程管理的基础与前提。可移动建筑产品研发过程管理需要在研发流程所提供的研发步骤、程序及研发活动间逻辑关系基础上,形成过程管理模型工具,以对时间、组织、产品、资金及相关资源进行合理的管控与调配。

可移动建筑产品研发流程同研发活动一样也具有层级化特征。核心研发阶段间通过重叠并行的依赖关系构建起第一层级的研发流程。核心研发阶段内部的研发活动、子活动相互联系共同形成研发阶段内部子流程,即第二层级的研发流程。从产品研发代级更替的层面分析,产品核心研发阶段间相互联系、影响、制约,形成循环往复、螺旋上升的研发流程循环。当原型产品建造完成并对其进行产品测试后,会根据市场与用户的反馈对产品进行改进,以形成升级换代的新产品,从而产生新一轮的产品研发过程(图 3-14)。

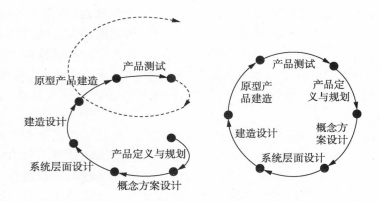

图 3-14　可移动建筑产品研发流程循环
图片来源：作者绘制

三、研发产品要素

产品是产品研发的对象，也是产品研发过程所产生的结果。可移动建筑产品是各种产品研发活动在研发资源的支持下，经过执行产品研发流程与研发过程管理的最终生成物。可移动建筑产品研发过程系统中的产品要素，主要指向最终产品的功能、产品系统结构及产品构造方式。它是在产品概念方案设计、产品系统层面设计与产品建造设计阶段活动中，通过运用产品平台化策略、模块化构造方法以及面向建造的设计方法加以建设的。可移动建筑产品具有单元模块化的产品系统结构，由整体到部分可被逐级分解为若干产品功能体、产品模块与产品零部件，并最终通过各种功能体、模块的集成而完成产品建造（图 3-15）。此外，可移动建筑产品还具有灵活可移动、设计标准化、制造工厂化、建造装配化、可周转重复使用、环境适应性强、质量可控等功能与特性。

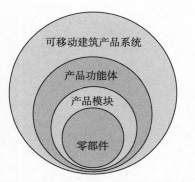

图 3-15　可移动建筑产品系统层级结构
图片来源：作者绘制

四、研发资源要素

可移动建筑产品研发资源是研发活动实施所必需的保障支撑，它不仅包括人力、物力、财力等有形资源，还包括研发技术等无形资源。

人力资源是指包括可移动建筑产品研发领导者和具体实施参与者在内的所有产品研发人员与建造人员。在可移动建筑产品研发过程系统中，产品研发人员是产品研发的主导者与实施者。产品研发的组织管理、研发过程的实施推进，以及研发技术方法的应用最终都要通过研发人员的主体行为来实现。

物力资源是指进行可移动建筑产品研发所需的生产资料，按照其在研发过程中所起的作用可分为生产对象和生产手段。生产对象是指通过制造加工而具有新功能价值的各种材料、标准零部件等。生产手段是指用以改变生产对象的物质条件，包括厂房、构筑物、工具、机械设备、运输车辆以及研发设计活动所需的硬件设施等。

财力资源主要指保障可移动建筑产品研发过程顺利实施的研发资金，它不仅要用于购置与租用各种产品原材料、零部件、工具设备及建造所需机械车辆，还要用于人力资源的管理。

技术资源主要指为可移动建筑产品研发过程所提供的各种研发方法、技术、工具以及信息支撑环境。可移动建筑产品研发过程的技术资源主要包括以下方面：①运用产品工作分解结构方法划分和界定可移动建筑产品研发阶段与各种研发活动。②在产品定义与规划阶段运用质量功能展开方法以制定产品任务书,在系统层面设计阶段运用产品平台化、模块化的设计方法对可移动建筑产品系统结构加以构建,在建造设计阶段运用面向建造的设计方法对可移动建筑产品零部件、工厂制造装配与现场建造的工序工法等进行设计。③运用设计结构矩阵方法对研发活动间依赖关系进行分析,建立可移动建筑产品研发流程。④运用集成多视图过程建模技术建立可移动建筑产品研发过程管理模型,用于研发过程管理。⑤运用建筑信息模型(BIM)技术为研发团队建立协同并行工作所需的工作与管理平台。通过对可移动建筑产品进行数字化定义,建立产品信息模型,使不同专业研发人员可在同一平台之上协同展开工作,形成顺畅的信息共享与技术交流渠道,实现产品研发过程的信息集成。

五、研发过程管理要素

要保证可移动建筑产品研发过程的成功实施,不仅需要各种研发资源的支持,更为关键的是要对研发过程进行管理。可移动建筑产品研发过程管理的目的是从研发过程系统的整体层面,面向研发活动要素、研发流程要素、研发产品要素及研发资源要素,具体从人员组织、时间进程、财力资源、物力资源四个方面对研发过程展开组织、领导、计划、协调、控制与调配活动,通过多目标的集成管理,以实现研发过程运行的并行、一体化,并最终达到可移动建筑产品研发目标。人是可移动建筑产品研发过程管理的主体,而研发活动、研发流程、研发产品、研发资源则是研发过程管理的对象。

人员组织管理是指通过建立由产品研发人员所组成的团队化组织,对研发过程的人力资源进行管理。可移动建筑产品研发组织管理的主要内容包括对研发人员角色的管理、研发人员任务安排的管理、研发人员工作成果的评价以及研发人员相互间的协调管理等。

时间进程管理是在可移动建筑产品研发流程的基础上,依据并行工程的基本理论,在进程维度上对产品研发活动时间进行协调、安排与控制,尽可能实现产品研发活动的并行、一体化,最大限度地缩短产品研发周期。

财力资源管理的主要任务是在可移动建筑产品研发过程中制定并不断优化研发成本预算,对产品研发活动的资金使用进行计划、控制与监督,及时发现实际研发过程中出现的成本偏差,采取相应的措施加以纠正,尽量使整体研发成本控制在预设范围之内。在可移动建筑产品研发过程中,包含产品定义与规划、概念方案设计、系统层面设计和建造设计在内的设计活动部分的成本虽然只占整体成本较少一部分,但根据制造业产品研发经验,产品研发约70%左右的成本在以上设计活动中已被确定。因此,可移动建筑产品研发必须重视前期设计活动的资金成本管理,此管理并不只局限于设计活动自身的成本控制,更为重要的是面向工厂制造装配与现场建造中的成本问题,对研发成本预算进行优化与控制。

物力资源管理是对可移动建筑产品研发所需的各种原材料、零部件、工具设备及机械车辆的采购、租用等进行计划、组织与控制,它关系到产品研发过程的连续顺利运行和资金成本的节约。

第四节　可移动建筑产品研发过程的三域系统结构

　　系统结构是实现系统功能的关键,其直接制约、影响着系统整体的发展。本书以并行工程的体系结构为基础,在实现产品研发过程的并行、一体化目标之下,提出了可移动建筑产品研发过程的三域系统结构(图3-16),三域分别为执行域、支撑域和管理域。

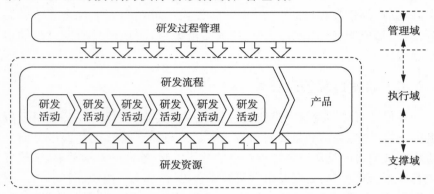

图3-16　可移动建筑产品研发过程的三域系统结构示意图
图片来源:作者绘制

　　执行域由可移动建筑产品研发过程系统的研发活动要素、研发流程要素及研发产品要素共同构成,其主要任务是在支撑域研发资源的支持下,借助于管理域的研发过程管理,使产品研发活动按照研发流程加以实施执行,最终研发出符合要求的目标产品。在可移动建筑产品研发过程系统的执行域中,研发活动要素是执行的具体内容,研发流程要素提供了活动执行的顺序、步骤与程序,而研发产品要素则是研发活动执行研发流程所得到的结果。

　　支撑域由可移动建筑产品研发过程系统的研发资源要素构成。可移动建筑产品研发过程的运行需要研发资源提供支持保障,需要由人力资源、物力资源、财力资源及技术资源共同作用以支持研发过程的并行、一体化,支持研发团队的协同工作、产品研发的综合优化、研发过程的集成化管理。

　　管理域由可移动建筑产品研发过程系统的研发过程管理要素构成,从人员组织、时间进程、财力资源及物力资源四方面对研发过程实施管理。其主要任务首先是对产品研发人员进行组织建设,确保研发组织能够充分调动人的主观能动性,充分利用研发资源提供的支持,使研发人员协同展开研发工作;其次,需要对产品研发过程进行监督与控制,以保证研发人员运用正确的研发技术方法,在正确的时间用适当的物力资源、财力资源,按照既定的产品研发流程完成可移动建筑产品的研发工作。

　　从以上三域的构成关系及其主要任务可以看出,执行域是三域系统结构的核心,支撑域与管理域分别为执行域提供支持,执行域与支撑域、管理域之间存在"下推"与"上拉"关系。如图3-17所示,位于中间层的执行域通过研发活动、研发流程与研发产品的集成反映具体的可移动建筑产品研发过程;位于下层的支撑域为可移动建筑产品研发过程提供了一个高效的资源保障环境,形成对执行域的有效支撑;位于上层的管理域则通过研发组织建设与集成化过程管理,确保执行域中的研发活动按照已确定方法、流程及并行工程的原理加以实施,形成对执行域的拉动作用。

基于三域划分的可移动建筑产品研发过程系统结构,通过三域间的协同作用,使研发活动要素、研发流程要素、研发产品要素、研发资源要素与研发过程管理要素共同构成有机的系统整体。

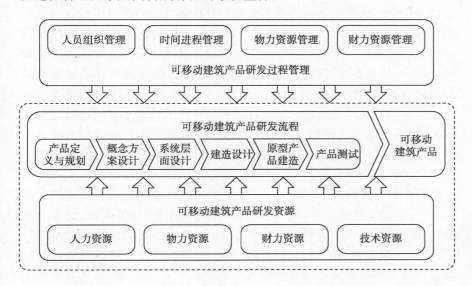

图 3-17　可移动建筑产品研发过程系统结构图
图片来源:作者绘制

第五节　可移动建筑产品研发过程系统要素的构建

如同一座建筑物在完成设计图纸并确定所用建造材料后,接下来需要运用这些材料按照设计图纸进行建造一样,在可移动建筑产品研发过程系统要素与结构确立之后,下面的工作就是按照系统结构框架用系统要素将系统建造起来。在这一过程中对系统要素的构建是可移动建筑产品研发过程系统建设的重要内容,其主要工作是对系统要素的内在运行机制进行设计研究,以实现系统要素的功能目标及系统要素间的集成。

可移动建筑产品研发系统要素包含研发活动要素、研发流程要素、研发产品要素、研发资源要素与研发过程管理要素。在这五种要素之中研发产品要素是系统结构执行域中研发活动与研发流程共同作用的生成结果,而研发资源要素则是执行域运行的保障条件,并与研发活动、研发流程要素一起作为管理域的作用对象。研发产品要素与研发资源要素分别是研发目标结果和保障条件,与其他三要素相比较其在研发过程系统中并不是首要核心要素,因此本书主要针对研发活动要素、研发流程要素及研发过程管理要素展开要素构建研究。

对于研发活动要素与研发流程要素的构建,本书从产品研发过程设计的视角对其展开研究。所谓产品研发过程设计就是在并行工程与产品总体设计思想支持下,以实现可移动建筑产品研发过程的并行、一体化为目标,对产品研发活动与研发流程展开设计,明确研发活动的具体内容与相应研发设计方法,并通过研发活动间的依赖关系,建立起可移动建筑产品研发流程。对于研发过程管理要素的构建,本书一方面运用并行工程的集成产品研发团队组织技术,建立起协同并行的团队组织模式;另一方面应用集成多视图过程建模方法,建立起集成多视图研发过程管理模型,为可移动建筑产品研发过程管理提供了有效工具。

一、产品研发过程设计

产品研发过程是一个多阶段、多目标受各种因素影响的动态过程。研发过程中的研发活动内部及其相互间存在着各种内在运作机制与逻辑关系,对研发过程产生了一系列制约影响。可移动建筑产品研发过程设计的主要任务是:在限定约束环境下,对研发活动要素与研发流程要素的组成结构、构建方法、内部机制展开设计研究,最终实现可移动建筑产品研发过程的综合优化。

可移动建筑产品研发过程设计主要面向研发活动要素与研发流程要素的构建,其设计步骤与内容主要为:首先,运用工作分解结构方法对可移动建筑产品研发过程中的研发活动由宏观到微观、由上至下、由复杂到简单地进行层级化分解,建立产品研发过程分解结构;然后,基于并行工程的产品研发关键技术,提出与可移动建筑产品研发活动相适应的产品研发设计方法,并确立各产品研发活动的具体任务;接下来,运用设计结构矩阵方法对过程分解形成的研发活动、子活动等之间的依赖关系进行优化分析,确定研发活动的执行顺序;最后,根据优化后的研发活动间依赖关系对可移动建筑产品研发流程做出图形化定义与描述,建立可移动建筑产品研发流程模型(图 3-18)。

图 3-18 可移动建筑产品研发过程设计的步骤与内容
图片来源:作者绘制

1. 建立可移动建筑产品研发过程分解结构

进行产品研发首先需要确定研发的范围与具体研发任务,而产品研发是一个复杂过程,相互关联与制约的众多研发活动贯穿于产品生命周期始终,需要运用适当的技术方法才能厘清产品研发的范围与任务。应对可移动建筑产品研发过程复杂性的策略之一是将复杂问题进行简单化处理,运用工作分解结构方法对研发过程进行分解,建立可移动建筑产品研发过程分解结构,将由众多研发活动组成的研发过程,逐级向下分解为较小的活动集合或不可再分的、更简化易操作的基本活动单元。通过建立产品研发过程分解结构可以明确研发活动的具体任务、工作范围以及研发人员的具体职责,并为建立产品研发流程及研发过程管理提供基础条件。

工作分解结构(Work Breakdown Structure,WBS)是制造业进行产品研发项目管理所使用的关键技术,也是进行项目范围管理的重要方法。运用工作分解结构方法可以保证研发过程分解结构的完整性与系统性,使产品研发过程的活动组成更加清晰明确,以便于研发管理人员对研发过程进行设计与组织管理。基于工作分解结构的可移动建筑产品研发过程分解结构的建立方法主要有类比法和自上而下法。类比法是通过对比传统建筑设计活动,在借鉴制造业产品研发活动分解方式基础上,建立可移动建筑产品研发过程分解结构的方法。自上而下法是从研发过程整体入手,先以最大的分解单位将研发过程分解为研发阶段,然后再将研发阶段向下逐层分解为研发活动、子活动,通过不断增加层级来细化研发任务,直至形成便于执行与管理的基本研发活动单元的方法。

本书将可移动建筑产品研发过程分解为四个层级。第一层级，首先将产品研发过程分为设计与建造两大类活动；在第二层级，设计与建造两部分活动又分别由产品定义与规划、概念方案设计、系统层面设计、建造设计及原型产品建造、产品测试共六个核心研发阶段组成；在第三层级，各产品研发阶段又分别向下分解为具体的研发活动。产品定义与规划阶段分解为组建产品研发团队、确定产品研发方向、用户需求分析、竞争产品分析、制定产品任务书、产品研发过程设计以及制定研发过程管理计划共七部分活动。概念方案设计阶段分解为概念方案生成、概念方案选择与概念方案验证三种活动。系统层面设计阶段分解为建立产品系统分解

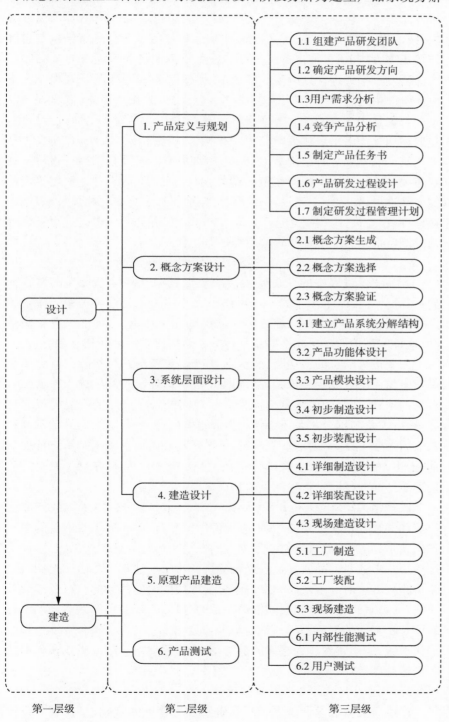

图 3-19　可移动建筑产品研发过程分解结构图

图片来源：作者绘制

第一层级　　　　第二层级　　　　第三层级

结构、产品功能体设计、产品模块设计、初步制造设计、初步装配设计共五部分活动。建造设计阶段分解为三部分活动，分别是详细制造设计、详细装配设计与现场建造设计。原型产品建造阶段由工厂制造、工厂装配及现场建造三部分活动组成。最后产品测试阶段分解为内部性能测试与用户测试两类活动(图 3-19)。在第四层级，又将第三层级的产品研发活动继续向下分解为若干产品研发子活动，其内容在本书第四章中会有具体阐述，在此不再详述。

2. 可移动建筑产品研发活动中运用的研发设计方法

在可移动建筑产品研发过程中，在原型产品建造阶段之前的各产品研发阶段中均包含与具体研发活动或子活动相适应的产品研发设计方法、技术或工具。在产品定义与规划阶段，除了涉及工作分解结构与设计结构矩阵方法，还包括支持制定产品任务书的质量功能展开方法与制定产品研发过程管理计划所需的集成多视图过程建模技术等。在概念方案设计阶段中运用了概念分类树、概念组合表、概念筛选矩阵、概念评分等定性与定量相结合的概念方案设计工具与方法。在系统层面设计阶段，主要运用了产品平台化策略与模块化构造的产品设计方法，在建立可移动建筑产品系统分解结构基础上，对产品功能体、产品模块展开设计。在建造设计阶段运用了面向建造的产品设计方法，分别从可移动建筑产品的零部件设计、装配工序设计、装配标准化设计、装配单元化设计、装配连接设计、公差设计、现场建造工序与工法设计、制定现场建造过程管理计划及制定最终产品建造预算等方面展开工作。

3. 可移动建筑产品研发过程的设计结构矩阵分析

产品研发过程中的众多研发活动根据其相互间信息传递的路径方向，可分为三种基本作用关系：串行关系、并行关系与耦合关系。串行关系是指某一活动需要依赖输入另一活动的完整信息后，才能展开自身活动，这种信息传递是单向性的。并行关系是指研发活动间相互独立，彼此间不需要进行信息的传递与交流，活动可以被完全并行执行。耦合关系是指研发活动彼此相互依赖，活动双方均需要对方的信息输入才能执行自身的活动，相互间的信息交流传递是双向的。在实际的产品研发过程中，串行关系与耦合关系还会组合形成重叠并行关系，是指研发活动间存在前后顺序关系，上游活动先执行，下游活动在上游活动未结束之前便启动，上下游活动在进程重叠部分存在信息的交换。重叠并行关系是可移动建筑产品并行研发过程的重要特征。

设计结构矩阵(Design Structure Matrix, DSM)是用来描述产品研发活动间相互依赖关系的一种过程建模方法，不同于其他图形化的过程建模技术，其并不通过类似一系列方向性箭头与符号的图式来表达，而是运用矩阵形式对产品研发过程进行分析。可移动建筑产品研发运用设计结构矩阵方法对经过产品研发过程分解形成的研发活动的执行顺序展开研究，通过对研发活动相互间依赖关系的分析，合理安排研发活动的执行顺序与相互间的串行、并行、耦合以及重叠并行关系，以减少研发过程的迭代次数，缩小研发过程迭代的范围，并为可移动建筑产品研发流程的建立创造基础条件。

4. 可移动建筑产品研发流程设计

产品研发流程设计是进行产品研发过程管理的基础，是在基于设计结构矩阵的并行产品研发过程优化基础上，对研发流程进行抽象化的图形表达与描述，其反映了研发过程中各研发活动、子活动间的相互关系。产品研发流程设计通过模拟研发活动间的信息传递，发现研发过程中的关键路径与核心环节，并在此基础上展开具有针对性的过程管理活动。

可移动建筑产品研发流程设计的主要用途包括研发活动执行顺序描述、研发活动间依赖关系描述以及研发过程管理。研发活动执行顺序描述用途是指将产品研发活动的执行顺序用可视化、图示化、直观的模型语言进行表达。研发活动间依赖关系描述是对研发活动间的并行、串行、耦合、重叠并行、循环等依赖关系加以清晰反映。研发过程管理用途主要指需要基于研发流程模型来构建用于可移动建筑产品研发过程管理的集成多视图过程系统模型，并根据研发流程模型中已确立的研发活动执行顺序与依赖关系来指导具体的研发过程管理活动。

二、产品研发过程管理

1. 建立集成产品研发团队

集成产品研发团队（Integrated Product Team，IPT）是基于并行工程的产品研发组织形式，是为了特定的产品研发任务而以一定的原则与结构系统建立起来的团队组织。可移动建筑产品研发的集成产品研发团队成员由跨专业职能的研发人员组成，不但包括建筑师、结构工程师、设备工程师、制造工程师、装配工程师、材料工程师等，还包括供应商、合作企业及目标用户的相关人员（图3-20）。集成产品研发团队的研发人员在产品研发阶段共同参与到研发设计活动之中，团队成员间互为支持，在并行协同组织模式下，利用信息化协同工作平台展开相互交流与合作，在产品研发早期阶段就对产品生产下游阶段的可制造性、可装配性及可建造性等一系列问题进行一体化考虑。集成产品研发团队打破了专业间的界限，将过去由多个部门执行的研发任务改变为在一个研发团队内部完成，并以此克服由多部门间信息传递脱节所带来的返工、延期等问题，提高了产品研发工作效率。

2. 集成多视图研发过程系统建模

可移动建筑产品研发过程是研发活动与研发流程的有序集合，并与人员组织、时间进程、财力资源、物力资源等相关因素有着紧密联系。为了能够使可移动建筑产品研发在尽可能短的时间内高质量、低成本地成功实施，需要对产品研发过程进行科学的管理。可移动建筑产品研发过程管理的主要任务是：通过对产品研发过程所涉及的研发活动、研发流程、研发产品及研发资源要素进行合理的统筹计划、组织、控制、调配与优化，有效地化解产品研发过程中所产生的各种矛盾冲突，确保正确的人员在正确的时间、地点，以正确的资源手段完成产品研发工作，最终保证产品研发能够按照研发流程成功顺利实施并实现研发过程并行、一体化的运行。

产品研发过程建模是进行产品研发过程管理的重要技术工具。其主要作用有：一方面，可以将复杂的、抽象的产品研发过程转换为易识别、易操作的过程模型，能够更清晰、准确地对产品研发过程进行描述；另一方面，研发过程建模可以使研发过程系统规范化，并通过对产品研发过程实时监控，以更加有效地对产品研发过程进行组织与管理。产品研发过程

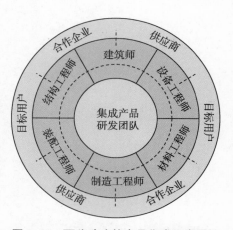

图3-20　可移动建筑产品集成研发团队成员组成
图片来源：作者绘制

模型应具有并行性、协同性、一体化、信息化及多视图特征,应从产品研发流程、产品研发活动信息、产品信息、研发资源信息以及研发组织信息等方面对产品研发过程加以反映与描述。

自 20 世纪 50 年代至今,在制造工程领域有众多的过程建模方法被提出,其中具有代表性的过程建模方法有 IDFF 方法、Petri 网方法、ARIS 方法、PERT 与 CPM 方法、UML 方法、GRAI 方法、工作流方法、DSM 方法、集成多视图过程建模方法等。这些过程建模方法往往具有不同的视角与侧重点,在某些特定方面具有优势的同时也存在自身的局限性。本书在研究分析与借鉴集成多视图过程建模方法基础上,提出了适用于可移动建筑产品研发的集成多视图研发过程管理建模方法,其主要特征是多视图建模与信息集成。集成多视图研发过程管理建模是从多视角、多层面对可移动建筑产品研发过程系统的研发活动、研发流程、研发产品、研发资源要素进行描述,分别从过程建模、产品建模、组织建模、资源建模出发,形成过程视图模型、产品视图模型、组织视图模型和资源视图模型,并通过过程视图与产品视图、过程视图与组织视图、过程视图与资源视图的集成,最终建立起可移动建筑产品集成多视图研发过程管理模型。

本章小结

本章首先基于系统与集成理论确立了可移动建筑产品研发过程系统的构成要素,包括研发活动要素、研发流程要素、研发产品要素、研发资源要素以及研发过程管理要素;然后通过对各要素间协同性、集成性、整体性的综合研判,以并行工程的体系结构为蓝本,提出了由执行域、支撑域和管理域构成的可移动建筑产品研发过程的三域系统结构;最后基于并行工程与产品总体设计的理论、方法与技术,阐述了可移动建筑产品研发过程系统要素的构建方法。

注释

[1] 于景元. 钱学森的现代科学技术体系与综合集成方法论[J]. 中国工程科学,2001,3(11):15

[2] 于景元. 钱学森综合集成体系[J]. 西安交通大学学报,2006,26(80):41

[3] 常绍舜. 从经典系统论到现代系统论[J]. 系统科学学报,2011,19(3):1

[4] 肖艳玲. 系统工程理论与方法[M]. 第 2 版. 北京:石油工业出版社,2012

[5] 魏宏森,王伟. 广义系统论的基本原理[J]. 系统辩证学学报,1993(1):54

[6] 于景元. 钱学森综合集成体系[J]. 西安交通大学学报,2006,26(80):45

[7] 黄杰. 信息管理集成论[M]. 北京:经济管理出版社,2006:28

[8] 海峰. 管理集成论[M]. 北京:经济管理出版社,2003:20

[9] 李伯虎,柴旭东,朱文海. 复杂产品集成制造系统技术[J]. 航空制造技术,2002(12):18

[10] 海峰. 管理集成论[M]. 北京:经济管理出版社,2003:25-31

[11] 李伯虎,吴澄. 现代集成制造的发展与 863/CIMS 主题的实施策略[J]. 计算机集成制造系统-CMIS,1998(5):7-8

[12] 秦现生,同淑荣,王润孝,等. 并行工程的理论与方法[M]. 西安:西北工业大学出版社,2008:56

[13] Pugh S. Total Design:Integrated Methods for Successful Product Engineering[M]. New Jersey:Addison-wesley,1991:5

[14] 秦现生,同淑荣,王润孝,等. 并行工程的理论与方法[M]. 西安:西北工业大学出版社,2008:40

第四章 基于过程分解结构的可移动建筑产品研发设计

本章研究的主要目标是提出具体的可移动建筑产品研发设计方法及明确研发活动的具体内容。主要研究内容包括：如何运用工作分解结构方法对产品研发过程进行分解，划分与界定处于不同层级的研发阶段与研发活动，建立可移动建筑产品研发过程分解结构；不同的可移动建筑产品研发阶段与活动应运用何种研发设计方法；不同层级的可移动建筑产品研发活动应包含哪些具体内容。

第一节 可移动建筑产品研发过程分解结构

可移动建筑产品研发过程分解是指将研发过程分解为具有一定结构层级的具体研发活动，是建立产品研发流程和进行研发过程管理的前提，也是进行研发过程设计的首要任务。本书运用项目管理学的工作分解结构方法，在借鉴类比传统建筑设计与制造业产品研发的过程分解结构基础上，构建可移动建筑产品研发过程分解结构。

一、产品工作分解结构

1. 项目管理学的相关概念

（1）项目

项目是人类一种有组织的活动，它无处不在，例如建筑工程建设、新产品的开发、安装生产流水线等等都可被视为某一类项目。美国项目管理协会对项目的定义是：为创造某种独特的产品、服务或成果所做的一次性努力[1]。项目所具有的特征主要有：具体、明确的目标；一次性、独特性特征；明确的工作范围；在一定组织下，有时间、资源等约束（表4-1）。基于项目的概念，可移动建筑产品研发可视为在一定工作范围及时间、资源、环境约束与研发组织之下，以可移动建筑产品为目标的项目。

（2）项目生命周期

在实施一个项目时，将其划分为若干阶段，以便于有效地控制与管理，这些项目阶段的总和被称为项目生命周期。在现代项目管理学中，典型的项目生命周期可以分为四个阶段，分别为启动阶段、计划阶段、执行阶段和收尾阶段。启动阶段的主要任务是选择适当的项目并对项目进行构思，此阶段的输出成果是可行性研究报告或项目建议书等文件。计划阶

表 4-1　项目与企业日常工作的区别

比较类别	项 目	日常工作
目的	特殊的	常规的
责任人	项目经理	部门经理
时间	有限的	相对无限的
管理方法	风险型	确定型
持续性	一次性	重复性
特性	独特性	普遍性
组织机构	项目组织	职能部门
考核指标	以目标为导向	效率和有效性
资源需求	多变性	稳定性

表格来源:作者绘制

参:冯俊文,高鹏,王华亭.项目现代管理学[M].北京:经济管理出版社,2009:3

段的工作主要是解决在何时由何人如何完成项目目标的相关问题,输出成果是项目计划书。计划书中的具体内容包括界定项目工作范围,构建项目工作分解结构,确定项目活动内容,建立项目流程,估算活动所需要的时间、资金,制定进度、资源安排与人员组织架构等。执行阶段的任务主要是执行项目计划书,是项目目标成果的实现过程,此阶段除了执行项目计划书外还需对项目过程进行跟踪与控制,保证项目过程按照计划书有序地执行。当项目实际执行过程与计划发生冲突时,需要及时对计划书做出补充与修改,进行项目变更控制。收尾阶段的重点工作是对项目成果的检验、评价与总结,吸取项目经验,为项目的改进完善奠定基础、积累经验[2]。

（3）项目范围

项目范围是指为了项目的成功实施所需完成的全部必要的工作活动,在项目范围界定之后,项目组织才能明确所要进行的工作。要确保全部工作的顺利实施,需要对项目范围进行管理。在美国项目管理协会（PMI）所推出的项目管理知识体系（Project Management Body of Knowledge,PMBOK）中,共包括范围管理、时间管理、成本管理、质量管理、人力资源管理、沟通管理、采购管理、风险管理和综合管理九个领域。其中项目范围管理在项目管理体系中有着重要的基础性地位,其主要作用是:对项目全生命周期中涉及的工作进行范围界定与控制,建立工作范围框架;明确项目实施所需要完成的工作内容和最终要实现的成果;进行有助于时间、资金与资源的估算;建立进度控制的基准;明确人员任务的分配等。项目范围管理主要由五部分组成:范围规划、范围定义、制定工作分解结构、范围确认与范围控制。

2. 工作分解结构的定义

工作分解结构（Work Breakdown Structures,WBS）是国际上通用的现代项目管理的关键技术与工具,是实施项目范围管理的重要方法。工作分解结构面向项目交付成果,按照项目的内在结构与实施进程次序,将项目按等级分解为易于识别的子项目,再将子项目向下逐层分解为内容相对独立、单一的工作单元,最终以工作分解结构图的形式直观反映各工作单元间的结构关系以及在项目中的位置,形成由不同层级工作构建的分解结构树(图4-1)。在美国项目管理协会制定的《项目管理知识体系指南(PMBOK 指南)》中对工作分解结构做出了如下定义:WBS 是项目团队为实现项目目标、创建所需交付成果而需要实施的全部工作范围的层级分解。工作分解结构每向下分解一层,代表着对项目工作更详细的定义[3]。

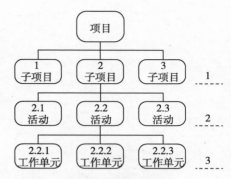

图 4-1 工作分解结构示意图
图片来源:作者绘制

工作分解结构是项目管理活动的基础,也是项目组织工作的依据,它构成了项目管理的骨架。工作分解结构的作用主要有:通过对项目的分解,明确具体的任务内容与工作范围;与项目组织建设相结合,明确人员的相应任务安排与职责;可对分解后的单一工作单元分别进行项目所需时间、资金、物料的准确估算,进而实现项目整体资源需求的估算;为制定进度计划与实施进度控制提供基准。此外,项目管理领域在工作分解结构基础上,针对其他视角的管理需求,还衍生出产品分解结构、组织分解结构、资源分解结构等分解结构方法。

3. 工作分解结构的构成要素

(1) 分解层级与结构

分解层级是将项目交付成果分解为较小的、易于操作管理的单元要素,并形成具有不同详细程度的层级。项目生命周期的各主要阶段共同组成了第一层级,各阶段的主要交付成果构成了第二层级,如果第二层级的构成要素可继续分解为更详细的交付成果,那可继续形成第三、第四层级,这些不同的层级共同构成了工作分解树状结构。树状结构中每向下一个层级是对项目更详细的描述,结构最底层具有最大的工作单元数量,所包含的信息也最详细。结构的上一层级比下一层级的构成要素有所收窄,它所需的信息也需要由下一层级提供。

(2) 编码设计

工作分解结构的编码设计是对不同层级的工作单元进行编码,形成一套编码系统,以识别和确立唯一的工作单元。建立工作分解结构编码系统有利于项目流程的建立以及对时间、资源等方面的管理。编码设计应便于被使用者理解和读取并与分解结构层级相对应。以图4-2为例,该工作分解结构编码由多位数字组成。1级代表项目分解的第一层级,2至3级分别代表逐层向下分解的层级。1级编码为"1.2.3…",2级工作单元编码为"1.1、1.2、1.3…",3级工作单元编码为"1.1.1、1.1.2、1.1.3…",4级工作单元编码依此类推。

4. 建立工作分解结构的方法

建立项目工作分解结构可以采用类比法。类比法是参考已实施的、相似的、相关领域项目,借鉴该领域项目的标准工作分解结构模板,在其基础上加以改进利用,制定本项目的工作分解结构。如某一汽车制造企业,在开发一款新的汽车产品时,并不需要建立全新的工作分解结构,可以参照以往研制的其他型号汽车的生产工作范围,进行工作分解结构编制。

自上而下法是建立工作分解结构的另一种常规方法。项目的分解始于最大的工作单元,逐级向下分解为不同的子单元。通过自上而下

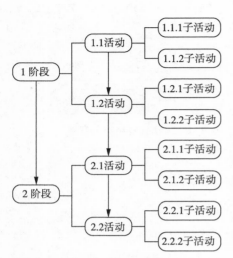

图4-2 过程分解结构示意图
图片来源:作者绘制

的分解不断地增加结构层级,同时也得到了不断细化的工作任务。运用自上而下的方法需要对项目有宏观的把握,使工作分解结构整体而全面。

5. 过程分解结构

过程分解结构是面向项目生命周期过程的工作分解结构方法,其从项目的实施过程的维度对项目进行分解。过程分解结构首先将项目分解为主要的项目阶段,然后将各项目阶段向下分解为主要项目活动,项目活动又层层向下分解为子活动、子子活动直至基本活动单元。过程分解结构中的项目活动单元共同构成了项目的全过程,它是项目进度控制、资源优化配置、人员任务分配等一系列项目管理的依据,是对项目过程进行设计与管理的出发点。过程分解结构主要关注项目过程的分解方式以及不同层级活动间的结构关系,对于项目流程以及项目活动间的信息传递关系并不做出解释与说明。如图4-2所示,在过程分解结构图中,纵向表现为同一层级的项目阶段、项目活动,而横向则表现为项目阶段、活动的细化分解。

二、建筑工程建设与制造业产品研发的过程分解结构

1. 建筑工程项目建设的过程分解结构

我国的建筑工程基本建设程序主要可分解为五个阶段,分别为决策阶段、设计阶段、建设准备阶段、建设施工阶段、竣工验收与交付阶段。

决策阶段从建筑工程项目的构思开始到批准立项为止,其主要工作包括制定项目建议书与进行项目可行性研究。项目建议书是建设方向政府提交申请建设某一建筑工程项目的文件,其内容从拟建项目的必要性和可能性方面加以考虑,对建设项目提出宏观构想,确定项目所要达到的预期总体目标,并且客观上要符合国家、地方、政府部门的规划要求。可行性研究的任务是从技术与经济层面对建设项目进行可行性、合理性的科学论证与分析,通过多方案的比对,产生并选择最优可行方案。可行性研究的具体内容包括市场研究、技术研究与经济研究等,经过批准的可行性研究报告将作为建筑工程项目的任务书,并为初步设计提供基本依据。

设计阶段主要由初步设计与施工图设计阶段构成,当遇到技术复杂而又缺乏设计经验的项目时,在初步设计与施工图设计之间还应增加技术设计阶段。房屋建筑工程设计阶段一般在初步设计阶段之前还增加方案设计阶段。

建设准备阶段主要指为项目施工做准备工作的过程。其主要工作内容包括:征地拆迁、场地平整,完成施工所需的水、电、路等工程,即所谓"三通一平";设备与建筑材料的订货与采购;施工图纸的准备;施工招投标,确定施工企业,选择工程监理单位、材料与设备供应单位等。

建设施工阶段是建筑工程项目建设实施的关键阶段。施工活动应严格依据施工图文件、施工组织设计与施工合同,保证建筑工程项目的质量、工期与投资目标,最终达到项目竣工标准。

竣工验收与交付阶段是工程建设的最后阶段,是建设成果可投入生产或使用的标志。通过对建筑工程项目的质量、成本效益等的检验,以确

保项目达到和满足各项设计标准,促进项目及时发挥效益并做出建设经验总结。

通过对建筑工程基本建设程序的梳理,得到如图4-3所示由两个层级构成的我国建筑工程项目建设过程分解结构。

2. 建筑设计的过程分解结构

无论从建筑的建设过程还是从建筑的自身固有特点方面来分析,建筑产品生产相较于其他工业产品有着很多的不同。譬如,建筑建设过程的各主要阶段相互分离,并面对不同的实施主体,建筑产品的生产存在过程复杂、周期长、产品尺度大、需现场建造等各种因素。因此在建筑项目建设中,建筑设计阶段与其他工业产品的设计研发阶段相比也存在较大区别。在我国当前的设计体制下,建筑设计活动的主要任务是从下达设计任务书开始到正式施工之前图纸文件的编制,其中工作的重点以及最终交付的成果是各专业的施工技术图纸。

建筑设计活动的主体是由建筑、结构、电气、暖通、给排水、预算等各专业技术人员所共同组成的建筑设计团队,其中建筑师不仅是团队的领导核心,也是建筑设计过程的组织管理者。现今在欧、美等西方国家,建筑师的执业范围不仅局限于建筑设计阶段,而是贯穿于建筑生产的全过程。建筑师作为业主的代理,不但执行具体的建筑设计工作,还负责全局项目建设的管理,工作包括可行性研究报告与项目任务书的制定、设计图纸的编制、施工招投标的组织,及建设过程中造价、质量、进度的控制,合同管理,施工监理,竣工验收等。而反观国内建筑师的业务范围,其一般仅限于建筑设计阶段,并不贯穿建筑生产的全过程。建筑师较少参与建筑工程建设前期的决策阶段活动,工作也基本不涉及与建设准备、施工阶段相关的施工招投标、合同管理、施工监理等内容。与国际上通行的建筑师业务范围比较,国内建筑工程项目的业主、施工方与建设监理方实际上承担了国外建筑师有关前期决策与建设管理的相关工作(图4-4)。

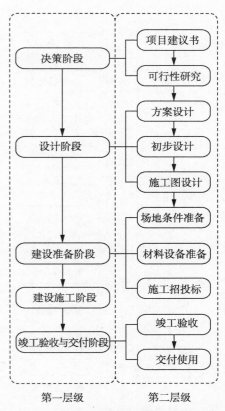

图4-3 建筑工程项目建设过程分解结构图
图片来源:作者绘制

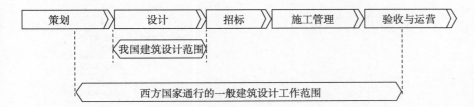

图4-4 中外建筑设计工作范围对比
图片来源:作者绘制

结合目前我国建筑设计工作范围的现状,建筑项目建设中的建筑设计过程一般可分解为六个阶段,分别为设计准备、方案设计、初步设计、施工图设计、施工配合和回访总结。在这六个阶段中,方案设计、初步设计与施工图设计是核心部分。设计准备阶段可分解为任务书解读、现场勘查、资料准备与分析。方案设计阶段可分解为方案构思、方案选择与方案深化。初步设计阶段可分为各专业配合与各专业制图,这两部分活动是并行关系,不存在先后之分。施工图设计阶段的活动与初步设计阶段基本类似,是对初步设计活动内容的进一步深化。施工配合主要包括现场服务与施工验收两部分活动。回访总结阶段的活动相对单一,不再做进一步分解。通过以上的分析,本书将我国当前的较普遍的建筑设计过程大体分解为两个层级,形成如图4-5所示的建筑

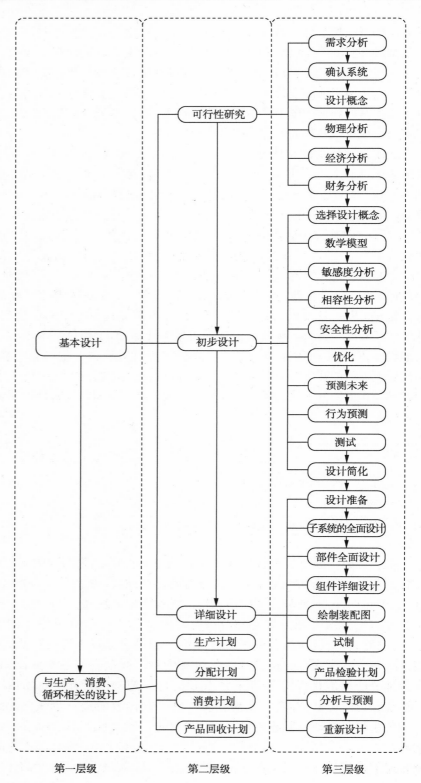

设计过程分解结构。

3. 制造业产品研发的过程分解结构

1962年美国学者莫里斯·阿西莫（Morris Asimow）在其文章 *Introduction to Design* 提出了他所设想的工程设计过程模型，书中对设计过程的阐述为此后的设计方法运动起到了重要的推动作用。莫里斯·阿西莫提出的设计过程模型主要关注设计阶段的划分与具体设计活动的构成，

图 4-5　建筑设计过程分解结构图

图片来源：作者绘制

图 4-6　莫里斯·阿西莫提出的工程设计过程分解结构

图片来源：作者绘制

参：胡越.建筑设计流程的转变——建筑方案设计方法变革的研究［M］.北京：中国建筑工业出版社，2012：59

实质上他提出了一种工程设计过程的分解结构。该过程分解结构主要有三个层级构成,按照过程的时序,第一层级由基本设计阶段和与生产、消费、循环相关的设计阶段组成。第二层级对第一层级进行分解,基本设计阶段分解为可行性研究、初步设计与详细设计三个阶段,与生产、消费、循环相关的设计阶段分解为生产计划、分配计划、消费计划与产品回收计划四个阶段。第三层级对第二层级的基本设计阶段进行了进一步的详细分解。可行性研究阶段分解为需求分析、确认系统、设计概念、物理分析、经济分析和财务分析。初步设计阶段分解为选择设计概念、数学模型、敏感度分析、相容性分析、安全性分析、优化、预测未来、行为预测、测试、设计简化。详细设计阶段分解为设计准备、子系统的全面设计、部件全面设计、组件详细设计、绘制装配图、试制、产品检验计划、分析与预测以及重新设计[4](图4-6)。

　　在美国学者大卫·G.乌尔曼所著的《机械设计过程》(*The Mechanical Design Process*)一书中,提出了具有一般通用性、针对工业产品全生命周期的研发设计流程模型。在此流程中,产品研发被分为五个阶段,分别为项目定义与计划、产品任务书定义、概念设计、产品开发与产品支持。项目定义与计划阶段的主要任务是确定开发何种产品以及对研发活动做出规划,对研发所需的资金、时间、人力与其他资源做出安排,此阶段可分解为组成团队、确认任务、说明任务目标、时间成本与资源预估、制定任务程序五部分活动;设计任务书定义阶段则主要由确定客户、确定客户需求、评估竞争形势、制定产品任务书以及设定目标组成;在概念设计阶段,研发活动主要包括了生成概念、评价概念、概念决策、文档编制与交流、改进设计五种活动;产品开发阶段是对概念设计阶段的深化落实,包括生成产品、产品评价与决策、编制文档与交流三部分活动;最后的产品支持阶段由支持供货商、工程变更支持、支持客户、支持制造与装配四部分活动[5]。根据以上大卫·G.乌尔曼提出的产品研发过程,可以得到如图4-7所示由两个层级构成的产品研发过程分解结构。

　　于1976年首次出版的 *Engineering Design—A Systematic Approach* 一书是国际上具有广泛影响力的工程设计学权威著作,至今已六次再版。作者格哈德·帕尔(Gerhard Pahl)与沃尔夫冈·贝茨(Wolfgang Beitz)在此书中全面总结了德国工程机械设计的经验,系统阐述了合理的工程设计过程以及各设计阶段的内容与工作方法,将工程设计过程主要划分两个结构层级。第一层级为产品规划与阐明任务、概念设计、初步设计、细节设计四个主要阶段。在第二层级,产品规划与阐明任务阶段被分解为以下活动:形势分析、建立搜索策略、生成产品构思、选择产品构思、定义产品与制定产品任务书。概念设计阶段分解为:抽象定义本质问题、建立产品功能结构(总体功能与分功能)、寻求工作原理(实现分功能)、工作原理与功能结构相整合、选择合理的整合方式、概念方案的进化、概念评价共七种活动。初步设计阶段主要包括十三部分活动,具体是:确定核心结构要求、明确产品空间尺度限定、定义产品核心功能载体、对核心功能载体进行初步设计、选择恰当的初步设计方案、对辅助功能载体进行初步设计、寻求辅助功能解决方案、对核心功能载体进行细化设计、对辅助功能载体进行细化设计、初步设计评估、优化完成结构设计、检查错误与干扰因素、完成初步的零件目录与产品文件。细节设计阶段主

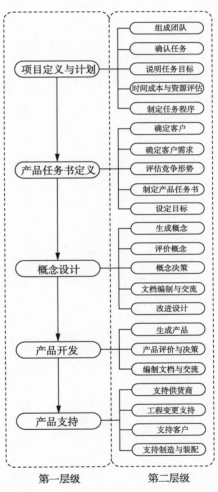

图4-7　大卫·G.乌尔曼提出的产品研发过程分解结构

图片来源:作者绘制

要分解为四部分活动,分别为:完成最终零件图绘制,完成部件图、装配图与最终零部件目录,完成制造、装配、运输规程与说明,以及检查最终文件的标准性、完整性与正确性。以上研发阶段与研发活动的划分可体现为如图4-8所示工程设计过程分解结构。[6]

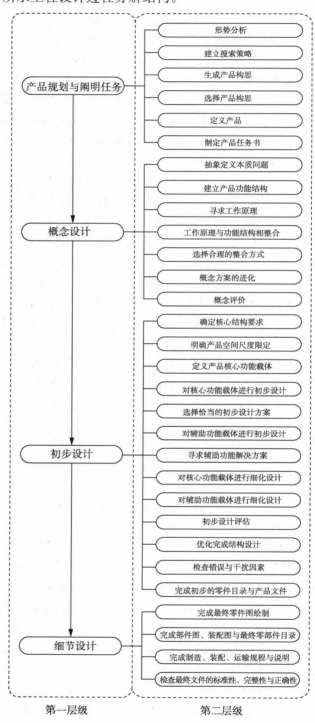

图 4-8　格哈德·帕尔与沃尔夫冈·贝茨提出的工程设计过程分解结构

图片来源:作者绘制

第一层级　　　　　　第二层级

在《产品设计与开发》(*Product Design and Development*)一书中美国学者卡尔·T.犹里齐与斯蒂芬·D.埃平格提出了产品研发的基本流程,该流程包括六个主要阶段,分别为:产品规划、概念开发、系统整体设计、细节设计、测试改进及产品试用。产品规划阶段主要分解为表述市场机会、定义细分市场、考虑产品平台与系统结构、评价新技术、识别生产限制、建立供应链策略。概念开发阶段主要包括了八部分活动,分别为搜集客户需求、识别领先用户、识别竞争产品、调研产品概念可行性、开发工业设计概念、建立并测试实验原型、评估制造成本、评估生产可行性。系统整体设计阶段基本分解为完善产品属性与扩展产品系列计划、建立备选产品体系、定义子系统与界面、改进工业设计、确定关键部件供应商、执行自制与外购分析、定义最终装配计划、确定目标成本。细节设计阶段包括了制定营销规划、编制零件设计图、选择物料、制定公差、完成工业设计控制文档、定义零件生产流程、设计加工、定义质量保证流程、开始加工共九种活动。测试改进阶段可分解为改进与优化物料、便利性测试、可靠性测试、寿命测试、性能测试、获得调整许可、实现设计更改、启动供应商的生产活动、改进制造和装配工艺、培训工人、改进质量保证流程。产品试用阶段包括向关键客户提供早期产品、评估早期产品产量、开始整个生产系统的运作三部分活动[7]。此流程各阶段的活动内容主要涉及市场规划、设计、制造三个方面,可转换为图4-9所示的产品研发过程分解结构。

汽车是工业化时代最重要的产品之一,它所具有的移动性与功能空间特征与可移动建筑有着很多相似之处。汽车的研发设计与制造过程可以为可移动建筑产品研发提供直接借鉴。汽车产品的研发过程一般可分解为产品组合规划、产品策划、造型设计、产品工程开发、制造工程及工艺开发、样车制造与验证、生产启动共七个主要阶段。产品组合规划阶段包括了战略环境分析和预测、制定品牌战略、制定产品组合规划、制定量化目标、制定战略行动计划及划分阶段、制定实施战略的措施六部分活动。产品策划阶段所包含的主要活动有:确定细分市场、对标分析、产品概念设计、产品概念验证、发布产品策划以及项目实施跟踪与监督。造型设计阶段主要分解为:造型方案设计、造型细化设计、造型数据发布、造型方案备选、备选方案验证、确定最终造型方案。产品工程开发阶段包括了三部分设计活动,主要为结构开发、车身工程与底盘工程。制造工程及工艺开发阶段包括制造系统规划、工装模具设计与制造、工装模具调试、生产验证。样车制造与验证阶段由三部分活动组成,分别为骡子车制造与验证、Gamma样车制造与验证、工程认可样车制造与验证。生产启动阶段主要分为生产启动计划、制造系统准备与人员培训、试生产三部分活动。汽车产品的研发过程分解结构主要如图4-10所示[8]。

通过对以上不同制造业产品研发过程分解结构的对比、综合与分析,本书总结得出了最易被可移动建筑产品研发过程借鉴参考的典型制造业产品研发过程分解结构(图4-11),其主要由两个结构层级构成。第一层级包括六个研发阶段,分别为:项目规划、产品定义、概念设计、系统整体设计、细节设计、原型制造与测试改进。在第二层级中,项目规划阶段分解为组建团队、市场需求分析、确定项目目标、制定项目活动计划、项目时间与资源计划;产品定义阶段分为确认客户需求、评估竞争产品、制定产品任务书;概念设计阶段由生成概念、评价概念、概念决策三部分组成;系统整体设计阶段分解为系统结构与产品平台设计、子系统设计、建立供应链计划、初步零部件设计、初步制造装配设计;细节设计阶段包括最终零部件设计、最终制造装配设计、制定制造与装配规程以及工装模具设计、制造与验证共四部分;最后的原型制造与测试改进阶段由原型产品制造、产品测试、分析与改进设计组成。

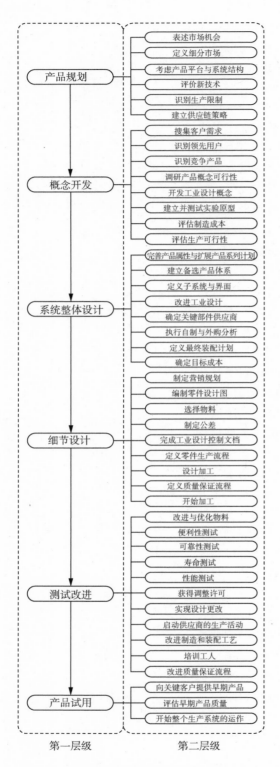

第一层级　　　　第二层级

**图 4-9　卡尔·T. 犹里齐与斯蒂芬·D. 埃平
格提出的产品研发过程分解结构**

图片来源:作者绘制

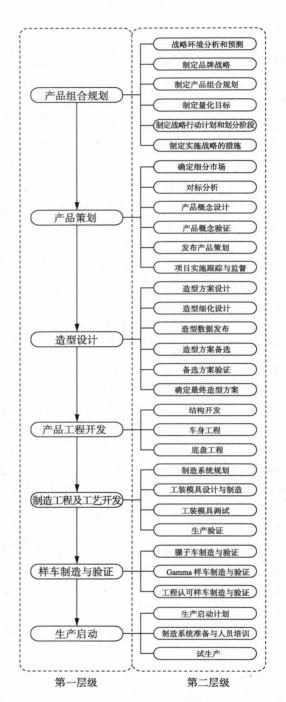

第一层级　　　　第二层级

图 4-10　汽车产品研发过程分解结构

图片来源:作者绘制

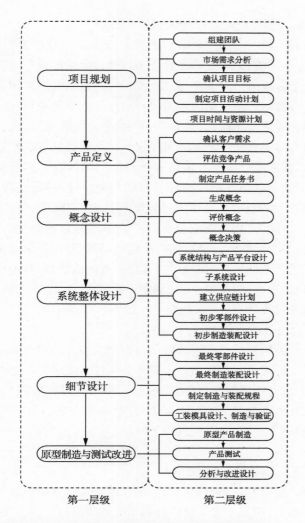

第一层级　　　　　第二层级

图 4-11　典型制造业产品研发过程分解结构图

图片来源:作者绘制

三、建立可移动建筑产品研发过程分解结构

对于可移动建筑产品研发而言,要实现研发过程的顺利实施,需要对研发过程的范围以及具体的研发活动内容进行界定,需要通过研发过程分解,为建立产品研发流程、研发组织以及进行研发过程管理创造条件。对此,本书运用工作分解结构方法,在建筑工程项目建设过程分解结构与建筑设计过程分解结构基础上,通过对制造业产品研发过程分解结构进行转译,建立起可移动建筑产品研发过程分解结构。

1. 对制造业产品研发过程分解结构的转译

要实现可移动建筑产品研发向制造业方向的转变,需要对传统建筑设计活动的范围与内容进行调整与拓展,以适应制造业模式下的生产与组织管理方式。可移动建筑产品研发过程分解结构的建立方法,是以上文总结得出的典型制造业产品研发过程分解结构为原型,通过对其研发阶段、活动的划分、命名与内容进行转译,形成基于可移动建筑产品自身特性且具有制造业模式特征的产品研发过程分解结构。典型制造业产品研发过程分解结构由两个结构层级构成,第一层级为主要研发阶段,第二层级为构成主要研发阶段的研发活动,下面分别从这两个层级入手对其转译。

（1）项目规划阶段与产品定义阶段的转译

项目规划阶段与产品定义阶段的核心任务是组建研发团队、进行市场分析、确定研发项目、制定产品任务书以及对研发过程与过程管理做出计划。这两个阶段的活动基本与建筑工程项目建设前期由制定项目建议书和项目可行性研究组成的决策阶段相对应。本书将项目规划阶段与产品定义阶段合并为一个阶段，转译为"产品定义与规划"阶段。对于项目规划阶段与产品定义阶段之下的第二层级，"组建团队"改为"选择研发团队成员"；"市场需求分析"与"确认项目目标"合并转译为"确定产品研发方向"；"制定项目活动计划"与"项目时间与资源计划"分别转译为"产品研发过程设计"和"制定产品研发过程管理计划"；"确认客户需求"与"评估竞争产品"转译为"用户需求分析"与"竞争产品分析"；"制定产品任务书"名称保持不变。在转译之后的产品定义与规划阶段，研发活动间的预设排序重新进行了调整，预设顺序为选择研发团队成员、确定产品研发方向、分析用户需求、分析竞争产品、制定产品任务书、设计产品研发过程、制定产品研发过程管理计划。

（2）概念设计阶段的转译

制造业产品研发的概念设计阶段对应建筑设计过程分解结构中的方案设计阶段。针对可移动建筑产品研发，本书根据建筑专业的惯用命名方式，将概念设计转译为"概念方案设计"，将概念设计阶段内的"生成概念、评价概念、概念决策"三部分活动，参照建筑方案设计阶段的方案构思、方案选择与方案深化，分别转译为"概念方案生成""概念方案选择"以及"概念方案评价"。

（3）系统整体设计阶段的转译

制造业产品研发过程分解结构中的系统整体设计阶段在研发阶段划分的结构关系上，相当于建筑设计过程中的初步设计阶段。本书将"系统整体设计"转译为"系统层面设计"，强调本阶段是在概念方案设计基础上，从系统层面的视角对可移动建筑产品展开深化设计。对于系统整体设计阶段所分解的研发活动，"系统结构与产品平台设计"转译为"建立产品系统分解结构"；"子系统设计"转译分解为"产品功能体设计"与"产品模块设计"；"建立供应链计划"的内容并入"产品模块设计"；"初步零部件设计"转译为"初步制造设计"；"初步制造装配设计"转译为"初步装配设计"。初步制造设计与初步装配设计活动的主要任务是对系统层面设计阶段的成果进行建造可行性验证，同时为下一"建造设计"阶段奠定基础。

（4）细节设计阶段的转译

细节设计阶段与建筑设计过程分解结构中施工图设计的任务内容有相近之处，但其所囊括范围却超过施工图设计，其不仅包括了最终产品零部件的设计，还涵盖了制造装配的工序、规程以及工装模具的设计与制造等。本书将"细节设计阶段"转译为"建造设计阶段"，是要着重表达可移动建筑产品研发在并行工程等先进制造业理念支撑下对建造、制造过程的关注。对于细节设计阶段的具体研发活动，"最终零部件设计"转译为"详细制造设计"；"最终制造装配设计"转译为"详细装配设计"；此外在建造设计阶段，根据建筑产品的生产特点，增加了制造业产品研发过程所没有的"现场建造设计"活动。

（5）原型制造与测试改进阶段的转译

在建筑设计过程分解结构中并没有与原型制造与测试改进相对应的阶段，与之相近的是建筑工程项目建设过程中的建设施工与竣工验收活动，但其针对的对象是建筑产品的最终完成物，基本不存在原型产品这一概念。本书将"原型制造与测试改进阶段"转译分解为"原型产品建造阶段"与"产品测试阶段"，这两个阶段是可移动建筑产品研发与传统的建筑设计过程的重要区别之一。"原型产品建造阶段"继续分解为"工厂制造""工厂装配"及"现场建造"三部分活动。"产品测试阶段"分解为"内部性能测试"与"用户测试"。

2. 建立可移动建筑产品研发过程分解结构

通过以上对典型制造业产品研发过程分解结构的转译，基本明确了可移动建筑产品研发过程的阶段划分与研发活动的命名。由于本书是从建筑师的视角在并行工程等制造业理念基础上对可移动建筑产品研发展开研究，因此研究内容主要着眼于可移动建筑产品研发过程中设计与建造之间的关系，强调建筑产品设计应以最终的建造为导向，突出建造在可移动建筑产品研发中的重要地位。基于此，本书将各主要研发阶段归纳合并，以形成设计与建造两大阶段，并以其为基础进一步构建起可移动建筑产品研发过程分解结构。

可移动建筑产品研发过程分解结构主要由四个结构层级构成（图4-12）。第一层级由设计与建造两部分组成。在第二层级中，设计部分包括产品定义与规划、概念方案设计、系统层面设计、建造设计共四个阶段；建造部分包括原型产品建造与产品测试两个阶段。在第三层级，产品定义与规划阶段可分解为选择研发团队成员、确定产品研发方向、用户需求分析、竞争产品分析、制定产品任务书、产品研发过程设计、制定产品研发过程管理计划共七个活动；概念方案设计阶段包括概念方案生成、概念方案选择和概念方案评价；系统层面设计阶段分解为建立产品系统分解结构、产品功能体设计、产品模块设计、初步制造设计、初步装配设计；建造设计阶段分解为详细制造设计、详细装配设计与现场建造设计；原型产品建造阶段包括工厂制造、工厂装配和现场建造；产品测试阶段由内部性能测试与用户测试组成。第四层级则是第三层级各活动的进一步分解，其具体内容及分解结构图将在下文中详细阐述。

3. 可移动建筑产品研发过程分解结构与建筑设计过程分解结构的比较

与建筑设计过程相比较，可移动建筑产品研发过程的范围有了更大的拓展，研发阶段的划分与活动内容的确定主要遵循了制造业产品研发的模式与理念，相对于传统建筑设计内容与设计方法有着显著变化。以建筑工程项目建设过程作为参照，可移动建筑产品研发相当于在原有建筑设计阶段基础上又合并了决策阶段，增加了建设准备以及施工阶段中与施工组织管理相关的活动，如制定项目建议书、项目可行性研究、施工组织设计、施工方案设计、施工进度计划编制与管理、施工资源配置等活动。与建筑工程项目建设过程相比较，可移动建筑产品研发过程中的产品定义与规划阶段相当于决策阶段；概念方案设计阶段对应于方案设计阶段；系统层面设计阶段与初步设计阶段相对应；建造设计阶段相当于施

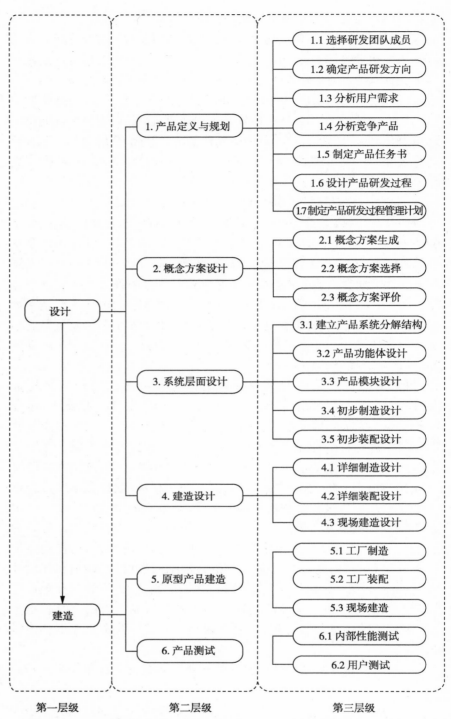

图 4-12 可移动建筑产品研发过程分解结构图

图片来源:作者绘制

第一层级　　　　第二层级　　　　第三层级

工图设计阶段附加施工组织设计、进度计划与管理、资源配置安排等建设施工方的活动;原型产品建造和产品测试阶段则不存在于建筑工程建设过程中,是可移动建筑产研发在制造业模式下新增加的阶段。

建筑工程项目建设过程中的项目决策以及与建造施工相关的活动,主要由业主和建设施工方来实施执行,而对于可移动建筑产品研发来说,这些内容则成为建筑设计方的主要工作。由建筑师领导的可移动建筑产品研发团队所进行的是一种总体设计活动,其工作同时向建筑产品生产的上下游过程拓展,具体设计工作既面向上游的前期决策,又面向下游的建造过程。其中,强调对建造过程的关注并围绕建造展开一系列的设计活动,则是可移动建筑产品研发的重要核心内容。

第二节　产品定义与规划

　　产品定义与规划是可移动建筑产品研发过程的最初阶段,其主要任务是:在选择研发团队成员的基础上,通过利用各种相关资源对市场展开评估分析以确定产品研发的目标;对具体的用户需求以及相关同类竞争产品信息进行调研分析,并在此基础上制定产品任务书;通过进行研发过程设计,对研发过程进行分解,以确定研发活动的范围与任务内容,并进一步对研发流程展开设计;最后针对可移动建筑产品研发的时间进度、人员组织与资源分配等制定研发过程管理计划。产品定义与规划阶段共分为七组研发活动,分别为选择研发团队成员、确定产品研发方向、分析用户需求、分析竞争产品、制定产品任务书、设计产品研发过程以及制定产品研发过程管理计划(图 4-13)。其中确定产品研发方向、分析用户需求、

图 4-13　产品定义与规划阶段的过程分解结构图
图片来源:作者绘制

分析竞争产品及制定产品任务书属于产品定义的范畴,回答了"产品为谁服务"与"产品是什么"的问题;而选择研发团队成员、设计产品研发过程和制定产品研发过程管理计划则属于产品研发过程规划范畴的内容,回答了产品研发"由谁做"和"怎样做、如何做"的问题。

在产品研发初始阶段进行产品定义和研发过程规划能够大幅提高研发项目的成功概率。其原因在于:产品定义与研发过程规划活动使项目研发更加注重研发前期工作,使所有研发人员在研发初期就可以达成一致共识;其作为研发执行的规则及交流的工具,使所有团队成员在进行每一步具体活动时都可以形成清晰、一致的认识,并遵从这一定义与规划;产品定义与研发过程规划提供了一整套明确的研发目标,使研发过程更加直接、快捷、高效。

在产品定义与规划阶段中,设计产品研发过程与分析用户需求、分析竞争产品及制定产品任务书间存在并行关系。研发过程设计与研发过程管理计划的制定需要同团队成员组成、具体研发目标和产品任务书的调整,相应做出及时修改。可移动建筑产品研发的产品定义与规划是一个不断完善与优化的过程。

一、选择研发团队成员

可移动建筑产品研发采用了集成产品研发团队的组织模式,跨职能的集成产品研发团队对于可移动建筑产品研发项目的成功实施起到了关键作用。集成产品研发团队打通了不同专业职能间的界限,团队成员由不同专业背景人员组成,分别来自研发设计方、制造企业方、合作供应商方以及目标用户等。团队成员的职能安排有产品总工程师、建筑师、结构工程师、设备工程师、制造工程师、装配工程师、材料工程师以及供应商代表等。产品总工程师、建筑师、结构工程师与设备工程师主要来自研发设计方,制造工程师与装配工程师来自制造企业方,而材料工程师与供应商代表主要来自供应商。在产品研发过程的每个阶段,多专业多职能背景的团队成员共同参与,相互配合、协同展开工作。此外,可移动建筑产品研发团队的组建是一个持续弹性的过程,在不同的研发阶段会根据具体研发任务,对团队成员做出相应调整。

二、确定产品研发方向

在进行可移动建筑产品具体研发设计工作之前,必须首先明确产品的研发方向,确定产品研发的重点领域,了解市场对何种类型的可移动建筑产品具有需求。绝大多数的新产品开发由市场驱动,产品如果没有市场需求,也就失去了其研发价值。确定可移动建筑产品研发方向需要完成以下工作:首先需对市场进行评估调研,确认产品目标市场;然后从重新设计现有产品和设计全新产品两条路径中明确产品研发项目的类型;接下来,在明确市场需求的基础上由产品研发团队提出产品基本概念;最后需要对由目标市场、产品类型及产品基本概念三部分内容组成的产品研发方向进行综合评价,以选择恰当的产品研发方向。可移动建筑产品研发方向是研发项目的总纲,它既包含了产品战略层面的内容,也对研发产品的相关属性做出了限制与界定。

1. 发现目标市场

重大的产品市场机遇往往来自于产业内部的变革,如能正确识别行业和市场的变化,便能抓住产品市场机会。发现产品目标市场的工作内容主要包括以下方面,首先通过市场需求分析以确定产品研发的前景与大致方向,然后对可能的产品市场机会进行识别,最后对市场机会进行评估与选择以确定产品目标市场。市场需求分析需要了解可移动建筑产品领域内的市场规模、产品潜在的用户类型以及该领域的市场长期发展潜力。识别市场机会是通过对建筑行业自身以及外部市场变化的观察分析,发现潜在、可行的市场机会。市场机会的评估与选择是在评估市场吸引力、衡量产品的可接受程度以及预估产品竞争状况之后,在不同市场机会间做出综合判断与选择。发现目标市场主要运用调查性工作手段,通过对从不同渠道获得的各类信息进行分析而得出最后结论,这些渠道对象包括互联网、各类公开出版的图书期刊文献、企业内部报告、政府机构、行业专家、重点潜在用户、研发团队内部的讨论等。

2. 确定产品研发项目类型

产品研发项目主要有四种类型,分别是:对现有产品的变形、对现有产品的改进、为单个或少量需求而研发全新产品以及为大量生产而研发全新产品[9]。对现有产品的变形是指改变现有产品的少量参数,以满足客户新的需求,此种项目类型只需较少的研发工作;对现有产品的改进是指根据客户需求以及制造、装配、材料、成本、质量等方面的改进,对已有产品进行重新设计;为单个或少量需求而研发全新产品是指新产品仅制造一次或少量次数,此种产品项目类型一般具有特殊背景要求,不具备可复制性;为大量生产而研发全新产品是指用工业化的大批量生产模式制造新产品,并基于此采用通用化、系列化、模块化等研发手段与方法。选择何种产品研发项目类型,取决于可移动建筑产品研发团队的以往研发成果、经验积累以及人才与技术储备等。如选择研发全新产品,需要以团队的科研为基础,同时具备适应市场需求的新型应用技术和大量资金支持,形成明显的技术优势,但研发全新产品也不可避免地会伴随市场风险。如选择对现有产品进行改进,则需要研发团队具有一定的研发成果积累,并且产品已获得市场的部分认可。

3. 提出产品基本概念

提出产品基本概念是指初步确立产品的性能目标与特征,其内容从用户的视角可表述为:产品是什么样的,有什么功能,运用了何种新技术等。产品基本概念处于一种相对模糊与粗略的阶段,并没有具体明确对产品进行定义,其还需在后续研发过程中不断发展深化。可移动建筑产品基本概念是由研发团队的不同职能成员依据已确定的目标市场和产品研发项目类型共同提出的,它们分别从各自专业背景出发,在大量调查研究基础上通过对行业未来发展方向进行观察分析,以市场需求、新技术、新理念为驱动,从近、远期不同时间维度提出具有差异化的产品基本概念建议。可移动建筑产品基本概念主要应明确如下内容:产品的大致功能与规格、产品的制造建造及运输模式、产品运用的新技术、产品性能特征、产品大致成本与研发周期。

4. 产品研发方向评价

确定产品研发方向的最后一步是要对已得出的研发方向内容做出评价,也就是通过对产品目标市场、产品类型和产品基本概念进行评价并提出修改建议,以对可移动建筑产品研发方向进行修正。评价产品研发方向主要从以下几方面来进行:产品是否有充分的市场需求;是否有相应的独立制造、建造与运输能力;产品的技术可行性程度;是否存在建筑产品管理规章制度方面的问题;产品成本与研发时间计划是否可行;产品性能定位是否恰当;供应商是否有足够支撑能力等。

三、分析用户需求

分析用户需求是指根据已确定的产品研发方向,将可移动建筑产品研发人员直接与目标市场的潜在用户进行对接,通过与潜在用户的直接沟通交流,识别用户对产品的具体需求、愿望与偏好,了解用户希望得到一个"什么样"的产品,使研发人员对目标市场用户需求形成清晰认识。进行用户需求分析可以有效降低可移动建筑产品研发的内在风险,形成以用户为中心的产品竞争策略,为制定产品任务书和生成产品概念方案打下基础。概括来讲用户需求分析主要需解决以下三方面问题:用户所需要的产品价值是什么? 产品能够为用户带来的一系列具体的利益好处是什么? 能够转化为用户所需价值利益的产品特征、属性、性能表现是什么?

分析用户需求所运用的策略是通过向用户提出具有针对性的问题来得到直接的用户需求反馈,并在此基础上进一步对反馈信息做出定性分析。分析用户需求的具体实施步骤是:首先编制用户需求分析问卷,明确需要从用户处获得何种信息,并归纳出用户访谈问题;然后选择潜在用户,使用问卷形式对用户进行访谈;最后对所获得的用户需求信息进行理解与分析,在用户需求分析问卷基础上完成用户需求分析表(表4-2),得到用户需求分析结论。在分析用户需求实施过程中需要注意以下问题:用户访谈问卷必须是统一规定格式,确保用相同的方式、相同的问题与语句访问每个用户;确保受访者具有代表性,应制订一份产品目标市场中的潜力用户名单,并将名单依据用户行业、领域、规模等细分为不同的小组,对名单中的用户进行针对性访谈;产品设计师应是用户访谈工作的主要执行者,其拥有研发知识储备,对产品有着更深刻的理解,他们可以同用户进行更深入更具探索性的沟通,从而辨别出既是用户所需求的也是市场所缺乏的产品特性。

分析用户需求表所收集分析的信息主要包含以下内容:①潜在用户是否在使用可移动建筑产品,具体为何种产品;②潜在用户对已有可移动建筑产品所认可的优点有哪些;③潜在用户在可移动建筑产品的使用中所遇到的问题是什么;④对于已经使用可移动建筑产品的用户,如果让他们再做一次产品选择,他们会选择什么产品不选择什么产品,为什么;⑤潜在用户最希望可移动建筑产品具有何种特性或性能;⑥潜在用户在目前市场所了解的可移动建筑产品中选择出最优者与最差者;⑦潜在用户对可移动建筑产品的具体改进建议是什么;⑧潜在用户对于产品价格有何要求;⑨潜在用户对于产品的外观方面有何要求。

表 4-2　分析用户需求表示例

潜在用户：	联系地址：	联系方式：	访谈人：　日期：
问　题	潜在用户陈述	需求分析	
目前是否拥有可移动建筑产品？具体是什么产品			
所拥有的可移动建筑产品具有什么优点			
在可移动建筑产品的使用中遇到什么具体问题			
如果再做一次选择，会选择什么类型的可移动建筑产品			
希望可移动建筑产品应具有何种特性或性能			
在目前市场所了解的产品中选择出最优者与最差者			
对可移动建筑产品有什么具体的改进建议			
对于可移动建筑产品的价格有何要求			
对于可移动建筑产品的外观有何要求			

表格来源：作者绘制

四、分析竞争产品

"知己知彼，百战不殆"，分析竞争产品是指通过对相关竞争产品的各方面性能进行系统详细研究，以全面了解竞争产品的优势与劣势，了解竞争对手在研发活动中的成功与失败经验，了解竞争对手的产品研发策略，发现被竞争对手所忽略的细分市场，最终形成具体的产品研发竞争策略，并与用户需求分析一起，为产品任务书的制定和概念方案的生成提供重要基础性依据。

分析竞争产品的具体实施步骤是：首先明确所需要分析的产品问题，然后选择市场上的主要竞争产品，最后通过多种渠道获得竞争产品信息，并对其展开分析，完成分析竞争产品表（表 4-3）。获得竞争产品信息的渠道主要有：在用户需求分析过程中，从用户处了解竞争产品的相关信息；通过在媒体、互联网、公开出版物、商业广告以及各种贸易展览会议中获取竞争产品的相关信息；直接获得或接触竞争产品；通过供应商了解竞争产品的情况。

在具体实施竞争产品分析时，主要应从以下问题入手：竞争产品的规格、功能、结构形式、产品材料、产品自重、产品设备、产品建造模式、运输模式、建造与拆解的速度、重复周转的次数、产品成本、市场占有规模等。通过对以上问题的分析，可以总结得出竞争产品的主要优势与劣势、自身改进与发展的趋势,最终可以给产品研发提供正面借鉴,提供用于超越竞争产品的路径。

表4-3 分析竞争产品表示例

产品问题	竞争产品分析		
	竞争产品 1	竞争产品 2	竞争产品 3
产品规格			
产品功能			
结构形式			
产品材料			
产品自重			
产品设备			
建造模式			
运输模式			
建造与拆解的速度			
重复周转使用次数			
产品成本			
产品市场占有规模			

表格来源:作者绘制

可移动建筑产品研发竞争策略是在用户需求分析与竞争产品分析的基础上提出的,它决定了产品要在市场上获得成功所应具备的竞争优势。可移动建筑产品的竞争策略主要体现在以下几方面:在研发周期、建造效率上与竞争产品相比形成时间效率优势;通过先进的制造、建造理念以及生产过程的优化管理取得产品成本与质量优势;通过新技术的研发与应用形成产品在使用性能方面的优势;以用户为中心,最大程度地满足用户使用要求,形成用户需求优势。

五、制定产品任务书

在经过分析用户需求与分析竞争产品之后,已经可以揭示出用户眼中的成功产品所需包含的要素,以及超越竞争对手应具备哪些产品优势。接下来的工作就是要把用户需求与产品技术可行性相结合,将分析用户需求与分析竞争产品的结果转化为可具体参照实施执行的可量化的产品性能特征、属性与规格等,即制定产品任务书。

1. 质量功能展开

在制造业领域最常用也是最具优势的制定产品任务书的方法是"质量功能展开"(Quality Function Deployment,QFD)。此方法于 20 世纪 70 年代中期首先在日本发展起来,并在 80 年代末引入美国,许多制造业企业如丰田、福特等汽车制造公司都通过运用 QFD 方法使产品获得了成功。同样,质量功能展开法也适用于可移动建筑产品任务书的制定。

质量功能展开法是一种将用户需求转化为相对应产品质量特性的系统化方法，其将产品质量与实现产品质量的过程相整合，对产品研发过程实施质量规划与控制，在产品研发的各阶段均把用户需求转变为与之适应的产品性能要求，最终确保产品满足用户的需求。质量功能展开法是并行工程的关键技术之一，也是面向质量设计（Design for Quality）最有利的工具。其主要具有下列特征：①以用户需求为出发点的产品研发理念。强调产品的设计、制造、组织管理等各方面工作均要围绕用户对产品质量的需求，将实现用户需求的具体举措分解实施到产品研发制造过程的各阶段之中。②用户驱动的产品设计方法。质量功能展开强调对用户需求的准确识别，将用户需求转译为可定量分析的设计目标，在各研发活动中均以"用户需求什么"与"如何满足用户需求"来推动产品研发设计的具体实施。③强调对产品研发实施整体的质量规划。在产品研发前期规划、概念设计阶段就对产品质量控制进行全局部署。

2. 基于质量功能展开的可移动建筑产品任务书制定方法与步骤

运用质量功能展开方法制定可移动建筑产品任务书可分为五个具体实施步骤：步骤一，在分析用户需求与分析竞争产品的基础上，进行质量规划；步骤二，寻求技术对策；步骤三，构建产品质量屋；步骤四，实施质量展开；步骤五，生成产品任务书。下面对五个步骤的内容与具体实施方法做出进一步的解释。

（1）质量规划

质量规划的主要目标是将用户需求转换为可以指导产品研发的质量要求。该工作主要有以下内容：第一，对用户需求再分析，对其进行筛选、分类和再定义。通过给每个用户需求加权重的方法评价反映用户需求的重要度；第二，在用户需求分类和重要度评价基础上，对照可移动建筑产品的相关特征、属性和技术性能，将用户需求转换为用户需要的产品质量，并明确产品质量的类型与具体特性；第三，在对竞争产品比较分析的基础上，对超越竞争产品的产品质量目标进行规划。

（2）寻求技术对策

寻求技术对策是指针对满足用户需求的产品质量目标，制定相应的技术解决方案，明确满足可移动建筑产品质量要求的产品特征、功能、技术性能乃至制造与建造的方式。除此之外，还需在横向考察竞争产品的质量水准基础上，评估产品研发团队与制造企业的研发制造能力，制定尽可能量化的产品各项性能指标。

（3）构建产品质量屋

产品质量屋是质量功能展开方法通过图表形式的直观表达，它包括质量功能展开的研究内容与成果。产品质量屋包含关系矩阵、用户需求、产品性能要求、竞争产品分析、技术评估、产品性能关系六方面内容。其中关系矩阵建立了用户需求与相应产品性能要求间的联系，是产品质量屋的核心与本体部分。下面结合产品质量屋结构图（图4-14）对产品质量屋的各部分内容做进一步说明。

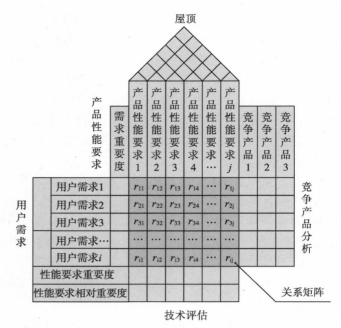

图 4-14　产品质量屋结构图

图片来源：作者绘制

参：秦现生，同淑荣，王润孝，等.并行工程的理论与方法[M].西安：西北工业大学出版社，2008：239

用户需求部分的构建首先按照需求所涉及产品的功能、外观、舒适性、经济性、安全性等方面对用户需求进行分类，并将分类结果以分层级树状结构形式进行表达。之后，再对各用户需求的重要程度进行判定，采用数字 0 到 9，分 10 个等级分别标定用户需求重要度，9 表示最重要，0 代表相对最不重要。

产品性能要求部分表达的是由用户需求所转换而成的产品质量要求。对其进行构建应遵循以下原则：针对性，产品性能要求要针对相应的用户需求；可量化，为了明确产品技术性能，便于产品性能的实施控制，尽可能使性能目标可定量测定；宏观性，产品性能要求是为后续的产品研发提供目标参照与评价标准，并不涉及具体的产品设计技术策略与方案，所以产品性能要求应以概括性的、相对宏观的形式加以描述。例如，当用户需求为"希望可移动建筑产品冬暖夏凉"时，所对应的产品性能要求应是"产品保温隔热性能好"。

关系矩阵部分是质量功能展开方法的核心内容，也是生成产品任务书的主要来源。它反映了用户需求与产品性能要求之间的相关性，二者之间关联性的强弱，直接体现了产品性能要求对于用户需求的满足程度。此外关系矩阵还直观说明了产品性能要求对用户需求的覆盖程度。用户需求与产品性能要求的相关程度可以用符号来表示关系的强弱，如强相关性用双圆圈表示，中相关性用圆圈表示，低相关性用三角形表示。此外相关程度还可用数学表达式 $R = [r_{ij}]_{nc \times np}$ 来表达，其中 nc 和 np 分别表示用户需求与产品性能要求的数量，r_{ij} 表示产品性能需求 j 对用户需求 i 的影响程度值，r_{ij} 可以从数字 0 至 9 中取值，数字越大表示相关程度越高[10]。

竞争产品分析部分是对主要竞争产品满足用户需求程度进行评价，以从中发现具有竞争优势的研发方向以及需要学习和超越的竞争产品的相关性能。技术评估部分是通过与竞争对手的比较，对自身产品性能进行竞争性评估，以明确产品性能需求的重要度和相对重要度。产品性能关系是产品质量屋的屋顶部分，它描述了产品性能要求间的相互关系。

如果两个产品性能要求间存在此消彼长的制约关系,则此关系被称为负相关。如两者之间是一种相互促进的关系,则被称为正相关。

（4）实施质量展开

可移动建筑产品研发需要经过完整的产品研发过程才能实现,产品研发过程由一系列的研发阶段组成,研发阶段又包含了众多的研发活动,这其中任何研发活动或阶段出现了错误,都会影响到产品研发的最终成功,使产品最终质量不能满足用户需求。因此将用户最初的产品质量需求准确完整地传递到产品研发过程的不同阶段,使不同研发阶段都具有正确的研发质量目标,是实施质量展开的主要目的。

实施质量展开的主要方法可以通过关系矩阵的瀑布式传递模型加以说明(图4-15)。在产品定义与规划阶段,关系矩阵反映了用户需求与相对宏观的产品性能要求间的联系。而当进入概念方案设计阶段,上一研发阶段关系矩阵中的产品性能要求则转变为此阶段的用户需求,其所对应的产品性能要求则变为概念方案设计性能要求。同理,在系统层面设计阶段,关系矩阵的两方则成为概念方案设计性能需求与系统层面设计性能要求,在建造设计阶段的关系矩阵中转变为系统层面设计性能需求与建造设计性能要求,在原型产品建造阶段的关系矩阵中则为建造设计性能需求与原型产品建造性能要求。可移动建筑产品研发通过质量功能展开最终可被分解为五个关系矩阵,分别为产品定义与规划矩阵、概念方案设计矩阵、系统层面设计矩阵、建造设计矩阵以及原型产品建造矩阵。

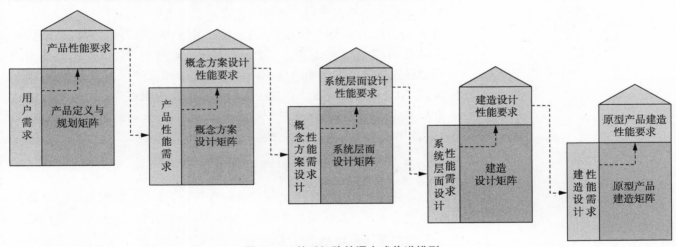

图4-15 关系矩阵的瀑布式传递模型

图片来源:作者绘制

（5）生成产品任务书

产品任务书实质上就是质量功能展开关系矩阵中产品性能要求部分的内容。由于质量展开关系矩阵是随着研发过程的不断深入逐阶段逐层展开的,因此可移动建筑产品研发产品任务书并不只有一个版本。产品任务书的制定具有动态性特征,在不同研发阶段,会针对不同的用户需求,不断进行调整完善。产品定义与规划阶段生成的产品性能要求可归纳转化为概念方案设计任务书,它对可移动建筑产品的宏观整体性能要求进行了初步定义,向概念方案设计阶段导入用户需求。概念方案设计阶段在产品任务书指导下所形成的产品技术解决策略即概念方案设计性能要求,则可转化为系统层面设计任务书,它是对产品概念方案设计任务书的进一步修正。同理,后续还需生成建造设计任务书与原型产品建造任务书。这样以来,质量功能展开所形成的五个关系矩阵包含了具有逐级深化关系的四个产品任务书,每个研发阶段均围绕着相应的产品任务书形成明确的研发任务。在四个产品任务书中,概念方案设计任务书处于核心地位,它主导了可移动建筑产品研发的具体方向,是其余研发阶段任务书的生成基础。

产品任务书中的产品性能要求应遵循从宏观到微观、从概括到具体的原则逐渐加以明确,产品性能要求应主要包括以下类别内容:产品功能、产品规格尺寸、产品重量、产品材料、产品设备、产品成本、产品可制造性、产品可装配性、产品可维修性、产品可测试性、产品可移动性、产品安全性、产品可重复使用性、产品可回收利用性等。

六、设计产品研发过程

在可移动建筑产品定义与规划阶段中,产品规划部分包含设计产品研发过程与制定产品研发过程管理计划两部分内容,它们是本书研究的核心内容,在第四、五、六章中将对其展开具体论述。

对于可移动建筑产品研发过程设计,在本书第三章中已对其做过概括性阐述。产品研发过程设计是在并行工程理论基础上,通过对产品研发过程进行分解以明确研发过程的活动组成,并在确立研发活动内容与研发设计方法基础上,对研发活动间的依赖关系进行分析,进而建立起可移动建筑产品研发流程。可移动建筑产品研发过程设计的具体步骤是:首先,运用工作分解结构方法,对产品研发过程进行分解,确定产品研发活动范围,建立可移动建筑产品研发过程分解结构;然后,对研发活动进行设计以明确研发活动的具体内容以及提出相应的研发设计方法;接下来,运用设计结构矩阵分析方法对研发活动间的相互依赖关系进行解析并展开优化;最后,在研发过程优化基础上,对可移动建筑产品研发流程做出定义与描述,建立可移动建筑产品研发流程模型。

七、制定产品研发过程管理计划

在通过可移动建筑产品研发过程设计,明确产品研发活动的具体内容以及建立产品研发流程之后,下面所要面对的问题就是如何确保研发活动与研发流程得到正确顺利地实施。对可移动建筑产品研发实施过程管理是产品研发活动与研发流程得以有效执行的重要保证。可移动建筑产品研发过程管理的目标是:在产品研发流程基础上,通过对产品研发过程及研发活动所依赖的人员组织、时间进度、物力资源、财力资源等相关因素进行合理的计划、控制、协调与优化,有效化解产品研发过程中所产生的问题冲突,保证适当的人员在合理的组织架构下,在正确的时间及资金成本保证下,以正确的资源手段顺利完成研发工作,最终实现短周期、高质量、低成本的可移动建筑产品的成功研发。可移动建筑产品研发过程管理主要由三部分组成,即制定产品研发过程管理计划、执行产品研发过程管理计划与监控产品研发过程。

1. 产品研发过程管理计划的主要内容

制定产品研发过程管理计划的目的是为了保证产品研发活动与研发流程的正确实施,在产品研发过程设计基础上,通过对研发时间进度、人员组织以及研发所需的物料、机具设备、资金等保障资源进行统筹计划与控制调配，以解决在产品研发过程中"什么人在何时要做什么，如何做"的具体问题。制定可移动建筑产品研发过程管理计划主要运用了集成多视图过程建模方法，使产品研发过程管理计划通过集成多视图研发过程管理模型直接加以反映。建立集成多视图研发过程管理模型的步骤为：首先构建研发过程管理的多视图模型，包括过程视图、产品视图、组织视图以及资源视图；然后对多视图进行集成，实现视图间的信息传递与整合，形成系统整体的过程管理模型。

可移动建筑产品研发过程管理计划主要包括如下内容：①制定研发时间进度计划，预估各研发活动的持续时间，设定研发活动的起始与结束时间，反映研发活动间的执行顺序；②制定人员组织计划，构建产品研发团队的组织结构，明确团队成员的角色、职权与职责；③制定物力资源需求计划，明确可移动建筑产品研发活动所需的物料、设备、机具等资源；④制定财力资源需求计划，完成可移动建筑产品研发项目成本预算。

制定产品研发过程管理计划与制定产品任务书类似，它们都是一个动态的过程。产品研发过程管理计划在产品定义与规划阶段被初步制定，随着研发的推进它将因不同研发阶段中出现的具体问题与情况变化做出相应的改变。因此在产品定义与规划阶段所制定的研发过程管理计划可以称为基准研发过程管理计划，它是后续计划制定的基础，也是指导与掌控研发过程实施的关键。在后续研发过程中，需要根据不同研发阶段的实际运行情况对基准研发过程管理计划做出相应的调整、完善与补充。

2. 产品研发过程管理计划的执行与监控

产品研发过程管理计划的执行主要通过一系列机制、方法、措施的运用来保证可移动建筑产品研发的顺利完成。执行可移动建筑产品研发过程管理计划的方法与手段主要有：建立产品研发过程管理协调机制；实施产品研发过程监控与修正，对研发人员的任务调配、时间进度计划的执行情况以及研发活动的运行状态进行实时监控，并对偏离研发过程管理计划的活动做出及时修正；实施过程评价，对不同阶段的研发成果进行评价，以及根据不同阶段计划完成情况对基准过程管理计划做出相应调整。

在可移动建筑产品的研发过程中不可避免地会出现各种不可预见的问题冲突，如可能出现的人员间信息交流障碍，物料与资金迟至，建造过程中的突发问题等等。要解决这些问题，首先需要建立一套产品研发过程管理计划执行协调机制，使其成为各种问题协商解决的平台。过程协调机制的主要内容包括：集成研发团队内部的非正式交流；以固定频率召开工作会议；建立备忘录等。

对可移动建筑产品研发过程的监控与修正主要通过运用集成多视图研发过程管理模型对研发流程、研发活动的实际运行情况进行实时监测。当发现研发活动或研发进度偏离既定计划后，应采取及时的修正措施，必要时应对产品研发过程管理计划做出适时调整。研发过程修正措施较多涉及研发时间进度的延误，所采取的具体措施包括：提高工作会议的频率，改变团队人员组成，提高团队成员协同、并行工作程度，集中力量于研发关键路径、改变研发时间进度计划等。

由产品总工程师和项目规划管理小组对可移动建筑产品研发过程进行综合评审是执行产品研发过程管理的主要方法之一。评审主要在各重要设计节点与主要研发阶段结束时进行,它是研发过程的重要里程碑,可以加速研发活动完成,加强研发过程管理计划的执行,并对各研发阶段成果的正确与否以及下一阶段的工作方向做出关键性判断。

第三节　概念方案设计

在结束产品定义与规划阶段之后,接下来需要进入可移动建筑产品研发的概念方案设计阶段。产品概念方案是对产品的特征、功能、技术性能等方面的近似性描述,能够概要说明产品如何满足产品任务书要求。概念方案设计在产品研发过程中具有决定性作用,它将用户需求转变为明确的产品研发方向,是影响控制后期制造与建造环节的源头,正确的概念方案是产品研发成功的前提。可移动建筑产品研发的概念方案设计以概念方案设计任务书为指导,充分关注影响后期建造过程的产品概念,通过概念方案生成、概念方案选择和概念方案验证三阶段研发活动加以实施(图4-16)。

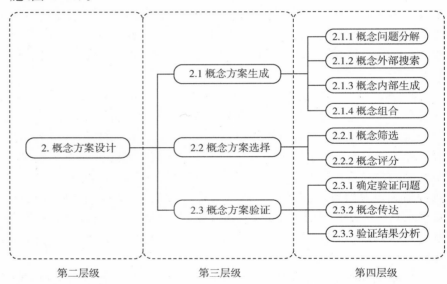

图4-16　概念方案设计阶段的过程分解结构图

图片来源:作者绘制

一、概念方案生成

概念方案生成是以产品定义与规划阶段所确定的产品研发方向、用户需求信息、竞争产品信息以及产品任务书为输入信息,通过结构化的设计方法,形成多个可移动建筑产品概念方案,以供产品研发团队对其做出评价选择,确保最终产品研发成果符合产品定义与规划目标。输入信息的核心是产品任务书中的产品性能要求。概念方案需要有一定的细化深度以利于对产品功能、结构、构造、材料、制造与建造方式等问题做出说明,其成果一般通过概念草图、概念验证模型以及文字性说明呈现。概念方案生成的设计方法可以总结归纳为四个步骤,分别为:概念问题分解、概念外部搜索、概念内部生成和概念组合。此方法具有典型的并行工程特征,可以理解为一种先分散后集中的设计模式,先将产品概念分解为一系列独立解,然后再对其评价、选择、组合与集中,形成多解。各步骤的主要任务分别为:概念问题分解是发现概念产生的源头,概念外部搜索与概念内部生成是产生子概念,而概念组合则是将子概念组合形成多个优选整体概念方案。

1. 概念问题分解

概念问题分解是将复杂的产品整体概念分解为若干相对简单的概念子问题,以助于对概念的理解。可移动建筑产品概念问题分解的对象是产品系统功能,因此概念问题分解也可称为产品系统功能分解。产品功能是针对产品定义中用户需求与产品性能要求而言的,不同的产品功能分别对应相应的产品性能要求,它是概念方案产生的基础。这里所提出的产品系统功能比产品功能具有更宽泛的外延,它所对应的用户需求不仅包括了实际使用用户需求,还包括了产品各研发阶段的内部用户需求。可移动建筑产品系统功能可以分解为结构功能、围护功能、辅助功能、能源供给功能、可建造性功能、可移动运输功能等产品子功能。各分解后的功能还可继续向下分解,如围护功能又可分解为墙面功能、屋面功能、地面功能、门窗功能等。产品系统功能分解使所要解决的概念问题具有了明确指向,产品概念可以针对不同的产品子功能分别加以生成。例如,可移动建筑产品的结构材料与形式、能源供给方式、产品制造装配方式、现场建造方法、运输方法,乃至产品墙面构造、屋面的形式等问题均可以成为概念方案构思产生的源泉。在完成产品系统功能分解之后,还需要对产品创新、产品研发方向起到关键作用的产品子功能加以明确,从而可以针对其对应的关键子概念进行重点设计。

2. 概念外部搜索

概念问题分解完成后,下一步则要针对每一项产品子功能提出尽可能多的相应产品子概念,子概念的数量应最低不少于两个。生成的产品子概念方法可以从外部搜索和内部生成两个方向加以研究。

概念外部搜索的主要任务是找到概念子问题即产品子功能的现有解决方案。采用借鉴一个已有的解决方案要比创造一个新概念方案更加快捷高效,研发团队可以把工作重点集中到尚未有可借鉴方案的关键子概念设计上。此外将已有概念解决方案加以完善并与新产品子概念结合,往往可以产生优化的整体概念方案。概念外部搜索的内容不仅包括搜集竞争产品信息,还包括对产品子功能的相关技术信息进行搜集分析,其本质上是一个资料搜集分析的过程。概念外部搜索的方法主要有:①进行关键用户调查,此方法在产品定义与规划阶段的用户需求分析中已实施,并取得结论。②文献检索是发现已有概念解决方案的最好途径之一。文献检索的对象主要为公开文献,它包括期刊杂志、会议资料、研究报告、市场产品信息、技术资料手册等。运用互联网搜索公开文献是最有效便捷的方法。③设定基准参考产品是确定与产品系统功能及产品子功能最为相似的现有可移动建筑产品,它可以揭示解决概念问题的现有相对成熟方案,为概念生成提供借鉴。此方法在竞争产品分析中已经应用。④通过专利检索以获得相关产品概念的技术资料与产品说明。

3. 概念内部生成

概念内部生成是可移动建筑产品研发过程中最具开放性与创造性的活动，它利用研发人员及团队全体成员自身已有的知识信息储备，通过充分激发与调动研发团队成员的创造力来生成概念方案。概念内部生成的基本方法主要有头脑风暴法和类比法。

头脑风暴法是生成概念方案最直接和有效的方法之一，它所采用的形式是在研发团队的组织框架下，由每一个团队成员分别提出自己的观点与想法。头脑风暴法要遵循的原则有：提出尽可能多的概念想法，概念提出的越多，找到正确解决方案的概率就会越大，一个新概念往往会激发出其他的概念灵感，因此概念越多能引出的灵感也会越多；不轻易对概念想法的价值做出判断与评价，不做主观臆断；不轻易否定所谓"不切实际的想法"，这些想法往往会突破思维的局限，有助于拓宽思考范围，在修正与调整后也可变为可行的概念。

类比法是指针对一项产品功能考虑是否有其他产品领域、学科、专业的相似功能可以进行类比，从而触发新概念的产生。

4. 概念组合

概念的外部搜索与内部生成研发活动最终产生了对应于产品子功能的众多产品子概念，接下来要对这些单独的子概念进行分析、组合以综合形成多个可供最终评价选择的整体概念方案。概念组合就是指从每项产品功能的子概念中选择一个概念，然后将这些单独概念组合成整体概念。这种做法也有着其自身弊端，首先它会带来庞大数量的概念排列组合可能；其次，其形成的组合概念可能并不合理，没有实际价值。因此进行概念组合需要运用恰当的技术方法来克服其弊端，概念分类树和概念组合表是两种有效的概念组合工具。

概念分类树是把所有的子概念根据其对应的产品子功能进行分类，形成树状分支结构，以便于对子概念进行直观比较、辨析与修正（图4-17）。概念分类树在具体使用时应注意以下问题：首先通过对分类树进行详细筛查与评价，找出确实不可行的子概念，并删除该概念分支，将关注点聚焦于可行的概念方向；其次，对于对应于产品子功能的相互独立、互不交叉干预的两个或多个子概念分支予以保留，使其成为待选方案；然后，发现概念分类树中子概念数量偏少的薄弱环节，以便下一步对其补充加强；最后，可对某些特定的子概念进行继续概念分解，生成更具实际操作性的概念。

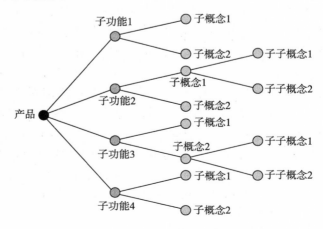

图4-17 概念分类树示意图
表格来源：作者绘制

概念组合表是对子概念进行组合的具体工具。组合表的纵栏表示每一产品子功能所对应的解决子概念。各纵栏中的概念条目在经过判别后可进行逐一组合，共同形成整体概念，如表4-4所示。但通过这种方法可能会形成一些不具可行性的整体概念，因此需要对组合过程进行优化，以对整体概念进行简化与优选。具体操作方法之一是在子概念与其他概念相互关联影响条件下，进行再次评价筛选，淘汰掉不适合的子概念条目，以减少组合概念的数量；方法之二是对于子概念间的耦合性进行分析，对于存在耦合关系的子概念可以将其合并为一个概念。

表 4-4　概念组合表示意图

子功能 1	子功能 2	子功能 3	子功能 4
子概念 1	子概念 1	子概念 1	子概念 1
子概念 2	子概念 2	子概念 2	子概念 2
子概念 3	子概念 3	子概念 3	子概念 3

表格来源：作者绘制

二、概念方案选择

概念方案选择是通过对由概念组合生成的各种可移动建筑产品概念满足用户需求的优劣程度进行比较，进而最终确定一个或多个概念方案以进行概念方案验证。概念方案选择是将可供选择的产品概念的范围与数量逐渐集中与收窄的设计活动，它具有多次反复递进的特征，如图4-18所示，产品概念需要经历连续的筛选与扩展活动。

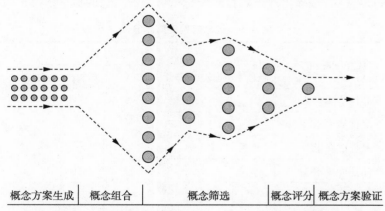

概念方案生成	概念组合	概念筛选	概念评分	概念方案验证

图 4-18　概念方案选择过程示意图
图片来源：作者绘制

概念方案选择主要由概念筛选与概念评分两个步骤组成。概念筛选首先通过概括、近似的评价，快速选择出一部分产品整体概念，接下来概念评分是对已选择出的产品概念进行更加详尽与客观的评价以确定最优的概念。概念筛选与概念评分两者之间是一种承接、递进深化的关系，并且它们都以概念选择矩阵为核心工具。选择矩阵工具最早是由斯图尔特·皮尤教授提出，在其所著的 *Total Design：Integrated Methods for Successful Product Engineering* 一书中进行了详细阐述，该工具的应用目的是尽可能使最优产品概念的鉴别具有客观性与定量性。在概念筛选与概念评分中所应用的选择矩阵分别被称为概念筛选矩阵与概念评分矩阵。在概念筛选阶段没有必要进行详细定量分析，只需要运用筛选矩阵对概念进行粗略的比较评价。当大部分概念被排除后，可运用评分矩阵对剩余概念进行定量评分。在选择矩阵中,产品定义与规划阶段满足用户需求的产品性能要求成为概念选择评价的标准。此外制定选择矩阵还需要确定参考概念,所谓参考概念就是以其为比较基准,其他概念通过与参考概念进行比较得出相对优劣,并划分出等级。参考概念一般是团队成员都熟悉且在市场上已存在并已广泛应用的产品概念,此产品概念所满足的综合产品性能要求应为中间平均水平。

1. 概念筛选

进行概念筛选活动第一步需要以表格的形式编制概念筛选矩阵(表4-5)。筛选矩阵最上面一行为各产品概念的名称或编号,最左侧一列为选择标准即概念方案设计阶段的用户需求。第二步,以"+、0、—"分别代表"优于、相似、差于",对应每项选择标准,将各产品概念与参考概念进行比较评价,并将比较结果填写于矩阵单元格中。第三步,汇总评价概念的结果,将各产品概念所得到的"+、0、—"的评价数目分别加以记录,其后对"+、—"数量相加得到净分数,并根据净分数对概念进行排序,便得到各概念的评价等级。等级越高越有相对高的正分数,反之亦然。概念筛选的第四步是对概念进行整合与优化。在完成概念排序之后,各产品概念的优劣比较已有了初步结果。接下来需要进行两方面的分析工作:一方面,对于等级低的概念是否可以通过改变对某一选择标准的应对策略而提升整体概念水平;另一方面,是否有两个概念在合并后会减少"—"的数量,而"+"数量不变或增加。在这两种思路指导下,需要对各概念进行整合与修改,并将整合改进后的概念作为新概念重新加入筛选矩阵中,并再次进行评价排序。最后一步,在充分分析评估产品概念评价与等级排序之后,选择出适当数目的概念以进行下一轮的概念评分。

表4-5 概念筛选矩阵示意图

选择标准	概　　念						
	概念 1	概念 2	概念 3	概念 4	概念 5	概念 6	概念 7
产品性能要求 1	0	0	—	0	0	—	—
产品性能要求 2	0	—	—	0	0	+	0
产品性能要求 3	0	0	+	0	+	0	+
产品性能要求 4	0	0	0	0	—	0	0
产品性能要求 5	0	0	0	0	0	+	0
产品性能要求 6	+	—	0	0	0	0	0
产品性能要求 7	+	+	0	0	+	0	0
"+"的个数	2	1	1	0	2	2	1
"0"的个数	5	4	3	7	4	3	5
"—"的个数	0	2	3	0	1	2	1
净分数	2	—1	—2	0	1	0	0
等级	1	6	7	3	2	3	3
是否选择	是	否	否	组合	是	组合	修正

表格来源:作者绘制

参:[美]卡尔·T. 犹里齐,斯蒂芬·D. 埃平格. 产品设计与开发[M]. 杨德林,译. 第4版. 大连:东北财经大学出版社,2009:115

2. 概念评分

概念评分是对由概念筛选选择出的产品概念进行更加细致客观的比较,通过明确选择标准的相对重要度,确定各选择标准所对应的不同产品概念的评价等级,最终得到各产品概念的加权总评分与概念等级排序。概念评分活动具体实施的第一步要编制概念评分矩阵(表 4-6)。评分矩阵与筛选矩阵相似,其是在筛选矩阵基础上的进一步细化,增加了各选择标准的权重指标和其所对应的各产品概念的加权分数。选择标准的确定也可进一步精细化,根据用户需求将选择标准层级化分解,使之对应更详细的产品概念。第二步是对各选择标准所对应的产品概念进行评价。与概念筛选不同的是,概念评分采用了更加精密的比较标度。例如采用 5 分制的评价标度,远优于参考概念得 5 分,稍优于参考概念得 4 分,与参考概念类似得 3 分,稍差于参考概念得 2 分,远差于参考概念得 1 分。第三步是计算评分与概念排序。当对各产品概念评价完成后,将评价得分与选择标准的权重指标相乘得到加权分数,各产品概念的加权分数之和即为其总评分,之后再根据总评分进行概念等级排序。第四步同概念筛选相同,在评分之后也需要对产品概念进行进一步整合与优化。最后一步,是根据概念总评分排序,最终选择得分最高的一个或几个产品概念方案,将其作为产品概念方案验证的原型。

表 4-6　概念评分矩阵示意图

选择标准	重要度	概念 1		概念 4+6		概念 5		概念 7 修正	
		评估等级	加权分数	评估等级	加权分数	评估等级	加权分数	评估等级	加权分数
产品性能要求 1	5%	3	0.15	3	0.15	4	0.2	4	0.2
产品性能要求 2	15%	3	0.45	4	0.6	4	0.6	3	0.45
产品性能要求 3	10%	2	0.2	3	0.3	5	0.5	5	0.5
产品性能要求 4	25%	3	0.75	3	0.75	2	0.5	3	0.45
产品性能要求 5	15%	2	0.3	5	0.75	4	0.6	3	0.45
产品性能要求 6	20%	3	0.6	3	0.6	2	0.4	2	0.4
产品性能要求 7	10%	3	0.3	3	0.3	3	0.3	3	0.3
总分数		2.75		3.45		3.1		2.75	
排名		4		1		2		3	
是否选择		否		是		否		否	

表格来源:作者绘制

参:[美]卡尔·T. 犹里齐,斯蒂芬·D. 埃平格. 产品设计与开发[M]. 杨德林,译. 第 4 版. 大连:东北财经大学出版社,2009:118

三、概念方案验证

概念方案验证是指向可移动建筑产品的市场潜在用户传达所需验证的概念方案,通过用户访谈,对其反馈信息进行分析,以判断概念方案设计是否已经对产品定义与规划阶段所获取的用户需求信息进行了正确的应对与转化,明确可以继续被修正的产品概念,并最终选择出可实施的产品概念方案。概念方案验证与概念方案选择活动的主要策略都是通过不断收窄概念方案的数量与范围以发现可行性方案。但它们的不同之处在于概念方案验证所得到结论是基于用户反馈信息之上，并不主要依赖于研发团队的自身判断。可移动建筑产品研发的概念方案验证主要由确定验证问题、概念传达和验证结果分析三个步骤组成。

概念方案验证的第一步是要首先明确需要从潜在用户处得到何种反馈信息，确定所要验证的产品概念问题。它与产品定义与规划阶段的用户需求分析所获取的用户反馈有明显不同。产品定义与规划阶段的用户需求分析是一种前景研究，并没有具体的产品概念可以向用户展示，从用户处获取的是产品研发的目标、条件与线索。而概念方案验证是要通过向用户展示已生成的产品概念，达到选择、测试与修正产品概念的目的。需要向潜在用户验证的产品概念问题包括：对不同产品概念的感兴趣程度及其原因；最喜欢与最不喜欢产品概念的哪些方面；与竞争产品比较，对产品概念的偏好程度及原因；对可移动建筑产品整体造价可接受的区间；用户对产品需求意向的强弱；希望产品概念做出何种改进等等。在确定所要验证的问题后，需要制作标准化的验证调查问卷，以用于用户访谈。问卷应保证覆盖所有的需求反馈信息，尽量让用户以百分比指标等量化的形式给出答案。

概念传达是通过用户访谈将概念方案设计成果以直观、便于解读的形式传递给潜在用户，在其完整理解产品概念后，对验证调查问卷做出解答。实施此步骤的前提首先是确保所访谈的目标用户能够真实地代表可移动建筑产品的潜在用户群体；其次，访谈的客户样本需要具有一定的规模；然后访谈调查的形式应以面对面交流为主，也可辅以电话、电子邮件、建立测试网站等调查方式。向用户传达的产品概念方案成果主要包括以下几种形式：简略准确的文字说明、包含效果图在内的图纸文件、产品概念实物模型、虚拟电脑模型、演示视频、交互式多媒体展示等。

在概念传达完成之后，需要对访谈验证调查问卷的结果进行分析，根据潜在用户所做出的价值判断，综合评判产品概念方案的优劣，最终确认具有市场前景的产品概念方案，并根据用户修正意见对选择的概念方案进行优化。至此，概念方案设计阶段的研发活动基本完成。

在概念设计阶段结束后，需要明确此阶段的输出成果，更新完善产品任务书与研发过程管理计划。在质量功能展开的概念方案设计关系矩阵框架下，通过概念方案生成、概念方案选择与概念方案验证活动，形成概念方案设计性能要求，并以此更新完成系统层面设计任务书。

第四节　系统层面设计

系统层面设计阶段是可移动建筑产品研发过程中承上启下的重要阶段，其主要任务是从系统的视角对概念方案设计阶段的成果进行继续深化，为建造设计阶段的工作奠定基础。系统层面设计阶段以概念方案设计生成的产品性能要求为目标，通过运用产品平台化策略和模块化构造设计方法，展开建立产品系统分解结构、产品功能体设计、产品模块设计、初步制造设计以及初步装配设计的研发设计活动（图4-19）。

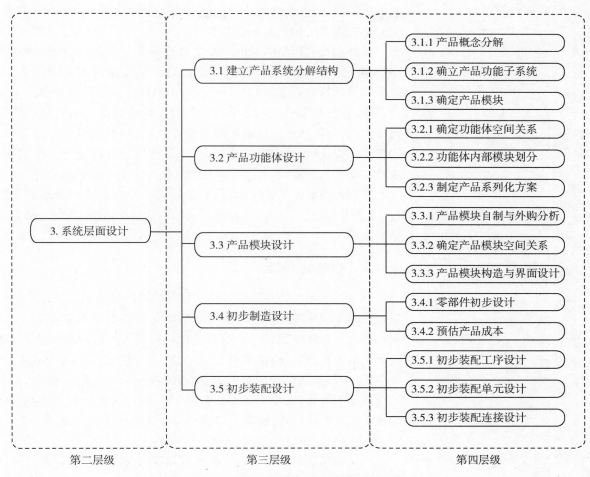

图 4-19　系统层面设计阶段的过程分解结构图

图片来源:作者绘制

一、产品平台化策略

在当前全球市场竞争日趋激烈的背景下,及时推出新产品并保持产品的持续改进是制造企业赢得市场竞争的关键所在。单一的产品研发策略已不能满足日益个性化、多样化的用户需求,制造企业需要构建全新的产品研发策略,以开发出针对不同细分市场的丰富产品,并同时降低产品研发制造成本。产品平台化策略是实现这一目标的重要手段。

产品平台是指包含一系列接口与共享模块的共用产品架构。以制造业的汽车产品平台为例,其泛指不同车型之间可以共享通用的部件,通常包括汽车底盘、车身结构、发动机等。运用汽车平台策略可以同时承载不同车型的研发与制造,生产出外观与功能都不尽相同的汽车产品。产品平台化策略具有以下优点:以较短的研发周期快速响应市场变化,开发多样的衍生系列产品以满足用户个性化的需求;零部件与模块共享不仅可以减少研发设计与加工制造的工作量,还因扩大了零部件采购量和提高了设备利用率而大大降低物料采购与制造成本;产品平台的零部件由于在不同系列产品中被重复使用,不但确保了共享零部件质量的一致性,还提高了产品质量的可靠性;产品平台化策略使产品在差异性与共同性之间取得平衡,一方面系列化的产品创造了市场效益,另一方面,模块、部件的共享也提高了设计与制造的效率。

可移动建筑产品研发的产品平台化策略是产品平台概念中的"共同部件"与研发过程"共同方法"的结合,是在部件、模块共用基础上,进一步向研发设计与制造方法的共享拓展。可移动建筑产品平台化策略主要包含以下内容:①由同一产品平台衍生的可移动建筑产品具有一致的研发设计方法,它们具有相同或相似的研发活动、研发流程与产品系统结构;②产品部件、组件具有模块化构造,产品模块组合形成产品功能单元,模块具有特定的功能;③在产品系统结构层面考虑功能的系列化,使产品功能与性能可根据需要进行调整,并形成可在一定范围内浮动的柔性产品尺寸;④可移动建筑产品的零部件采用相同的制造加工工艺,最大化地共用制造系统。

二、模块化构造

通过产品研发设计形成可移动建筑产品的模块化构造是实施可移动建筑产品平台化策略的重要内容。模块化构造的特点主要有:产品主要由一系列具有标准化、通用性、互换性特征的产品模块组合而成;每个模块分别承担特定功能;模块具有独立性,可分别进行设计与制造,当改变单一模块时,其他模块功能不受影响;模块间相互关系明确,具有明确的界面和通用的接口;模块具有灵活可变性,通过对模块进行替换或修改可生成不同的产品功能;模块由低到高可分为部件级和功能级两个层级,低层级模块嵌套于高层级模块之中。

模块化构造主要可分为三种类型:悬挂式模块构造、负载式模块构造与拼接式模块构造(图4-20)。悬挂式模块构造是以某一模块为基本构造母体,通过在其上连接其他功能模块来实现产品功能。不同功能附属模块与母体模块间具有各不相同的接口界面,不同模块间不能互换,而母体模块则会出现在所有衍生系列产品中。负载式模块构造是指在一个产品部件上连接所有具有相同接口的不同模块,模块间可以互换。拼接式模块构造是指不存在一个所有模块都可以与之连接的部件,模块间通过相同的界面互为组合连接。可移动建筑产品的模块构造属于悬挂式构造形式,它是以产品结构模块为母体,通过组合连接附属结构功能模块、墙体功能模块、地面功能模块、屋面功能模块、太阳能功能模块等不同功能模块以形成整体产品。

图4-20　产品模块化构造类型
图片来源:作者绘制
参:(美)卡尔·T. 犹里齐,斯蒂芬·D. 埃平格. 产品设计与开发[M]. 杨德林,译. 第4版.
大连:东北财经大学出版社,2009:146

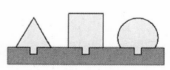

悬挂式模块构造　　　　负载式模块构造　　　　拼接式模块构造

可移动建筑产品研发所运用的模块化构造设计方法,侧重于对产品功能的分解,其首先从系统层面将产品分解为不同的功能体,然后通过对产品模块进行设计、选择与组合,以完成对产品功能体的集成构建,并最终形成产品整体系统。

三、建立产品系统分解结构

产品系统分解结构是指产品系统内部相互作用与联系的不同产品功能要素间的配置方式,它是实现产品整体功能的关键,决定了产品系统要素在系统中的位置与作用。建立可移动建筑产品的系统分解结构,能够使产品功能分解到相对独立的功能子系统之中,使研发设计对象由产品整体转化为具体的产品功能体与模块。

1. 建立可移动建筑产品系统分解结构的步骤

建立可移动建筑产品系统分解结构实际上是一个对产品功能进行系统分解的过程,其主要由以下步骤组成:①产品概念分解。对概念方案设计成果进行分析,基于概念方案设计图纸和虚拟产品概念模型,对已经形成的产品实体概念在物理层面上分解为若干相对具体的元素,分解的层级深度可以限定在诸如结构框架、墙体、吊顶、地面、屋面、门窗一级。②确立产品功能体。对形成的产品概念分解要素,根据其功能属性进行选择归类,并入不同的产品功能体中,完成从产品物理层面到功能层面的映射。③确立产品模块。对产品功能体中的分解要素进行再次合并或分解,形成具有独立功能的功能级模块与部件级模块,并完成产品系统分解结构图。

2. 可移动建筑产品系统分解结构

可移动建筑产品系统分解结构主要由三个结构层级构成,第一层级由具有不同功能属性的产品功能体组成,第二层级为构成功能体的若干功能级产品模块,第三层级则是由更低层级的部件级模块乃至最基本的零件构成(图4-21)。可移动建筑产品系统分解结构的第一层级包括四部分功能体,其分别为结构功能体、围护功能体、内装功能体与设备功能体。

可移动建筑产品的结构功能体由主体结构功能模块和附属结构功能模块两方面构成。主体结构功能模块是产品平台模块,它具有标准化的框架零部件与柔性尺寸,其他功能模块均直接或间接与其发生连接。围护功能体主要可分为墙体功能模块、地面功能模块与屋面功能模块,它们又可继续分解为门窗、墙板、屋面板、地面板等部件级模块。内装功能体包括隔墙功能模块、装饰功能模块、家具功能模块等。设备功能体包括水电功能模块、空调功能模块、太阳能功能模块、卫浴功能模块、厨房功能模块等设备模块。

可移动建筑产品中的各类模块可分成两大类别:标准模块与专用模块。标准模块是可移动建筑产品平台中的基本共用部分,它拥有已较为成熟的设计方法与制造技术,只需对尺寸参数进行相应调整便可应用于不同的可移动建筑产品系列。标准模块主要为结构功能体中的主体结构功能模块。专用模块是指根据不同用户需求,针对不同产品系列进行专门设计以实现特定功能的可移动建筑产品模块。专用模块主要为围护功能体、内装功能体与设备功能体中所包含的各类模块。它们当中一些模块需要具有特定的复杂技术性能,如卫浴功能模块、太阳能功能模块等,其一般需要与设备制造企业或供应商进行合作协同研发。

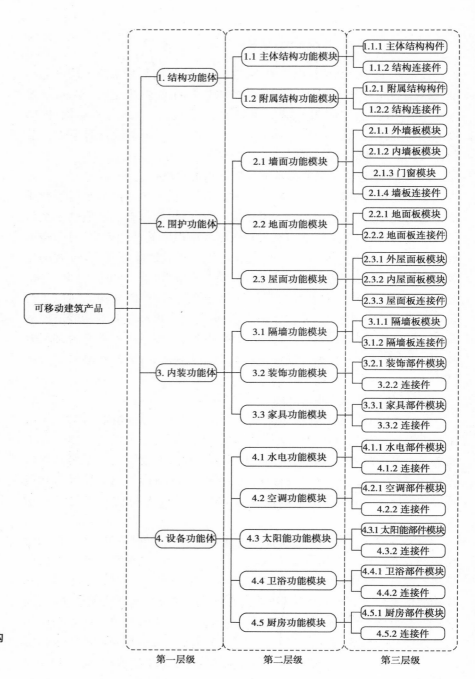

	第一层级	第二层级	第三层级

图 4-21 可移动建筑产品系统分解结构

图片来源：作者绘制

四、产品功能体设计

可移动建筑产品概念方案所提出的各项产品特征与性能要求，需要通过后续的产品系统层面设计活动来完成。产品功能体是构成可移动建筑产品的功能子系统，它通过产品模块的集成来承担某一主要产品功能。产品功能体设计主要运用产品平台化策略，通过产品系统分解的逆向过程，使产品概念转变为清晰的产品实体。

可移动建筑产品功能体设计的主要内容有：①确定功能体空间关系。依据功能属性明确各功能体间的基本空间几何关系，制定产品整体与各功能体的初步几何尺寸。②功能体内部模块划分。对功能体内部模块的划分进行优化，从产品模块的功能独立、界面清晰、实体形态完整、供应商所提供模块的成熟度等方面着手，再次集成或分解各级产品模块。对功能体内部各级模块间的空间关系进行设计,确定其几何空间定位。③制定产品系列化方案。通过对产品功能体与模块进行改变调整、替换与组合,制定基于平台化策略的产品系列化方案。

五、产品模块设计

产品模块是构成可移动建筑产品系统的基本要素,产品模块设计是在完成产品功能体设计基础上,采用产品模块化构造对已明确的产品系统基本要素进行构筑,对产品模块的几何形式、材料选择、构造做法、连接界面等方面展开设计。

可移动建筑产品模块设计的主要内容有:①产品模块自制与外购分析。明确哪些模块需要进行自主设计研发,哪些模块需要由外部供应商提供。②确定产品模块空间关系。对功能级模块与部件级模块的外部几何尺寸以及各级模块间的空间关系进行设计,确定其几何空间定位。③产品模块构造与界面设计。选择构成模块的材料、零部件及明确其相互间连接构造做法,确定产品模块连接界面的形式与构造。对于有特殊功能要求的产品模块,如太阳能功能模块、家具功能模块等,需要选定模块的具体供应商企业,并与之展开协同设计工作。

六、初步制造设计

在产品系统层面设计阶段需要对可移动建筑产品生产的后期工厂制造与工厂装配环节展开初步设计,其主要任务是初步考虑产品如何制造、如何装配以及产品预期成本等相关问题,对可移动建筑产品的工厂制造与装配过程进行初步规划与模拟。

初步制造设计的主要内容包括:①零部件初步设计。初步确定所选用标准零部件的规格与种类,明确非标准零部件构成材料并绘制初步制造加工图。②预估产品成本。在制定产品初步物料清单的基础上,预估产品建造成本。

在初步制造设计阶段预估产品成本相当于传统建筑工程中的编制设计概算。在完成可移动建筑产品初步制造设计的主要工作后,可根据已相对明确的构成产品的材料、零部件以及建造所需的人工、机械设备等要素,对可移动建筑产品的建造成本进行初步预估。通过对产品成本预估可以发现系统层面设计中出现的产品成本问题,对于过高的产品成本可以通过修改相应层级的设计方案,从材料、设备的选择及产品模块组合方式的改进等方面入手对产品成本加以控制。预估产品成本还为下一建造设计阶段指出了成本控制的重点方向。

七、初步装配设计

初步装配设计的主要内容包括:①初步装配工序设计。进行基于模块层面的产品初步装配工序设计,通过建立产品信息模型,对由模块到产品整体的装配步骤进行动态化模拟。②初步装配单元设计。根据产品系统分解结构、产品功能体设计以及工厂装配工序,对由产品模块所组成的装配单元进行初步设计。③初步装配连接设计。对产品模块间及产品装配单元间的相互连接方式与连接构件进行初步设计。

在系统层面设计阶段结束后,需要在建立产品系统分解结构、产品功能体设计、产品模块设计、初步制造设计以及初步装配设计活动的基础上更新产品任务书与研发过程管理计划,完成建造设计任务书。

第五节　建造设计

建造设计阶段的主要任务是以系统层面设计阶段生成的产品性能要求为目标,将系统设计阶段成果转化为可具体指导实施制造、装配及现场建造的技术图纸。传统建筑工程项目建设中,在勘察设计单位完成建筑施工图设计之后,便进入了建造施工阶段,设计单位并不对施工过程进行设计、组织与管理。而可移动建筑产品研发面向产品生产全过程,其区别于传统建筑设计活动的核心方面在于对产品建造过程的关注,强调产品的最终可实施性与建造完成度,在进行产品设计的同时并行展开"建造设计",重点解决建筑产品"如何建造"的问题。可移动建筑产品建造设计中"建造"一词的含义有着宽泛的外延,它不仅包括一般意义的现场施工建造,还包含产品的工厂制造装配以及相关的组织管理活动。在建造设计阶段不但要完成用于最终工厂制造装配与现场建造的零部件技术图纸,还要对产品工厂制造、运输、现场建造的最终详细工序、工法进行设计,制定产品建造阶段的过程管理计划,综合控制与协调人力、时间、物料、资金等多方面因素,并根据相关建造设计成果对产品研发过程管理计划做出及时的动态修改调整。

一、面向建造的设计

在本书第二章的论述中,提出了可移动建筑产品研发应实现向制造业方向的转变,将传统建筑设计转变为建筑产品研发,采用面向下游建造阶段的并行设计方法。在这一转变中,面向建造的可移动建筑产品设计是本书所要阐述的重要核心理念,也是对本书"由建造到设计"的点题。从建筑师的角度来分析,在传统建筑工程项目建设中,设计阶段与建设施工阶段的核心技术人员分别为建筑设计师与建造工程师。在建筑设计阶段,建筑师关注的是如何实现建筑产品的功能、外观形式以及保证其安全性,而具体的建造施工过程,即建筑是"如何实现建造的"并不在建筑师的核心工作范围内。当进入建造施工阶段以后,由建造工程师对建造施工的方法与过程进行设计、组织与管理,同样建筑产品的形式美观与功能合理性等问题也不属于他们的工作内容。由此可见,传统建筑工程建设模式存在着一个重要弊端,那就是建筑设计与建造的割裂。在专业分工背景下,建筑师们在设计阶段难以考虑到来自建造方面的制约要求,无法掌控建筑产品的最终完成质量与建造成本等关键问题,更不能够确保建筑产品可以完全达到设计预期目标。"我设计,你建造"是对传统建筑工程建设模式的形象描述。在此背景下,面向建造的设计为传统建筑设计提供了一种新的方法参照。

面向建造的设计是指在建筑产品研发设计阶段便针对下游的制造、建造等产品性能影响因素展开并行设计研究。面向建造的设计方法的基础是并行工程关键技术中"面向 X 的设计"(Design for X, DFX),其中"X"对应于产品的性能要求,如可制造性、可装配性、可维护性、可靠性、安全性等方面。在可移动建筑产品研发过程中,面向建造的设计方法贯穿应用于产品研发设计全过程,尤其在系统层面设计与建造设计阶段有着对其更具体、直接的运用。在这两个阶段,面向建造的设计充分考虑产品工厂制造、装配与现场建造对产品设计所产生的约束影响,通过集成产品研发团队中的建筑师与结构工程师、设备工程师、产品制造工程师、装配工程师、材料工程师等协同工作,使可移动建筑产品设计具有良好的可制造性、可装配性与可建造性,避免在产品研发后期出现制造装配与建造方面的质量问题及设计修改反复,以降低制造、装配及建造成本,提高产品生产效率。可移动建筑产品研发面向建造的设计方法主要由面向工厂制造的设计、面向工厂装配的设计及面向现场建造的设计三方面构成,其具体指导详细制造设计、详细装配设计与现场建造设计活动的实施(图 4-22)。下文通过对面向建造的设计方法进行阐述,以明确建造设计阶段的设计方法与任务内容。

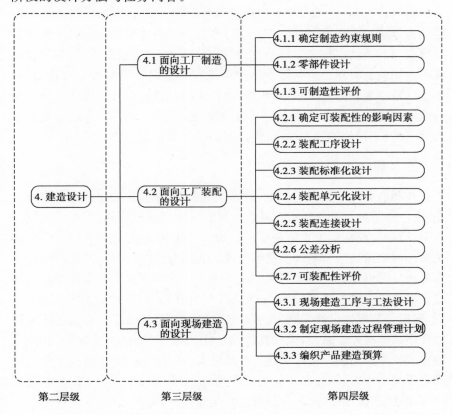

图 4-22　建造设计阶段的过程分解结构图
图片来源:作者绘制

二、面向工厂制造的设计

对于传统建筑产品而言,建筑是由砖、石、混凝土、钢筋及门、窗等建筑材料与建筑部品共同构成的,在建筑领域中较少用到"零部件"一词,其更常见于机械制造业中。然而向制造业方向转变的可移动建筑产品却与"零部件"有着紧密的联系,这是因为零部件是构成可移动建筑产品的基本元素。在可移动建筑产品研发中,对产品零部件进行设计是实现产品制造装配与最终建造的基础性工作,多数情况下产品零部件设计都会对产品的可制造性产生约束与限定。因此本书所提出的面向工厂制造的设计是指在了解产品材料特性及其制造加工工艺基础上,对产品零部件的可制造性展开研究,使产品设计适应与符合工厂制造系统的要求。面向工厂制造的设计使产品零部件设计与制造工艺设计并行展开,一方面可以根据制造工艺对产品设计做出调整优化,另一方面也可依据产品设计提前做出制造工艺安排,避免后续制造过程可能出现的错误与设计返工。面向工厂制造的设计内容主要包括以下方面。

1. 确定制造约束规则

首先在系统层面设计基础上,选择实施建造所需的制造资源,并对选用材料的相关属性进行研判,包括材料的物理、化学性能以及对制造工艺的限制等。然后针对所选用的产品材料,进行制造资源准备,确定零部件制造加工工艺,明确相应的制造约束规则。

2. 零部件设计

在系统层面设计阶段已明确的产品模块构造基础上,在制造工艺制约条件下,对零部件进行设计,编制零部件制造加工图纸文件。

3. 可制造性评价

根据现有制造资源,对可移动建筑产品零部件设计满足制造约束规则的程度进行分析,从制造工艺入手对零部件设计进行缺陷检查,将各设计要素与制造约束规则进行对比,发现设计中不适应制造要求、不易制造或不能制造的问题。进行可制造性评价需要建筑师与制造工程师、材料工程师紧密配合协同工作,从制造、材料工程师处获得对零部件设计可制造性的评价。最后对于不满足制造约束规则的设计问题,通过与制造工程师、材料工程师的协商沟通,做出相应的修改。

三、面向工厂装配的设计

在制造业产品生产过程中,许多重要的产品性能,如可靠性、使用寿命、安全性等最终都是通过产品装配过程来实现和保证的,而产品装配的效率、质量与成本则主要取决于产品设计。可移动建筑产品的工厂装配是将部件级模块与功能级模块组装成更大尺度的装配单元以实现产品功能与质量的过程。可移动建筑产品面向工厂装配的设计是指在产品设计过程中运用多种方法与手段对产品装配过程及其相关影响因素进行分析,根据可装配性设计规则,在满足产品性能要求下由建筑师与装配工程师合作共同展开产品设计,提高产品装配的效率与质量,降低装配成本,缩短产品生产周期。可移动建筑产品面向工厂装配的设计内容主要包括确定可装配性的影响因素、装配工序设计、装配标准化设计、装配单元化设计、装配连接设计、公差分析及可装配性评价。

1. 确定可装配性的影响因素

产品的可装配性是指由产品设计所确定的产品材料、结构、构造、装配工序等要素,在产品装配过程及后续维修和拆卸过程中对装配成本、装配质量和装配效率的影响。对可移动建筑产品可装配性产生影响的因素不仅可以从产品系统结构、零部件设计层面进行分析,还可从产品装配过程的工序设计等方面进行考察。具体的影响因素主要包括以下方面:①产品的系统结构。产品系统结构的构成方式,如模块化方式或集成化方式等是影响产品装配性的最重要因素。②零部件的数量。产品零部件数量的多少直接关系到产品装配过程的复杂程度。零部件越多,所需要的装配工序也越多,产生的装配成本越高,出现装配质量问题的几率也越大。③零部件的材料与构造特性。零部件自身材料的物理、化学属性,以及尺寸、重量、变形性、对称性等因素都对产品装配操作产生影响。④装配空间关系。不同零件、模块间的空间关系与配合间隙等对装配操作的具体工序及难易程度有着直接关系。⑤连接方式。在产品装配过程中最核心的操作环节就是连接。不同的连接方式对应相应的产品材料、结构形式及成本要求，并需要配以相应的装配工装或工具。⑥产品精度要求。产品精度直接影响了装配过程中安装定位的准确度以及装配难度。⑦装配工序与工法。正确的装配工序与工法对提高产品装配效率和装配质量有着重要作用，它可以具体指导装配人员以合理的顺序与方法高效展开工作，并避免由于错误的装配操作所导致的反复调整。

2. 装配工序设计

产品的装配过程主要体现为一组具体的装配工序。以制造业中的机械产品装配为例，典型的基本装配工序主要包括以下动作：识别零部件、拾起零部件、把零部件移动到操作区域、把零部件调整放置到正确的装配位置、固定零部件以及最后的检查。可移动建筑产品装配工序设计需要充分考虑产品装配、维修、拆卸过程的便捷与高效，对一系列的装配步骤进行合理化安排，制定时间最短、效率最高、错误率最低的装配工序。

可移动建筑产品装配工序设计应遵循以下原则：①由小到大、由简单到复杂、由低层级到高层级依次装配。先装配由产品零部件构成的体量尺度较小、构造相对简单的产品功能模块，然后再装配由产品模块构成的构造复杂、尺度较大的产品装配单元。②根据可移动建筑产品功能体、模块的构造组合层次，按照由内至外、先主体后附属的顺序进行装配。先装配可移动建筑产品的主体结构，再装配围护体；先装配墙面、屋面、门窗等主体功能模块，再装配水、电等附属设备模块。③对于相互独立，不存在互相从属关系的模块与装配单元，最大化地展开并行同步装配，尽可能缩短总体装配时间。④充分考虑产品装配工序各步骤间的相互制约关系，避免因装配工序错误而导致在下一步装配操作中发生零部件干涉、装配动作受阻、装配视线遮挡、缺乏装配间隙等问题。⑤对装配工序中的装配精度要求高且手工操作难度大的装配步骤，需要对其并行展开辅助工装设计，以提高装配效率。⑥在进行装配工序设计的同时，也要兼顾产品拆卸的步骤与方法，避免在维修和拆卸再利用时对产品造成损坏。

3. 装配标准化设计

可移动建筑产品装配标准化设计的对象主要是产品零部件。通过对零部件进行标准化设计可以减少产品设计、采购、制造的成本，提高产品零部件的性能可靠性，降低产品装配过程的复杂程度，提高装配质量。

可移动建筑产品装配标准化设计的主要原则与方法有：①可移动建筑产品的零部件可被分为外购件与自制件两大类。在产品设计中应尽可能多地采用符合国际、国家或行业标准的外购零部件。②通过将相临、相似、对称的零部件合并等方法，使单个自制零部件尽量承担多种功能，并形成统一的尺寸规格，实现在系列产品内的通用化和互换性，以利于批量化生产制造和减少自制零部件数量（图4-23）。③简化自制零部件的几何外形与构造，以降低制造加工难度及便于手工或机械装配操作。

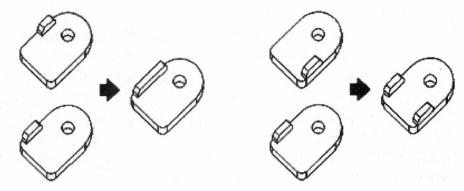

图 4-23 相似、对称的零件合并为一个零件

图片来源：作者绘制

参：钟元. 面向制造和装配的产品设计指南[M].北京：机械工业出版社，2011：32-33

4. 装配单元化设计

可移动建筑产品装配单元化设计是指为了实现产品现场建造过程的快速、高效与高质量，根据产品系统分解结构和现场拼装建造要求，将产品模块按其功能组合设计为在现场建造中可独立拼装的装配单元。装配单元可以是独立的产品模块，也可由若干模块组合构成（图 4-24）。

图 4-24 由两个箱体装配单元组成的可移动铝合金建筑产品局部

图片来源：作者拍摄

装配单元化设计的主要作用包括：有利于实施可移动建筑产品平台化策略，根据不同用户需求，对装配单元进行选择、替换与改进，从而提高产品的系列化与通用化程度；不同装配单元的装配工作可并行展开，并最终缩短现场建造阶段的建造时间与装配工作量；相对独立的产品装配单元可进行单独的质量性能检测，有助于提高产品整体性能；最终形成较少数量的装配单元，以利于简化其在建造总装中的相互组合关系。

进行装配单元化设计还应注意以下设计原则：①产品装配单元应具有明确的功能属性，且不易承载过多不同的功能；②尽量根据结构、建筑、水、电、太阳能等不同技术专业划分装配单元，使各专业并行开展工作，有益于相互间的协同；③各产品装配单元间的连接界面尽可能标准化，为形成高效的连接方式创造条件；④有特殊装配要求的外购产品模块应被列为独立的装配单元。

5. 装配连接设计

装配连接是在可移动建筑产品工厂装配阶段,将零部件装配为模块以及将模块组合为装配单元过程中的关键操纵环节。装配连接设计主要是针对产品模块及产品装配单元相互间的连接方式与方法展开研究,并对连接构件进行设计。

传统建筑主体材料如砖、石、混凝土等,它们的建造连接方式主要为不可拆卸的整体式永久性连接。而可移动建筑产品主要采用了可拆卸的非永久性机械连接方式。当产品局部损坏时,可将损坏的零部件与模块拆卸后进行维修或替换。当需要将可移动建筑产品移动到新的地点重新建造时,可将产品模块和装配单元先分解拆卸,之后再重新组装。可移动建筑产品的机械连接方式与连接件构造需要在满足连接可靠性与装配操作便捷高效性前提下,根据模块与装配单元的功能、材料特性及外部特征等因素进行选择与设计。可移动建筑产品的装配连接件主要有钣金件、压铸件和塑胶件三种类型。为满足操作简便、可靠性高、可反复拆卸的要求,可移动建筑产品装配主要采用卡扣、螺栓、拉卯及自攻螺钉等连接方式。在以上连接方式中,卡扣连接需要针对具体的装配模块与材料进行专门设计(图4-25)。

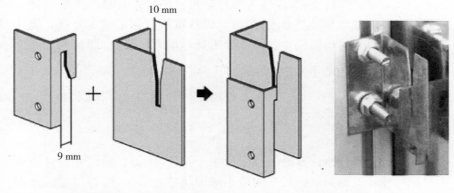

图4-25 可移动铝合金建筑产品卡扣连接件

图片来源:东南大学可移动铝合金建筑产品研发团队

在装配连接操作中应根据需要采用相应的工装与工具。对于工具的使用,应尽量减少工具种类,使用能兼顾不同规格型号零部件的多功能多用途的电动、自动化工具,以提高装配效率与质量。

6. 公差分析

公差是指产品零部件、模块等最终制造尺寸所允许的偏差值,它是制造业机械类产品设计中最常提及的概念。在可移动建筑产品生产中,产品零部件由于受到制造工艺、材料形变等各种因素制约,最终实际制造尺寸不可能与设计尺寸完全一致,而形成公差。公差对于产品设计而言有着正反两方面的意义。一方面,产品公差越小,要求越严格,越能更好地实现设计意图,然而却增加了制造加工的难度与成本;另一方面,放松对公差的要求虽然降低了产品精度,但是却可以减少制造与装配成本以及产品的不良率。

因此,在可移动建筑产品设计中需要找到公差正反两方面作用的平衡点,公差分析方法是解决这一问题的主要手段。公差分析是指在满足产品功能、外观与可装配性等因素前提下,合理定义与分配产品公差,以优化产品设计,取得产品低成本与高质量间的平衡[11]。可移动建筑产品公差分析方法主要包括以下内容:

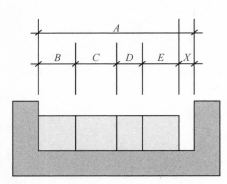

图 4-26　尺寸链

图片来源：作者绘制

参：钟元. 面向制造和装配的产品设计指南[M].北京：机械工业出版社，2011：200

（1）定义公差

可移动建筑产品零部件公差的设定，源自对相关制造工艺所能达到的尺寸精度以及材料自身特性的判定。一旦确定了产品零部件的材料与制造工艺，其公差也就被限定在一定范围内。在进行公差分析时，定义公差首先需要得到制造工程师与材料工程师的确认。

（2）定义公差分析目标尺寸

公差分析的目标尺寸主要是指可移动建筑产品外观上与零部件之间的装配间隙，它是进行公差分析的判断依据。如图 4-26 所示，公差分析目标尺寸为两个零件间的间隙 X，此处公差分析的判断依据应为 $X>0$，即当经公差分析计算出间隙尺寸 $X<0$ 时，说明此零部件设计不合理。

（3）定义尺寸链

尺寸链是根据产品零部件装配关系所形成的连续排列且相互联系的封闭尺寸组。尺寸链的重要特征是每个尺寸均与目标尺寸发生关联，每个零件的公差均会影响目标尺寸公差。如图 4-26 所示，目标尺寸设计值 $X=A-(B+C+D+E)$。

（4）公差分析计算

公差分析计算主要采用统计分析方法，它是通过对产品零部件实际制造的尺寸情况进行模拟，以实现对目标尺寸的公差计算。运用统计分析方法可以放宽产品公差要求，使产品设计难度与制造成本降低。统计分析方法中典型的目标尺寸公差计算工具是均方根公式，即目标尺寸公差等于尺寸链上各尺寸公差平方和的开方。公式为 $T_{asm}=\sqrt{\sum T_i^2}$，$T_{asm}$ 为所求目标尺寸公差，T_i 尺寸链上各尺寸的公差，目标尺寸公差 $T_X=\sqrt{T_A^2+T_B^2+T_C^2+T_D^2+T_E^2}$ 。

（5）判断与优化

在通过公差分析计算得出目标尺寸公差后，可将目标尺寸设计值减去目标尺寸公差得到目标尺寸的最小值即间隙最小尺寸，并以此值来判断公差分配是否满足设计要求。如目标尺寸的最小值>0，便满足判断依据间隙>0 的要求，说明公差分配合理。如目标尺寸的最小值<0，则说明公差设置出现问题，可能会发生零件装配干涉，需要对产品设计进行修改。

7. 可装配性评价

可装配性评价是指根据产品可装配性的影响因素，从装配工序设计、装配标准化设计、装配单元化设计、装配连接设计及公差分析五个方面，对可移动建筑产品装配设计成果满足可装配性要求的程度进行分析与检查，将设计成果与相应的设计原则要求进行比对，发现设计中不符合装配要求的错误，以做出相应的修改。进行可装配性评价需要建筑师与装配、制造及材料工程师以协同方式共同开展工作，确保对装配设计成果进行全面评价并发现其中的问题。

具体的评价与检查内容包括：①产品装配工序是否符合装配顺序原则；工序是否最大化地并行展开；工序间是否存在相互制约关系；是否已考虑拆卸工序。②是否大部分采用了外购标准零部件；自制零部件是否具有标准规格及多种功能；自制零部件的构造是否简化。③产品装配单元是否具有明确的功能属性；是否按技术专业对装配单元进行划分；产品装配单元间的连接界面是否标准化;有特殊装配要求的模块是否被设为独立装配单元。④装配连接件的安装是否高效,是否可拆卸,可靠性与否,是否有相应的工装设计。⑤产品公差分配是否合理,是否留有适当的装配空间间隙,以避免发生零部件干涉。

四、面向现场建造的设计

可移动建筑产品所具有的可移动性、临时性、可持续性、可适应性、轻量化以及制造装配工厂化的特性,决定了其不同于传统固定建筑产品的生产建造过程。可移动建筑产品的建造过程主要由工厂制造、工厂装配与现场建造三部分组成,现场建造是实现产品实体的最后阶段。从制造装配工厂化的产品特性角度分析,可移动建筑产品的现场建造过程也可以认为是产品的总装过程,即对工厂完成的产品模块、装配单元进行现场总体拼装的过程,因此面向现场建造的设计同样也可理解为面向产品现场总装的设计。建造设计阶段面向现场建造的设计内容主要包括:通过建立产品信息模型,对可移动建筑产品现场建造过程进行模拟,发现具体建造过程中的冲突与干涉问题,并据此对现场建造工序与工法展开详细设计,尽可能实现现场建造工序的并行;绘制建造现场总平面图,明确建造场地、周边道路、已有建筑物、构筑物,以及机械设备、物料堆场等的位置、标高、尺寸、坐标等信息;制定建造现场供电、物料堆放、临时设施配置等措施方案;制定现场建造阶段物力资源需求清单,明确现场建造所需的机械设备、物料的种类与数量等;制定现场建造团队成员角色管理表,明确不同成员的权责以及在现场建造中所需完成的具体任务;在物力资源需求清单基础上明确材料、零部件、设备的购置与加工费用、人工费、工具机械费等其他相关费用,以最终制定出项目成本预算。

建造设计阶段的最终输出成果主要为用于指导工厂制造、装配和现场建造的图纸与图表文件、文字说明以及建筑信息模型等。具体成果包括零部件制造加工图、模块装配工序图、单元装配工序图、工装设计图、现场建造工序工法图、建造现场总平面图、现场建造阶段物力资源需求清单、现场建造团队成员角色管理表、项目成本预算表等。在建造设计阶段完成后,需要根据此阶段的输出成果更新产品任务书与研发过程管理计划,以用于指导下一原型产品建造阶段的具体活动。

第六节 原型产品建造

原型产品建造阶段的活动内容是以建造设计阶段的成果为输入信息,完成可移动建筑原型产品的建造,并据此实现对产品研发成果的验证。通过完成原型产品建造活动,可以积累可移动建筑产品从工厂制造、装配到现场建造全过程的经验,发现产品设计中问题,为产品的改进奠定基础。

一、产品原型化

制造业的产品原型化是指研发与制造目标产品的近似、验证性样本的过程。这里的产品原型是一个广义的概念,它既可以是数字模型也可以是试验制成品。产品原型可以从两个层面进行分类。第一个层面,产品原型可分为实体化原型与数字化原型。实体化原型产品是被实际生产制造出来的近似产品,被用于验证与试验产品的各项性能。数字化原型是指运用计算机虚拟技术建立的产品数字模型,不需制造实体产品便可对产品进行解析验证。与实体化原型相比,数字化原型成本更低,更加灵活与高效。第二个层面,产品原型还可被分为综合化原型与专门化原型。综合化原型是指具有全面功能与产品属性的近似产品版本,用于验证最终产品成果的研发设计缺陷。相反,专门化原型是指只承载产品某个单一属性或功能的产品模块或零部件的试制样品,其主要通过对不同试制样品进行分别检验的方式,来完成产品的整体验证。专门化原型既可是数字化的也可是实体化的,而综合化原型只能是实体化的[12]。

借鉴于制造业的产品原型化概念,对于可移动建筑产品原型而言,其应该是实体化、数字化、综合化与专门化的综合,不同类型的产品原型应各自服务于相应的产品研发阶段。在概念方案设计阶段,主要可应用数字化的产品原型,建立产品数字概念模型,用于概念方案的分析与筛选。在系统层面设计阶段,可建立数字化与专门化产品原型,用于产品功能体与产品模块的设计验证。在建造设计阶段,在根据具体的产品设计图纸制造专门化、实体化产品原型的同时,还需并行建立最终的三维数字信息产品模型,用于模拟产品最终的工厂装配与现场建造过程,以发现过程中的干涉冲突及问题缺陷。在原型产品建造阶段,需要进行的是综合化、实体化原型的建造,通过实际的产品制造、装配及建造过程,以对研发产品进行最后实体验证,发现实际制造、装配、建造过程中不可预见的问题以及验证测试最终建成的可移动建筑产品实体的各项性能。从以上论述可见,产品数字化原型贯穿应用于产品研发过程的始终,在不同研发阶段应建立相应表达深度与用途的三维数字模型。而可移动建筑产品的综合化实体原型则需要在原型产品建造阶段通过工厂制造、装配、现场建造一系列过程加以完成。

二、工厂制造与工厂装配

工厂制造与工厂装配是可移动建筑产品生产向制造业方向转变的重要特征。在工厂制造与装配活动中,建筑材料被精确加工制造为具有一定形状、精度与质量的产品零部件,之后零部件被进一步装配成为各种产品功能模块,部分模块最终在工厂中又被组装为更大尺度的产品装配单元(图4-27)。

在可移动建筑产品原型装配过程中,首先可对产品材料、零部件与模块按自制件与外购件、标准件与非标准件等标准分类,并根据不同制造装配工艺过程进行存放,然后经过输送、定位、连接、调整、检验等一系列工序完成工厂装配成品[13]。装配工作应遵循的主要原则有:以合理的工序与节拍进行装配,使装配过程便于控制;按照所规定的工法采用合理的工具进行装配,以提高装配效率并降低劳动强度;保证装配精度,制定严格的装配标准。

图 4-27　可移动铝合金建筑产品工厂装配
图片来源:东南大学可移动铝合金建筑产品研发团队

三、现场建造

在制造业产品生产中,生产活动一般都在工厂中完成,而传统固定建筑产品的建造施工活动则主要在建造地点现场进行,这也是固定建筑产品与制造业产品在生产过程上的重要区别。对于可移动建筑产品生产而言,其在制造业生产模式基础上结合建筑产品的生产特点,在制造业产品工厂生产阶段之外又增加了现场建造阶段。现场建造阶段是将工厂装配阶段所预制形成的产品模块、产品装配单元等,运输到建造现场,通过一系列总装工序快速高效地建造完成可移动建筑产品实体的过程(图 4-28)。

现场建造阶段的主要任务是对建造设计阶段完成的现场建造设计成果进行执行落实,采用吊装与现场拼装的方式,完成产品各装配单元、模块间的机械连接,形成最终完整的可移动建筑产品实体。可移动建筑产品现场建造以干作业、机械化施工为主,其主要操作工序简便快捷,在运用较少人工和简单工具设备基础上,能够快速、高质量地完成建造。

图 4-28 可移动铝合金建筑产品现场建造

图片来源：东南大学可移动铝合金建筑产品研发团队

第七节 产品测试

产品测试阶段的主要任务是对可移动建筑原型产品进行产品内部性能测试与用户测试，以发现已建造完成的可移动建筑产品的缺陷，明确下一步产品完善改进的方向，积累研发设计的经验。

一、内部性能测试

可移动建筑产品的内部性能测试是在研发团队内部对原型产品的各项建筑性能进行检测与评价，具体包括围护功能体的热工性能、室内热环境、室内光环境、室内通风、太阳能利用、水资源循环利用、建筑产品防水等多方面产品性能。可移动建筑产品内部性能测试首先需根据具体的检测内容制定相应的测试计划，然后采用定量与定性相结合的测试方法，运用相关检测设备与仪器，在一定的时间周期内针对不同的外部环境条件与内部使用工况展开定期定时的检测与监测。譬如在一年的时间周期中，针对一天中的不同时间点，一年中的不同季节，大雨、暴雪、台风、冰冻、高温炎热等极端外部条件，展开长期测试。内部性能测试往往与用户测试相结合，以便于及时得到用户反馈信息。在通过内部性能测试得到翔实的检测数据与结果后，通过对测试结果进行分析研究最终得以发现产品具体的缺陷问题。

二、用户测试

任何产品研发只有在最终产品经过用户使用并得到用户的认可后，

才能认为获得了真正的成功。对可移动建筑产品进行最终测试,不仅需要在研发团队内部进行建筑产品的各项性能测试,更重要的还需进行用户测试。用户测试是将可移动建筑原型产品提供给不同的潜在用户,让用户在一个较长的时间段内使用该产品或居住在其中,以使用户可以通过亲身的长期体验来了解与发现产品性能的优势与缺陷。这些优缺点往往是在内部测试与短期测试中不易发现或难以深刻体会的,譬如可移动建筑产品的体感舒适度、人机工程问题、产品的各类功能设备在长期使用中出现的问题等等。用户测试最后需要通过收集用户们的反馈信息,形成最终用户测试报告。

本章小结

本章首先对产品工作分解结构的相关概念进行了概述,在总结与借鉴建筑工程建设与制造业产品研发的过程分解结构基础上,建立起可移动建筑产品研发过程分解结构;然后在明确研发阶段划分与研发活动范围基础上,对产品定义与规划、概念方案设计、系统层面设计、建造设计、原型产品建造以及产品测试阶段的研发活动内容与相关研发设计方法展开研究,提出了基于质量功能展开的可移动建筑产品任务书的制定方法、概念方案设计方法、产品平台化策略与模块化构造设计方法以及面向建造的设计方法等。

注释

[1] [美]项目管理协会. 项目管理知识体系指南(PMBOK 指南)[M]. 许江林,译. 第 5 版. 北京:电子工业出版社,2013:3
[2] 冯俊文,高鹏,王华亭. 项目现代管理学[M]. 北京:经济管理出版社,2009:6
[3] [美]项目管理协会. 项目管理知识体系指南(PMBOK 指南)[M]. 许江林,译. 第 5 版. 北京:电子工业出版社,2013:132
[4] 胡越. 建筑设计流程的转变——建筑方案设计方法变革的研究[M]. 北京:中国建筑工业出版社,2012:46-60
[5] [美]大卫·G. 乌尔曼. 机械设计过程[M]. 黄靖远,刘莹,译. 第 3 版. 北京:机械工业出版社,2006:64
[6] Pahl G, Beitz W. Engineering Design: A Systematic Approach. 3rd ed. London: Springer-Verlag London Limited,2007:130
[7] [美]卡尔·T. 犹里齐,斯蒂芬·D. 埃平格. 产品设计与开发[M]. 杨德林,译. 第 4 版. 大连:东北财经大学出版社,2009:13
[8] 梁开荣,张琦. 汽车精益集成产品开发[M]. 北京:机械工业出版社,2013:95
[9] [美]大卫·G. 乌尔曼. 机械设计过程[M]. 黄靖远,刘莹,译. 第 3 版. 北京:机械工业出版社,2006:87-88
[10] 秦现生,同淑荣,王润孝,等. 并行工程的理论与方法[M]. 西安:西北工业大学出版社,2008:240
[11] 钟元. 面向制造和装配的产品设计指南[M]. 北京:机械工业出版社,2011:197
[12] [美]卡尔·T. 犹里齐,斯蒂芬·D. 埃平格. 产品设计与开发[M]. 杨德林,译. 第 4 版. 大连:东北财经大学出版社,2009:219-222
[13] 张旭,王爱民,刘检华. 产品设计可装配性技术[M]. 北京:航空工业出版社,2009:1

第五章　基于设计结构矩阵的可移动建筑产品研发流程设计

　　本章对可移动建筑产品研发流程设计方法的研究是在前文已建立的研发过程分解结构及已明确的研发活动内容基础上展开的。建立可移动建筑产品研发流程需要相关技术支持，用于产品研发过程建模的设计结构矩阵为建立可移动建筑产品研发流程提供了重要工具。设计结构矩阵通过数学矩阵形式来反映产品研发过程不同要素间的约束依赖关系及内在联系机制，并据此对研发过程进行优化重组，为建立可移动建筑产品研发流程奠定了基础。

　　基于设计结构矩阵技术进行可移动建筑产品研发流程设计的主要步骤包括：首先，明确产品研发过程所包含的不同层级的产品研发阶段、研发活动及其具体内容。然后，通过对研发活动相互间的制约与依赖关系进行分析，从总体研发过程层面建立设计结构矩阵。接下来，运用划分、割裂等运算方法对研发活动进行重新排序，得到优化后的研发活动间依赖关系，建立合理的研发活动执行顺序。最后，在设计结构矩阵分析结论基础上，将研发活动间的相互依赖关系转化为可移动建筑产品研发流程。

第一节　设计结构矩阵概述

一、设计结构矩阵的定义与发展

　　设计结构矩阵（Design Structure Matrix，DSM）最早由美国的康纳德·斯图尔德（Donald Steward）博士提出[1]，其主要用于建立产品研发过程模型，并以适当的技术策略对研发活动间的相互关系与信息传递方式进行分析、优化与重组，形成合理的研发活动间依赖关系，以用于建立产品研发流程以及产品研发规划与管理。设计结构矩阵是由分别位于行列位置的排列顺序相同的 n 个要素构成的。行列中的要素分别代表研发任务、研发活动，矩阵中非对角线上的单元格代表了所对应行列要素间的相互联系。单元格相对于对角线的位置关系说明了其所对应行列要素间的依赖联系，位于对角线上方的单元格代表了要素间的反向关系，而位于对角线下方的单元格则代表了要素间的正向关系。

　　设计结构矩阵主要有二元型与数值型两种表达形式。二元设计结构矩阵是指以二值的形式在矩阵单元格中加以标示的矩阵形式，标示的符号与数值有"X"".""1""0"等。如图 5-1 二元设计结构矩阵示意图所示，该设计结构矩阵共有 A_1、A_2、A_3、A_4、A_5、A_6 六个行列活动。以矩阵单元格中的元素 A_{ij} 表示所对应两活动间的依赖关系，A_i 代表行活动，A_j 代表列活动，当任意行活动与列活动所对应的单元格中所标示有"1"时，代表此两活动间存在依赖关系，即活动 A_j 向 A_i 方向传递信息。矩阵对角线上的单元格不体现活动间依赖关系，代表活动自身，用色块加以填充。当行活动所对应的单元格中存在"1"，表示该行活动需要从对应列活动输入信息。当列活动所对应的单元格中存在"1"，则表示该列活动需要输出信息到所对应行活动。由此不难看出，位于矩阵对角线下方的活动间依赖关系均为正向关系，即活动所需求信息均来自上游，信息是正向传递，如 A_2 依赖于 A_1，A_5 依赖于 A_4。而位于矩阵对角线上方的矩阵元素则描述了活动间存在反向依赖关系，即上游活动需要下游活动的信息输入，信息是反向传递，存在迭代关系，如 A_1 依赖于 A_3，A_2 依赖于 A_4。当行列活动对应的单元格为空白格时，表示两活动间不存在正向或反向依赖关系[2]。

	A_1	A_2	A_3	A_4	A_5	A_6
A_1			1		1	
A_2	1			1		
A_3					1	
A_4						
A_5	1			1		
A_6			1			

图 5-1　二元设计结构矩阵示意
图片来源：作者绘制

在 20 世纪 90 年代，埃平格与史密斯等人对设计结构矩阵做出了进一步的发展，提出了数值设计结构矩阵（Numeric Design Structure Matrix，NDSM），其是指用具体的数值对设计结构矩阵中行列活动依赖关系的强弱进行定量描述，如图 5-2 所示。与二元设计结构矩阵相比较，数值设计结构矩阵实质上是对二元设计结构矩阵的数字化，其克服了二元设计结构矩阵只能描述依赖关系存在性的弱点，可以更具体地反映活动间的联系强度，能够更详细真实地描述研究对象[3]。根据数值取值范围的不同，数值设计结构矩阵又可进一步分为一般数值设计结构矩阵（General NDSM，GNDSM）与模糊设计结构矩阵（Fuzzy Design Structure Matrix，FDSM）两种类型。一般数值设计结构矩阵中元素的取值没有固定范围，其根据所采用的数学模型而定。而模糊设计结构矩阵的数值取值范围一般为 $[0,1]$（即从 0 到 1 之间的范围），其表示矩阵活动间的依赖程度。模糊设计结构矩阵既能够反映活动间依赖关系的存在性，又可以定量描述依赖关系的强弱程度，其是最适合分析活动间耦合依赖关系的技术工具。

	A_1	A_2	A_3	A_4	A_5	A_6
A_1		0.2		0.4		
A_2	0.8					0.2
A_3				0.9	0.3	
A_4	0.6		0.1			
A_5				0.7		0.5
A_6				0.2		

图 5-2　数值设计结构矩阵示意
图片来源：作者绘制

在此之后，埃平格、亚辛（Yassine）等人又在数值设计结构矩阵基础上研究提出了问题求解矩阵（PSM）与工作传递矩阵（WTM），并将其运用于预测产品研发活动的迭代与偶合问题以及研发过程的设计与管理[4]。进入 21 世纪，亚辛与布朗宁（Browing）等学者又发展出 Multi-DSM 概念，其内容是将一个包含较大范围元素的 DSM 分解为多个低层级的较小的 DSM，或者是将多个较小的 DSM 整合为一个 DSM[5]。

二、设计结构矩阵的分类

根据运用领域与描述对象的不同，设计结构矩阵主要可分为四种类型，分别为：基于组成与结构的设计结构矩阵（Component-based DSM）、基于团队与组织的设计结构矩阵（Team-based DSM）、基于任务的设计结构矩阵（Task-based DSM）以及基于参数的设计结构矩阵（Parameter-based DSM）。其中基于任务的设计结构矩阵是以时间为依据的设计结构矩阵，其用于分析活动的执行顺序及相互间依赖关系。而其余三种类型则是静态的设计结构矩阵，矩阵所研究的对象与时间不发生直接关系。

基于任务的设计结构矩阵以任务、活动作为矩阵行列对象，在确立任务、活动相互间依赖关系及信息传递方式的基础上建立过程模型，以用于分析得出最优化的任务、活动执行顺序，减少不必要的活动迭代；基于组成与结构的设计结构矩阵以产品零部件作为矩阵行列对象，对产品系统结构及子系统、零部件间的构成关系进行研究，对产品零部件间的依赖关系进行描述；基于团队与组织的设计结构矩阵以组织实体作为矩阵的行列对象，通过研究不同组织实体间的相互关系及信息传递方式，以建立组织结构模型，确定研发团队的恰当规模、组织模式与运作机制；基于参数的设计结构矩阵以系统参数为矩阵行列对象，通过对参数间的交互关系进行分析，以建立基于参数交互的系统结构模型。本书主要运用设计结构矩阵对研发活动间的相互关系、活动排序及研发过程的优化展开研究，设计结构矩阵的类型属于基于任务的设计结构矩阵。

三、设计结构矩阵的分析运算方法

设计结构矩阵作为产品研发过程建模工具，其除了具有对象描述功能之外，还具有对研究对象的设计优化功能，通过运用多种分析运算方法，可以减少研发过程的迭代次数与设计反复，将设计结构矩阵转变为下三角形式，完成对研究对象系统的设计优化。目前设计结构矩阵的分析运算方法主要有六种，分别为：划分（Partitioning）、割裂（Tearing）、绑定（Banding）、聚类（Clustering）、仿真（Simulation）、特征值分析（Eigenvalue Analysis）[6]。以下对本书所主要运用的划分算法与割裂算法进行简要阐述。

划分算法是基于任务的 DSM 的主要分析运算方法，主要用于对研发过程模型的优化与重构。对于运用设计结构矩阵所建立的研发过程模型而言，其最理想表现形式为：矩阵各活动间尽量不存在反向信息传递，即矩阵单元格中的依赖关系标示全部位于矩阵对角线下方，形成所谓下三角形式，活动间尽可能为正向信息传递关系，不出现或减少信息反馈，避免活动间的迭代，减少迭代次数以及由于执行顺序错误所带来的研发活动反复。然而，理想状态在实际情况下是很难出现的，因为研发活动间存在大量的依赖耦合关系，矩阵很难呈现为完全的下三角形式。运用划分算法的主要目的就是针对实际情况，通过重新优化安排研发过程中活动、任务的执行顺序，使设计结构矩阵尽可能呈现为下三角形式。对于复杂的研发活动耦合依赖关系，尽量使其沿矩阵对角线组成块状分布，形成耦合迭代的子块状矩阵，使信息迭代只涉及较少的活动，将大范围的耦合迭代控制在局部、小范围内。

割裂算法是在划分算法基础上对研究对象的进一步优化运算。划分算法虽然已将设计结构矩阵尽可能地下三角形化，避免了大范围的迭代反复，但是活动间的耦合关系循环并未消除，还存在不必要的迭代关系。割裂算法就是以经过划分运算后的设计结构矩阵中的耦合活动集为对象，通过分析活动间的依赖关系，寻找具有最小依赖关系的活动，解除其间的耦合依赖关系并重新排序，形成优化后的执行顺序。割裂算法通过解耦操作打破封闭的迭代循环，减少了信息反馈量，降低了研发活动间耦合关系的复杂程度。

第二节　基于设计结构矩阵的并行产品研发过程优化

进行可移动建筑产品研发过程设计的主要目的之一就是运用并行工程的方法、技术对研发过程进行建模与过程优化,发现研发活动间的依赖关系,建立产品研发流程,并据此完整、清晰地反映与预见研发过程中的潜在问题,为研发过程管理的实施执行奠定基础。并行的产品研发过程要求研发人员在研发初期就关注研发过程的各个阶段,与下游展开并行工作,就各种研发设计问题及时进行信息交流与反馈,减少设计返工与错误的出现。这样一来,相较串行研发模式,并行产品研发过程中研发活动间的制约依赖关系必然大量增加,研发过程的复杂程度也将大幅提高,因此需要运用与之相适应的研究方法与技术。本章运用了设计结构矩阵技术对可移动建筑产品研发过程进行建模,并在二元设计结构矩阵模型基础上对研发过程进行分析与优化运算,形成合理的并行化研发活动执行顺序与依赖关系,减少不必要的设计反复与过程迭代,最终为建立可移动建筑产品研发流程提供依据。

一、产品研发活动间的依赖关系分析

产品研发过程是由众多存在相互联系与相互作用的活动集合而成的。要以并行工程理论对产品研发过程展开设计研究,就应对研发活动间的依赖关系进行深入分析。研发活动根据其相互间的信息交互与依赖程度,可分为串行关系、并行关系与耦合关系三大类(图5-3)。

串行关系是指某一活动需要依赖输入另一活动的完整信息后,才能展开自身活动,这种信息传递是单向性的,是一种研发活动间的单向依赖关系。其对应的设计结构矩阵形式如图5-3(a)所示。

并行关系是指研发活动间互不影响,互不依赖,彼此间不需要进行信息交互,各活动可以被独立执行。其对应的设计结构矩阵形式如图5-3(b)所示。

耦合关系是指研发活动彼此相互依赖,活动双方均需要对方的信息输入才能执行自身的活动,相互间的信息传递是双向的,研发活动在进程方向不存在前后顺序关系。耦合关系中既存在信息的正向传递,也包含信息的反馈。研发活动间需要经过多次的迭代与信息反馈才能完成任务。在实际产品研发过程中,研发活动间的耦合关系是导致研发过程呈现复杂性特征以及造成研发过程迭代、反复的主要原因。其对应的设计结构矩阵形式如图5-3(c)所示。

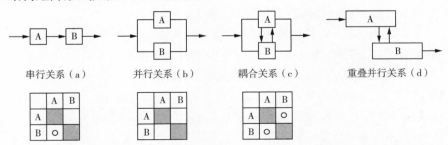

串行关系（a）　　并行关系（b）　　耦合关系（c）　　重叠并行关系（d）

图5-3　产品研发活动间的依赖关系
图片来源:作者绘制

串行关系、并行关系与耦合关系是最基本的三种研发活动关系。但

在实际情况中,串行关系与耦合关系还会组合形成重叠并行关系,如图5-3(d)所示。重叠并行关系是指研发活动间存在上下游、前后顺序关系,上游活动先开始执行,下游活动在上游活动未结束之前便已启动,上下游活动在进程重叠部分存在耦合关系。上游活动输出的信息向下游传递,下游活动所需信息大体上得到满足,但还需要在重叠部分进行小范围的信息反馈与迭代才能最终完成任务。

对于并行产品研发过程而言,其研发活动关系在整体上表现为重叠并行关系。在产品研发串行模式中,由于研发早期阶段并不考虑下游研发活动对其的影响,当在研发后期发现设计错误时,只能再重新向前期反馈,这样必然会带来研发过程大范围的迭代。而并行产品研发过程在研发早期阶段就关注后期研发活动的相关因素,尽可能在上游就发现并解决下游的问题,通过及时的信息反馈交流,以减少由下游发生错误所造成的设计迭代。虽然并行产品研发过程中的耦合关系不可避免地会增加过程的复杂程度,但这种耦合关系对产品的研发时间与质量水平有着重要意义。并行产品研发过程正是通过建立正确的活动间耦合关系,加强局部耦合,消除错误的信息迭代,以促使形成研发过程小范围的信息耦合与迭代小循环,进而避免大范围的设计反复与迭代,最终得以缩减产品研发时间,提高产品质量。

二、基于设计结构矩阵的并行产品研发过程优化方法

运用设计结构矩阵对产品研发过程进行并行优化的主要策略就是通过运用设计结构矩阵的分析运算方法,对已建立设计结构矩阵中的研发活动进行重新排序、优化重组,将设计结构矩阵的上三角形式尽可能转化形成下三角形式,以减少过程迭代、设计反复的范围与次数,将复杂的耦合活动集分解为若干较小的耦合集,使研发过程形成具有局部耦合特征的重叠并行关系。基于设计结构矩阵的并行产品研发过程优化主要运用了划分与割裂两阶段算法,其主要包括以下步骤与方法:

(1) 运用二元设计结构矩阵对研发过程进行描述。

建立二元设计结构矩阵,从客观上对产品研发过程中各研发活动间的相互关系进行描述。建立二元设计结构矩阵主要有以下内容与步骤:①对产品研发过程进行分解,明确设计结构矩阵由哪些研发活动所组成。按照预设的研发活动排序,确定矩阵行列活动。②明确矩阵各行研发活动需要列中何研发活动的信息输入,建立行与列研发活动间的依赖联系。③明确矩阵各列研发活动需要向行中何研发活动输出信息,建立列与行研发活动间的依赖联系。④辨析、判断设计结构矩阵所反映的研发活动间的串行关系、并行关系、耦合关系及重叠并行关系。

(2) 运用划分算法进行研发活动排序。

运用划分算法的目的旨在为了最大限度满足矩阵中活动的信息需求,使活动得以顺利快速执行,而对活动进行优化排序。在设计结构矩阵中,空行所对应的活动不需要其他活动的信息输入,而空列所对应的活动则不需要向其他活动输出信息,此上两种活动可称为独立活动。另外,设计结构矩阵中还存在相互间形成信息传递闭合环路的耦合活动,其既包括两个活动的耦合也包含多个活动间的耦合。因此设计结构矩阵中的活动可以看做由独立活动与耦合活动两大部分组成,而划分算法的核心内

容则是对独立活动的排序以及对耦合活动集的识别,其具体的操作步骤与原则如下。

① 若矩阵中某行的所有单元格均为空白格,表示该行所对应的研发活动不需要输入任何其他研发活动产生的信息,则在活动排序中需要将其调整到前端执行。在此活动完成重新排序后,可将其从矩阵中移除,然后重复执行此操作直至矩阵中不存在空行。

② 若矩阵中某列的所有单元格均为空白格,表示该列所对应的研发活动不需要向任何其他研发活动输出信息,则需要在活动排序中将该活动调整到后端执行。在完成该活动重新排序后,将其从矩阵中移除,然后重复执行此操作直至矩阵中不存在空列。

③ 在经过①、②的操作步骤之后,如果设计结构矩阵剩余的研发活动间已不存在联系,则说明矩阵中不存在耦合关系,否则在未被排序的活动联系中必然存在耦合活动集。由未被排序的活动所形成的矩阵块可称为耦合活动矩阵。

④ 运用定耦操作方法,对耦合活动矩阵中具有信息环路的所有耦合活动集进行识别。

⑤ 采用归一操作将耦合活动集作为矩阵中的单一整体活动,将耦合活动集中的活动与外部的联系转化为单一整体活动与外部的联系。再次重复①、②步骤,进行研发活动间调整排序。最终将大范围的耦合关系转变为小范围内的局部耦合,矩阵呈现为不完全的下三角形式,沿矩阵对角线分布有小范围的耦合活动集。

以上划分算法的具体操作步骤可以归纳转换为划分算法运算流程,如图 5-4 所示。

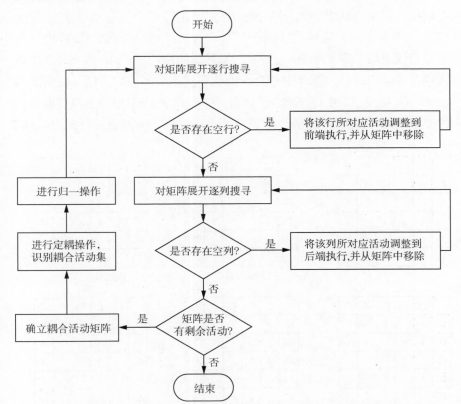

图 5-4 划分算法运算流程
图片来源:作者绘制

(3) 计算耦合活动集的信息依赖度,针对耦合活动集建立起以信息依赖度描述的模糊设计结构矩阵。

（4）运用割裂算法，分析耦合活动集内部依赖关系，减少耦合活动集内的信息反馈，对活动重新进行优化排序，确立耦合活动集内部活动的初始执行次序。

下文中将分别针对定耦操作方法、耦合活动的依赖度求解以及耦合活动集的割裂算法展开详细论述。

三、定耦操作

在划分算法中进行定耦操作的目的是发现耦合活动矩阵中的耦合任务集，尽可能排除耦合活动矩阵中不存在耦合关系的活动，以及尽量缩小耦合活动集的范围。本书中的定耦操作采用了耦合矩阵的幂运算方法。其运算原理是通过耦合矩阵的 n 次幂运算来搜索出矩阵中的所有信息回路，进而发现所对应的耦合活动集。所谓信息回路是指信息从一个活动被输出后，经过若干次活动间的传递后，又重新作为输入信息回到原活动。具有 s 个行列活动的耦合矩阵 n 次幂能够反映经过 n 次信息传递而形成信息回路的活动间耦合关系。

对耦合矩阵进行幂运算首先需要在普通矩阵幂运算方法基础上进行一定运算规则的调整，具体调整内容是将普通矩阵幂运算中相乘运算改为取最小值"$\wedge$"，将加法运算改为取最大值"$\vee$"[7]。那么当对耦合矩阵 $C_{s \times s}$ 进幂运算得到 n 次幂矩阵 $C^n (n \leqslant s)$，如果矩阵对角线上出现 p 个非零元素，且 $p = n$，那么该 p 个非零元素所对应的活动就组成了一个耦合活动集，通过 $(s-1)$ 次耦合矩阵的幂运算后，所有的耦合活动集将被识别。如图5-5所示，矩阵 C 为包含五个行列活动的耦合矩阵，下面对其进行定耦操作以识别其中的耦合活动集。首先对矩阵 C 分别进行2次方、3次方、4次方及5次方运算，得到矩阵 C^2、C^3、C^4、C^5；然后，在 C^2 矩阵中可发现对角线上的非零元素为 C_{11} 与 C_{33}，则其说明活动 C_1 与 C_3 构成了2次传递耦合活动集；在 C^3 矩阵中对角线上有非零元素 C_{22}、C_{44}、C_{55}，说明活动 C_2、C_4、C_5 构成了3次传递耦合活动集；在 C^4、C^5 矩阵对角线上没有发现新的非零元素，则说明耦合活动集识别已完成。接下来需要进行归一操作，

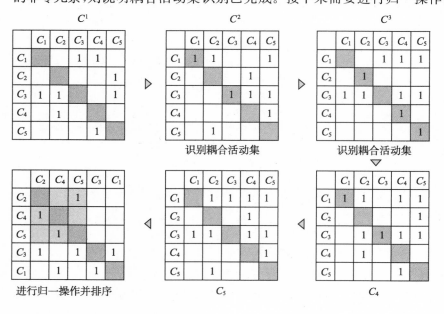

图5-5　耦合活动矩阵定耦操作示例
图片来源：作者绘制

将耦合活动集视为一个整体活动,即分别把 C_1、C_3 活动与 C_2、C_4、C_5 各归一为单一整体活动。

然而以上耦合矩阵对角线非零元素 p 与幂运算次数 n 相等的情况只是一种理想状态,其一般只适用于研发活动数量较少的简单耦合矩阵。对于研发活动较多的复杂耦合矩阵,真实的情况是:矩阵中可能存在多个具有相同传递次数的信息回路;一个活动可能存在于多个耦合活动集中;或者一个耦合活动集被另一个更大范围的耦合活动集所包含。面对复杂的耦合活动矩阵,在经过幂运算后,矩阵对角线的非零元素 p 的数量往往会大于幂运算次数 n,此种情况下通过幂运算所识别的耦合活动集并非真实的耦合活动集,需要通过对活动间信息传递的回路进行搜索,以再次识别发现真实的耦合活动集。如图 5-6 所示,其表达了复杂耦合活动矩阵的定耦操作过程。图中根据活动 C_1、C_2、C_3、C_4、C_5 相互间依赖关系建立起矩阵 C,对矩阵 C 分别进行 2 次方、3 次方运算,得到 C^2、C^3。矩阵 C^2 的对角线没有两个非零元素,说明矩阵中不存在传递次数为两次的信息回路,即不存在由两个活动组成的耦合活动集。而矩阵 C^3 对角线上存在 6 个非零元素,则说明由 3 个活动组成的耦合活动集的数量多于一个,接下来进而需要在这 6 个活动中搜索信息传递次数为 3 次的信息回路,最终得到真实的耦合活动集 $\{C_1, C_5, C_3\}$ 与 $\{C_2, C_4, C_5\}$[8]。

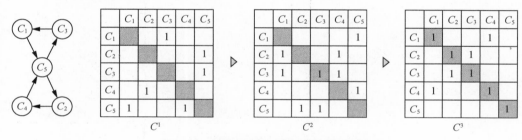

图 5-6　复杂耦合活动矩阵定耦操作示例

图片来源:作者绘制

四、耦合活动的依赖度求解

通过对二元设计结构矩阵运用划分运算之后,虽然已尽可能形成了设计结构矩阵的下三角形形式,完成了研发活动的初步排序,但研发过程中仍存在一系列的耦合活动集。接下来就要运用割裂算法进一步对耦合活动集内闭合信息环进行阻断,对耦合活动集内的活动进行重新排序,以尽量减少信息的循环次数。运用割裂算法需对耦合活动间的依赖关系与依赖强度展开分析,而明确耦合活动间的信息依赖度则是割裂算法的关键。信息依赖度是耦合活动间依赖关系的最终量化指标,以其为度量依据可对耦合活动集内活动执行顺序进行优化。对信息依赖度的求解是以敏感度与可变度为双度量指标,通过运用数值化的模糊设计结构矩阵方法加以实现。

1. 敏感度与可变度概念

耦合活动集中的所有活动都存在信息的输入与输出,当运用割裂算法割断活动间的联系时,需要保证割裂后上游活动输出信息的变化程度以及对下游活动的影响程度尽量最小。这两方面要求由构成信息依赖度的敏感度与可变度双指标来体现。

敏感度是指下游活动对上游活动信息输出变化的反应敏感程度。如果具有高敏感度，上游活动信息输出的微小变化便会导致下游活动的巨大改变；反之，如果敏感度低，上游活动需要发生巨大变化才能实现下游活动的改变。可变度是指上游活动传递给下游活动的信息可能发生变化的程度。具有高可变度说明上游向下传递的信息发生变化的可能性大，反之则说明具有低可变度。

根据敏感度与可变度概念，可对耦合活动集内的活动依赖关系做出进一步的解析。对于耦合活动集中所传递的信息而言，其同时是上、下游活动的输出与输入信息。当作为上游活动的输出信息时，由于上游活动可能同时存在多个输入信息，任意一个输入信息发生改变时，都会对输出信息产生影响，因此该输出信息的可变等同于上游活动的所有输入信息对输出信息影响程度之和；当所传递信息作为下游活动的输入信息时，由于下游活动同样可能存在多个输出信息，当输入信息发生改变时，会对所有下游活动输出信息产生影响，因此该输入信息的敏感度等同于对下游活动的所有输出信息的影响程度之和（图 5-7）。通过以上分析可以得出以下结论：构成敏感度与可变度的基本要素是某活动的单一输入信息的改变对单一输出信息的影响程度。基于此结论，对于敏感度与可变度值的计算，还需再引入信息关联对与关联度的概念[9]。

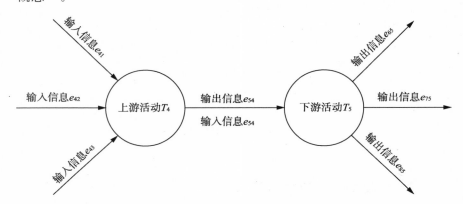

图 5-7　活动间信息传递关系示例
图片来源：作者绘制

信息关联对是由上游或下游活动的任意一组输入信息与输出信息所组成的。如图 5-7 所示，其所包含的信息关联对有 (e_{41}, e_{54})、(e_{42}, e_{54})、(e_{43}, e_{54})、(e_{54}, e_{65})、(e_{54}, e_{75})、(e_{54}, e_{85})。关联度是信息关联对中输入信息变化所引起输出信息发生改变程度的度量指标。如果输入信息的细微改变会引起输出信息的巨大变化，那么该信息关联对具有高关联度，反之则具有低关联度。由此我们可以得出：上游活动输出信息的可变度等于上游活动的输入信息与输出信息所组成的所有信息关联对的关联度之和；下游活动输入信息的敏感度等于下游活动的输入信息与输出信息所组成的所有信息关联对的关联度之和。

2. 信息依赖度求解的方法与步骤

计算耦合活动集所有信息依赖度的主要步骤为：第一步，首先确认耦合活动集内的所有信息关联对，生成信息关联对集合；第二步，建立模糊一致判断矩阵，对关联对的关联度进行量化，明确关联度值；第三步，通过关联度值计算可变度与敏感度，分别构建可变度矩阵与敏感度矩阵；第四步,整合可变度与敏感度两指标,得到信息依赖度值(图5-8)。

（1）生成信息关联对集合

生成信息关联对的具体操作是:首先针对耦合活动集矩阵内的每一个活动进行有效输入与输出信息的分析与确认;然后将该活动的输入信息与输出信息进行逐一配对,形成单独活动的信息关联对集合;最后将所有单独活动的信息关联对进行组合,形成耦合活动集的信息关联对集合。

（2）对关联度进行量化

信息关联对的关联度是无法直接定量赋值的,其需要凭借实际工作经验与知识积累,以一定的评价标准与规则对其进行主观量化判断。关联度评价的对象是耦合活动集中信息关联对的关联度集合,记为 $D = \{d_1, d_2, \cdots, d_m\}$。对关联度进行量化具体操作方法是:

首先需要采用0.1至0.9的模糊性评价标度(表5-1),同时对关联度集合中的所有元素进行两两比较,形成任意两个关联度之间相对重要性的定量描述,建立起两两比较判断矩阵,也称为模糊互补矩阵 $F = (d_{ij})_{m \times m}$。其中 m 表示矩阵所要比较关联度的数量,d_i 表示行关联度,d_j 表示列关联度,d_{ij} 则表示第 i 个关联度与第 j 个关联度相比较的高低程度。

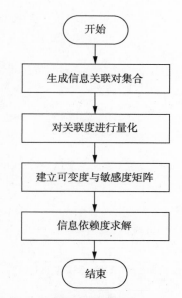

图 5-8　信息依赖度求解流程
图片来源:作者绘制

表 5-1　关联度比较标度

比 较 定 义	标　度
d_i 与 d_j 相比较,关联度 d_i 比关联度 d_j 极其高	0.9
d_i 与 d_j 相比较,关联度 d_i 比关联度 d_j 特别高	0.8
d_i 与 d_j 相比较,关联度 d_i 比关联度 d_j 明显高	0.7
d_i 与 d_j 相比较,关联度 d_i 比关联度 d_j 稍微高	0.6
d_i 与 d_j 相比较,关联度 d_i 比关联度 d_j 同样高	0.5
d_i 与 d_j 相比较,关联度 d_i 比关联度 d_j 稍微低	0.4
d_i 与 d_j 相比较,关联度 d_i 比关联度 d_j 明显低	0.3
d_i 与 d_j 相比较,关联度 d_i 比关联度 d_j 特别低	0.2
d_i 与 d_j 相比较,关联度 d_i 比关联度 d_j 极其低	0.1

表格来源:范周田. 模糊矩阵理论与应用[M].北京:科学出版社,2006:216

然后,将模糊互补矩阵 F 转变为模糊一致矩阵 $R = (r_{ij})_{m \times m}$,具体转变运算公式为 $r_{ij} = (r_i - r_j)/2m + 0.5$。其中 r_i 表示模糊互补矩阵中第 i 行各评价标度之和,即 $r_i = \sum_{j=1}^{m} d_{ij} (j = 1, 2, \cdots, m)$[10]。

接下来,在已建立的模糊一致矩阵基础上求解关联度值,关联度 $d_i = v_i / \sum v_i (i = 1, 2, \cdots, m)$,而 $v_i = \sqrt[m]{\prod_{j=1}^{m} r_{ij}}$,$\prod_{j=1}^{m} r_{ij}$ 为模糊互补矩阵中第 i 行各评价标度之积[11]。

（3）建立可变度与敏感度矩阵

通过执行此步骤以得到可变度与敏感度数值,为计算信息依赖度值奠定基础。具体操作方法是:首先确认耦合活动集中所有的信息依赖关系;当该依赖信息作为输出信息时,找出所有相关联的上游输入信息与其所构成的信息关联对,将所有信息关联对对应的关联度值进行相加便得到该依赖信息的可变度;同理,当该依赖信息作为输入信息时,找出所有相关联的下游输入信息与其所构成的信息关联对,将所有关联度值进行相加便得到该依赖信息的敏感度;最后,将可变度与敏感度值赋给耦合活动集中的相应依赖信息,建立起可变度矩阵 U 与敏感度矩阵 V。

（4）信息依赖度求解

接下来为了便于运用割裂算法对耦合活动集进行排序与解耦,需要对可变度与敏感度这两个量化指标进行整合,将其转化为综合单一指标的信息依赖度以表征活动间的依赖关系,并进一步以信息依赖度来构建用于描述耦合活动集的模糊设计结构矩阵。信息依赖度值等于可变度值与敏感度值乘积的平方根,即 $\sqrt{u_{ij}v_{ij}}$。

五、耦合活动集的割裂算法

运用割裂算法的主要目的是通过按照一定的规则,尽量消减耦合活动集内的信息反馈,并对耦合活动集中的活动进行重新优化排序,形成初始执行次序。这其中的运算规则是保证割裂算法有效性的关键,其主要包括:①识别具有最少信息输入的活动,并将其首先割裂,调整到执行次序的首位。由于该活动对信息输入的需求最弱,所以割裂后它对其他活动产生的影响程度也最小。②当多个活动具有相同的信息输入强度时,具有最大信息输出的活动先执行。③尽量保证被割裂的依赖关系最少,最大程度减小由割裂所造成的信息损失程度。

对耦合活动集运用割裂算法运算的步骤如下(图 5-9)。

设定:以信息依赖度描述的模糊设计结构矩阵记为 $T_{N\times N}$,N 为矩阵中活动的数量,T_i 为行活动;$Seq(T_i)$ 为活动 T_i 的执行次序,m 为正方向执行次序,n 为反方向执行次序,m 的初始值为 1,n 的初始值为 N;$Input(T_i)$ 为 T_i 的输入信息数量,$Output(T_i)$ 为 T_i 的输出信息数量,T_k 为临时活动变量。

步骤一,计算信息依赖度,针对耦合活动集建立以信息依赖度描述的模糊设计结构矩阵 T。

步骤二,计算模糊设计结构矩阵 T 中所有活动 T_i 输入信息强度 I_i,即矩阵各行的信息依赖度值分别相加,$I_i = \sum_{j=1,j\neq i}^{m} t_{ij}$。

步骤三,寻找最小输入信息强度 I_i 的活动 T_k(如果存在最小信息强度不唯一的情况,则选择其中具有最多输出信息的活动作为 T_k),并转向步骤四。

步骤四,设定 $Seq(T_k) = m$,从矩阵 T 中将 T_k 移除,即 $T = T - T_k$,并将活动 T_k 的执行次序向序列前端移动,$m = m+1$,$N = N-1$。如果 $N \neq 0$,则转向步骤五;如果 $N = 0$,则转向步骤八。

步骤五,以割裂次数最少为目标,寻找矩阵 T 中是否有 $Input = 0$ 的活动。如果有,则将此活动作为 T_k(如果 $Input = 0$ 的活动数量大于 1,则将其中具有最多输出信息的活动作为 T_k),并转向步骤四继续运算;如果没有 $Input = 0$ 的活动,则转向步骤六。

步骤六,以排除非耦合任务为目标,寻找矩阵 T 中是否有 $Output = 0$ 的活动。如果有,则将此活动作为 T_k(如果 $Output = 0$ 的活动数量大于 1,则将其中具有最多输入信息的活动作为 T_k),并转向步骤七;如果没有 $Output = 0$ 的活动,则转向步骤二。

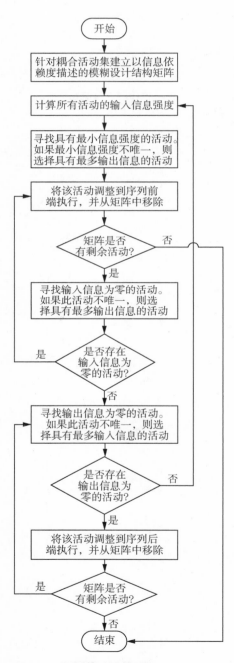

图 5-9　割裂算法运算流程

图片来源:作者绘制

步骤七,设定 $Seq(T_k) = n$,从矩阵 T 中将 T_k 移除,即 $T = T - T_k$,并将活动 T_k 的执行次序向序列尾端移动,即 $n = n - 1$,且 $N = N - 1$。如果 $N \neq 0$,则转向步骤六;如果 $N = 0$,则转向步骤八。

步骤八,运算结束,完成对耦合活动集中活动的优化排序[9]。

六、设计结构矩阵的层级化

复杂性是产品研发过程的重要特征。产品研发过程一般由众多的研发活动所组成,研发活动又可被自上而下分为不同的层级及隶属关系。面对复杂的产品研发过程,要用单一设计结构矩阵将其完全清晰地描述显然是很难做到的。解决此问题的有效方法是将设计结构矩阵与产品研发过程分解结构相对应,将设计结构矩阵分解为相应不同层级。因此,要用设计结构矩阵分析产品研发过程首先需确立产品研发过程分解结构。在本书第四章中所建立的可移动建筑产品研发过程分解结构共由四个层级构成,其中第三层级为产品研发过程的核心研发活动,第四层级则为核心研发活动进一步分解形成的低层级研发子活动。由第三层级研发活动构成的设计结构矩阵所描述的对象为产品研发的总体过程,而由第四层级研发子活动构成的设计结构矩阵所描述的对象则为各核心研发活动内部的子过程。本书所要研究的可移动建筑产品研发流程主要面向产品研发总体过程,暂不涉及各核心研发活动的内部过程,因此本书所要建立的设计结构矩阵应由可移动建筑产品研发过程分解结构第三层级的核心产品研发活动所组成。

第三节　可移动建筑产品研发流程设计

一、可移动建筑产品研发流程设计的基本步骤

在经过前文对可移动建筑产品研发过程分解结构以及基于设计结构矩阵的并行产品研发过程优化进行研究后,总结归纳得出了进行可移动建筑产品研发流程设计的基本步骤与方法(图 5-10),主要内容如下。

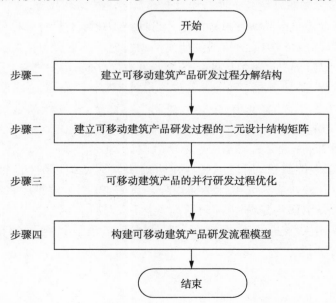

图 5-10　建立可移动建筑产品研发流程的步骤

图片来源:作者绘制

步骤一，建立可移动建筑产品研发过程分解结构。

首先需将产品研发过程按照从上至下、从总体到局部的顺序分解为不同层级的产品研发活动，建立可移动建筑产品研发过程分解结构。研发过程分解结构共分为四个层级，其中低层级活动隶属于高层级活动，高层级的研发活动相较于低层级活动具有更加宽广的范围。然后，需要明确不同层级产品研发活动的具体内容及相关设计方法。

步骤二，建立可移动建筑产品研发过程的二元设计结构矩阵。

通过对研发活动相互间的制约与依赖关系进行分析，以可移动建筑产品研发过程分解结构中的第三层级研发活动为主体，从总体研发过程层面建立起二元设计结构矩阵，对可移动建筑产品研发的预设过程进行描述。

步骤三，可移动建筑产品的并行研发过程优化。

针对已建立的二元设计结构矩阵，运用划分算法与割裂算法对研发活动进行重新排序，得到优化后的研发活动间的依赖关系，建立合理的研发活动执行顺序，将研发活动间大范围的耦合、迭代关系转变为小范围耦合的重叠并行关系。

步骤四，构建可移动建筑产品研发流程模型。

在完成可移动建筑产品的并行研发过程优化后，得到经优化重组排序的最终可移动建筑产品研发过程设计结构矩阵。在此设计结构矩阵基础上，将矩阵中研发活动的执行顺序及相互间的依赖联系转换为可移动建筑产品研发流程模型。

二、可移动建筑产品研发流程设计的具体过程

可移动建筑产品研发流程设计的基本步骤对流程的建立做出了概要性说明，在下文中将进一步对各步骤的具体内容与流程模型的具体构建过程进行深入阐述。对于步骤一，建立可移动建筑产品研发过程分解结构，其内容已在本书第四章中进行了详细论述，在此不再展开。

1. 建立可移动建筑产品研发过程的二元设计结构矩阵

可移动建筑产品研发过程的二元设计结构矩阵主要由可移动建筑产品研发过程分解结构第三层级的研发活动组成。其主要包括23项活动，分别为：组建产品研发团队、确定产品研发方向、分析用户需求、分析竞争产品、制定产品任务书、产品研发过程设计、制定产品研发过程管理计划、概念方案生成、概念方案选择、概念方案评价、建立产品系统分解结构、产品功能体设计、产品模块设计、初步制造设计、初步装配设计、详细制造设计、详细装配设计、现场建造设计、工厂制造、工厂装配、现场建造、内部性能测试、用户测试。在明确研发活动组成的基础上，接下来便可以开始建立二元设计结构矩阵。首先，按照预设排序将这23项研发活动分别作为矩阵的行列活动。然后，对行列活动两两间信息的输入与输出关系进行分析判断，进而得到二元设计结构矩阵，如图5-11所示。

		1.1	1.2	1.3	1.4	1.5	1.6	1.7	2.1	2.2	2.3	3.1	3.2	3.3	3.4	3.5	4.1	4.2	4.3	5.1	5.2	5.3	6.1	6.2
组建产品研发团队	1.1																							
确定产品研发方向	1.2	1																						
分析用户需求	1.3		1																					
分析竞争产品	1.4		1																					
制定产品任务书	1.5			1	1																			
设计产品研发过程	1.6		1																					
制定产品研发过程管理计划	1.7					1	1																	
概念方案生成	2.1							1																
概念方案选择	2.2								1															
概念方案评价	2.3									1														
建立产品系统分解结构	3.1									1	1													
产品功能体设计	3.2										1	1												
产品模块设计	3.3												1											
初步制造设计	3.4													1		1								
初步装配设计	3.5														1									
详细制造设计	4.1														1	1			1	1				
详细装配设计	4.2															1	1				1			
现场建造设计	4.3																1	1			1			
工厂制造	5.1																1				1			
工厂装配	5.2																	1		1				
现场建造	5.3																		1					
内部性能测试	6.1																					1		
用户测试	6.2																						1	

图5-11　可移动建筑产品研发过程的二元设计结构矩阵

图片来源:作者绘制

2. 可移动建筑产品的并行研发过程优化

运用划分算法与割裂算法对可移动建筑产品研发过程设计结构矩阵进行优化:

(1)首先将矩阵中元素为空的行所对应的活动调整到序列前端,然后将该活动从矩阵中移除,重复此操作直至矩阵中无空行。此操作依次将组建产品研发团队、确定产品研发方向、分析用户需求、分析竞争产品、制定产品设计任务书、产品研发过程设计、制定产品研发过程管理计划、概念方案生成、概念方案选择、概念方案评价、建立产品系统分解结构、产品功能体设计及产品模块设计活动移动到研发活动序列前端,并从矩阵中移除,以完成此13组活动的排序。然后将矩阵中元素为空的列所对应的内部性能测试与用户测试活动移动到序列末端,并从矩阵中移除,以完成此2组活动的排序。在完成以上两步操作后,得到可移动建筑产品研发过程的耦合活动矩阵,如图5-12所示。

(2)通过定耦操作对可移动建筑产品研发过程的耦合活动矩阵进行幂运算以识别耦合活动集。如图5-12所示,在经过耦合活动矩阵的2次方运算后,结果矩阵对角线上存在多个非零元素,其对应的活动组成了多个由两个活动构成的耦合活动集,通过识别分别为{3.4,3.5}、

$\{4.1, 4.2\}$、$\{4.1, 5.1\}$、$\{4.2, 5.2\}$、$\{4.3, 5.3\}$、$\{5.1, 5.2\}$。通过耦合活动矩阵3次方运算没有发现耦合活动集。通过4次方运算所识别的耦合活动集为$\{4.1, 4.2, 5.1, 5.2\}$。通过5次方及之后的运算没有发现新的耦合活动集。至此，可移动建筑产品研发过程耦合活动矩阵中所有的耦合活动集已识别完成。对以上耦合活动集进行分析可发现，$\{4.1, 4.2, 5.1, 5.2\}$中包含$\{4.1, 4.2\}$、$\{4.1, 5.1\}$、$\{4.2, 5.2\}$、$\{5.1, 5.2\}$。因此通过辨析判断，可移动建筑产品研发过程耦合活动矩阵中真实耦合活动集可认定为$\{3.4, 3.5\}$、$\{4.3, 5.3\}$以及$\{4.1, 4.2, 5.1, 5.2\}$。

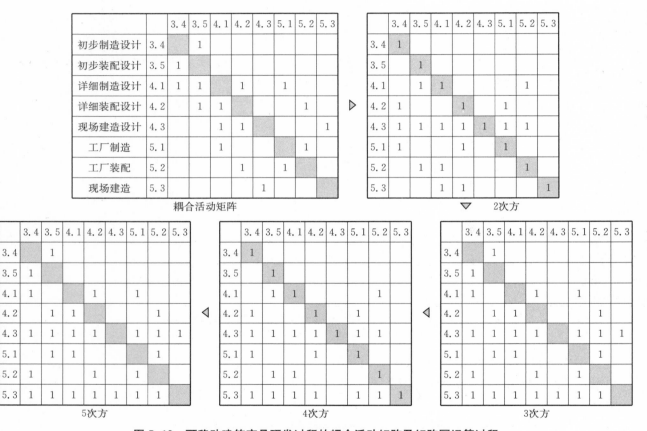

图 5-12　可移动建筑产品研发过程的耦合活动矩阵及矩阵幂运算过程

图片来源：作者绘制

图 5-13　可移动建筑产品研发过程耦合活动矩阵的归一操作

图片来源：作者绘制

（3）进行归一操作，将耦合活动集$\{3.4, 3.5\}$、$\{4.3, 5.3\}$、$\{4.1, 4.2, 5.1, 5.2\}$分别作为单一整体活动。对这3组研发整体活动进行排序，将空白行所对应的耦合活动集依次前置并从矩阵中移除，最终得到耦合活动集的执行顺序为$\{3.4, 3.5\} \rightarrow \{4.1, 4.2, 5.1, 5.2\} \rightarrow \{4.3, 5.3\}$，如图 5-13 所示。

（4）针对各组耦合活动集计算其信息依赖度，建立起以信息依赖度描述的模糊设计结构矩阵，并运用割裂算法进行耦合活动集内部的活动排序。下面分别针对耦合活动集$\{3.4, 3.5\}$、$\{4.3, 5.3\}$与$\{4.1, 4.2, 5.1, 5.2\}$进行信息依赖度计算与割裂运算。

计算耦合活动集的$\{3.4, 3.5\}$信息依赖度。如图 5-14 所示，首先根据$\{3.4, 3.5\}$对应的设计结构矩阵生成关联对集合$\{(e_{3.4,3.5},\ e_{3.5,3.4})$，

$(e_{3.53.4}, e_{3.43.5})\}$。然后对关联对的关联度进行量化,将关联对集合转换为关联度集合,即量化评价对象集合。关联度集合表示为 $\{d^{3.4}_{3.53.5},$ $d^{3.5}_{3.43.4}\}$,采用 0.1 至 0.9 的模糊性评价标度对关联度集合中的两元素进行相互比较,建立模糊互补矩阵。接下来运用 $r_{ij}=(r_i-r_j)/2m+0.5$ 转换公式将模糊互补矩阵转变为模糊一致矩阵,并在模糊一致矩阵基础上运用公式 $d_i=v_i\Big/\sum v_i(i=1,2,\cdots m)$ 求解关联度值。通过计算,关联度集合 $\{d^{3.4}_{3.53.5},d^{3.5}_{3.43.4}\}$ 中关联度值分别为 $d^{3.4}_{3.53.5}=0.551$,$d^{3.5}_{3.43.4}=0.449$。下面,进一步利用已求解的关联度值计算得出可变度与敏感度值,得到可变度矩阵与敏感度矩阵。最后对可变度与敏感度值进行整合,运用公式 $\sqrt{u_{ij}v_{ij}}$ 计算出信息依赖度值,分别为 $e_{3.43.5}=0.497$,$e_{3.53.4}=0.497$,并建立信息依赖度矩阵。最后根据已求出的信息依赖度值进行割裂运算,由于活动 3.4 的信息输入强度与活动 3.5 的信息输入强度相同,所以活动 3.4 与活动 3.5 应同时间开始执行,不存在先后顺序,活动 3.4 与活动 3.5 间是耦合并行关系。同理耦合活动集 $\{4.3,5.3\}$ 中的活动也为耦合并行关系。

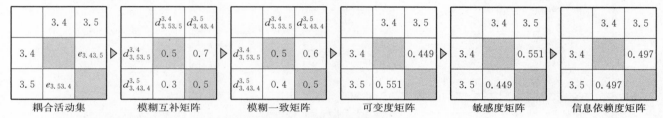

图 5-14　耦合活动集 $\langle 3.4,3.5\rangle$ 的信息依赖度计算与割裂运算过程

图片来源:作者绘制

计算耦合活动集 $\{4.1,4.2,5.1,5.2\}$ 的信息依赖度。如图 5-15 所示,第一步,先在耦合活动集对应的设计结构矩阵基础上生成关联对集合 $\{(e_{4.14.2},e_{4.24.1}),(e_{4.14.2},e_{5.14.1}),(e_{4.15.1},e_{4.24.1}),(e_{4.15.1},e_{5.14.1}),$ $(e_{4.24.1},e_{4.14.2}),(e_{4.24.1},e_{5.24.2}),(e_{4.25.2},e_{4.14.2}),(e_{4.25.2},e_{5.24.2}),(e_{5.14.1},$ $e_{4.15.1}),(e_{5.14.1},e_{5.25.1}),(e_{5.15.2},e_{4.15.1}),(e_{5.15.2},e_{5.25.1}),(e_{5.24.2},e_{4.25.2}),$ $(e_{5.24.2},e_{5.15.2}),(e_{5.25.1},e_{4.25.2}),(e_{5.25.1},e_{5.15.2})\}$。

第二步,将关联对集合转换为关联度集合,$\{d^{4.1}_{4.24.2},d^{4.1}_{4.25.1},d^{4.1}_{5.14.2},$ $d^{4.1}_{5.15.1},d^{4.2}_{4.14.1},d^{4.2}_{4.15.2},d^{4.2}_{5.24.1},d^{4.2}_{5.25.2},d^{5.1}_{4.14.1},d^{5.1}_{4.15.2},d^{5.1}_{5.24.1},d^{5.1}_{5.25.2},d^{5.2}_{4.24.2},d^{5.2}_{4.25.1},$ $d^{5.2}_{5.14.2},d^{5.2}_{5.15.1}\}$。对集合中的元素进行量化评价,建立模糊互补矩阵。

第三步,将模糊互补矩阵转变为模糊一致矩阵,并在模糊一致矩阵基础上求解关联度值。通过计算,关联度值分别为 $d^{4.1}_{4.24.2}=0.0593$,$d^{4.1}_{4.25.1}=0.0593$,$d^{4.1}_{5.14.2}=0.0593$,$d^{4.1}_{5.15.1}=0.0593$,$d^{4.2}_{4.14.1}=0.0672$,$d^{4.2}_{4.15.2}=0.0672$,$d^{4.2}_{5.24.1}=0.0593$,$d^{4.2}_{5.25.2}=0.0593$,$d^{5.1}_{4.14.1}=0.0672$,$d^{5.1}_{4.15.2}=0.0672$,$d^{5.1}_{5.24.1}=0.0593$,$d^{5.1}_{5.25.2}=0.0593$,$d^{5.2}_{4.24.2}=0.0641$,$d^{5.2}_{4.25.1}=0.0641$,$d^{5.2}_{5.14.2}=0.0641$,$d^{5.2}_{5.15.1}=0.0641$。

第四步,计算可变度与敏感度值,建立可变度矩阵与敏感度矩阵。

第五步,计算信息依赖度值并建立信息依赖度矩阵,信息依赖度值分别为 $e_{4.14.2}=0.1125$,$e_{4.15.1}=0.1125$,$e_{4.24.1}=0.1263$,$e_{4.25.2}=0.1233$,$e_{5.14.1}=0.1263$,$e_{5.15.2}=0.1233$,$e_{5.24.2}=0.1273$,$e_{5.25.1}=0.1273$。

		4.1	4.2	5.1	5.2
详细制造设计	4.1		$e_{4,14.2}$	$e_{4,15.1}$	
详细装配设计	4.2	$e_{4,24.1}$			$e_{4,25.2}$
工厂制造	5.1	$e_{5,14.1}$			$e_{5,15.2}$
工厂装配	5.2		$e_{5,24.2}$	$e_{5,25.1}$	

▽　耦合活动集

	$d^{4.1}_{4.24.2}$	$d^{4.1}_{4.25.1}$	$d^{4.1}_{5.14.2}$	$d^{4.1}_{5.15.1}$	$d^{4.2}_{4.14.1}$	$d^{4.2}_{4.15.2}$	$d^{4.2}_{5.24.1}$	$d^{4.2}_{5.25.2}$	$d^{5.1}_{4.14.1}$	$d^{5.1}_{4.15.2}$	$d^{5.1}_{5.24.1}$	$d^{5.1}_{5.25.2}$	$d^{5.2}_{4.24.2}$	$d^{5.2}_{4.25.1}$	$d^{5.2}_{5.14.2}$	$d^{5.2}_{5.15.1}$
$d^{4.1}_{4.24.2}$	0.5	0.5	0.5	0.5	0.4	0.4	0.5	0.5	0.4	0.4	0.5	0.5	0.4	0.4	0.4	0.4
$d^{4.1}_{4.25.1}$	0.5	0.5	0.5	0.5	0.4	0.4	0.5	0.5	0.4	0.4	0.5	0.5	0.4	0.4	0.4	0.4
$d^{4.1}_{5.14.2}$	0.5	0.5	0.5	0.5	0.4	0.4	0.5	0.5	0.4	0.4	0.5	0.5	0.4	0.4	0.4	0.4
$d^{4.1}_{5.15.1}$	0.5	0.5	0.5	0.5	0.4	0.4	0.5	0.5	0.4	0.4	0.5	0.5	0.4	0.4	0.4	0.4
$d^{4.2}_{4.14.1}$	0.6	0.6	0.6	0.6	0.5	0.5	0.6	0.6	0.5	0.5	0.6	0.6	0.6	0.6	0.6	0.6
$d^{4.2}_{4.15.2}$	0.6	0.6	0.6	0.6	0.5	0.5	0.6	0.6	0.5	0.5	0.6	0.6	0.6	0.6	0.6	0.6
$d^{4.2}_{5.24.1}$	0.5	0.5	0.5	0.5	0.4	0.4	0.5	0.5	0.4	0.4	0.5	0.5	0.4	0.4	0.4	0.4
$d^{4.2}_{5.25.2}$	0.5	0.5	0.5	0.5	0.4	0.4	0.5	0.5	0.4	0.4	0.5	0.5	0.4	0.4	0.4	0.4
$d^{5.1}_{4.14.1}$	0.6	0.6	0.6	0.6	0.5	0.5	0.6	0.6	0.5	0.5	0.6	0.6	0.6	0.6	0.6	0.6
$d^{5.1}_{4.15.2}$	0.6	0.6	0.6	0.6	0.5	0.5	0.6	0.6	0.5	0.5	0.6	0.6	0.6	0.6	0.6	0.6
$d^{5.1}_{5.24.1}$	0.5	0.5	0.5	0.5	0.4	0.4	0.5	0.5	0.4	0.4	0.5	0.5	0.4	0.4	0.4	0.4
$d^{5.1}_{5.25.2}$	0.5	0.5	0.5	0.5	0.4	0.4	0.5	0.5	0.4	0.4	0.5	0.5	0.4	0.4	0.4	0.4
$d^{5.2}_{4.24.2}$	0.6	0.6	0.6	0.6	0.5	0.5	0.6	0.6	0.5	0.5	0.6	0.6	0.5	0.5	0.5	0.5
$d^{5.2}_{4.25.1}$	0.6	0.6	0.6	0.6	0.5	0.5	0.6	0.6	0.5	0.5	0.6	0.6	0.5	0.5	0.5	0.5
$d^{5.2}_{5.14.2}$	0.6	0.6	0.6	0.6	0.5	0.5	0.6	0.6	0.5	0.5	0.6	0.6	0.5	0.5	0.5	0.5
$d^{5.2}_{5.15.1}$	0.6	0.6	0.6	0.6	0.4	0.4	0.6	0.6	0.4	0.4	0.6	0.6	0.5	0.5	0.5	0.5

▽　模糊互补矩阵

	$d^{4.1}_{4.24.2}$	$d^{4.1}_{4.25.1}$	$d^{4.1}_{5.14.2}$	$d^{4.1}_{5.15.1}$	$d^{4.2}_{4.14.1}$	$d^{4.2}_{4.15.2}$	$d^{4.2}_{5.24.1}$	$d^{4.2}_{5.25.2}$	$d^{5.1}_{4.14.1}$	$d^{5.1}_{4.15.2}$	$d^{5.1}_{5.24.1}$	$d^{5.1}_{5.25.2}$	$d^{5.2}_{4.24.2}$	$d^{5.2}_{4.25.1}$	$d^{5.2}_{5.14.2}$	$d^{5.2}_{5.15.1}$
$d^{4.1}_{4.24.2}$	0.5	0.500	0.500	0.500	0.438	0.438	0.500	0.500	0.438	0.438	0.500	0.500	0.462	0.462	0.462	0.462
$d^{4.1}_{4.25.1}$	0.500	0.5	0.500	0.500	0.438	0.438	0.500	0.500	0.438	0.438	0.500	0.500	0.462	0.462	0.462	0.462
$d^{4.1}_{5.14.2}$	0.500	0.500	0.5	0.500	0.438	0.438	0.500	0.500	0.438	0.438	0.500	0.500	0.462	0.462	0.462	0.462
$d^{4.1}_{5.15.1}$	0.500	0.500	0.500	0.5	0.438	0.438	0.500	0.500	0.438	0.438	0.500	0.500	0.462	0.462	0.462	0.462
$d^{4.2}_{4.14.1}$	0.562	0.562	0.562	0.562	0.5	0.500	0.562	0.562	0.500	0.500	0.562	0.562	0.525	0.525	0.525	0.525
$d^{4.2}_{4.15.2}$	0.562	0.562	0.562	0.562	0.500	0.5	0.562	0.562	0.500	0.500	0.562	0.562	0.525	0.525	0.525	0.525
$d^{4.2}_{5.24.1}$	0.500	0.500	0.500	0.500	0.438	0.438	0.5	0.500	0.438	0.438	0.500	0.500	0.462	0.462	0.462	0.462
$d^{4.2}_{5.25.2}$	0.500	0.500	0.500	0.500	0.438	0.438	0.500	0.5	0.438	0.438	0.500	0.500	0.462	0.462	0.462	0.462
$d^{5.1}_{4.14.1}$	0.562	0.562	0.562	0.562	0.500	0.500	0.562	0.562	0.5	0.500	0.562	0.562	0.525	0.525	0.525	0.525
$d^{5.1}_{4.15.2}$	0.562	0.562	0.562	0.562	0.500	0.500	0.562	0.562	0.500	0.5	0.562	0.562	0.525	0.525	0.525	0.525
$d^{5.1}_{5.24.1}$	0.500	0.500	0.500	0.500	0.438	0.438	0.500	0.500	0.438	0.438	0.5	0.500	0.462	0.462	0.462	0.462
$d^{5.1}_{5.25.2}$	0.500	0.500	0.500	0.500	0.438	0.438	0.500	0.500	0.438	0.438	0.500	0.5	0.462	0.462	0.462	0.462
$d^{5.2}_{4.24.2}$	0.538	0.538	0.538	0.538	0.475	0.475	0.538	0.538	0.475	0.475	0.538	0.538	0.5	0.500	0.500	0.500
$d^{5.2}_{4.25.1}$	0.538	0.538	0.538	0.538	0.475	0.475	0.538	0.538	0.475	0.475	0.538	0.538	0.500	0.5	0.500	0.500
$d^{5.2}_{5.14.2}$	0.538	0.538	0.538	0.538	0.475	0.475	0.538	0.538	0.475	0.475	0.538	0.538	0.500	0.500	0.5	0.500
$d^{5.2}_{5.15.1}$	0.538	0.538	0.538	0.538	0.475	0.475	0.538	0.538	0.475	0.475	0.538	0.538	0.500	0.500	0.500	0.5

▽　模糊一致矩阵

可变度矩阵

	4.1	4.2	5.1	5.2
4.1		0.126 5	0.126 5	
4.2	0.118 6			0.128 2
5.1	0.118 6			0.128 2
5.2		0.126 5	0.126 5	

敏感度矩阵

	4.1	4.2	5.1	5.2
4.1		0.118 6	0.118 6	
4.2	0.134 4			0.118 6
5.1	0.134 4			0.118 6
5.2		0.128 2	0.128 2	

信息依赖度矩阵

	4.1	4.2	5.1	5.2
4.1		0.112 5	0.112 5	
4.2	0.126 3			0.123 3
5.1	0.126 3			0.123 3
5.2		0.127 3	0.127 3	

	4.2	5.1	5.2	
4.2			0.123 3	$I_{4.2}=0.123\,3$
5.1			0.123 3	$I_{5.1}=0.123\,3$
5.2	0.127 3	0.127 3		$I_{5.2}=0.254\,6$

$I_{4.1}=0.225\,0$
$I_{4.2}=0.249\,6$
$I_{5.1}=0.249\,6$
$I_{5.2}=0.254\,6$

将活动 4.1 从矩阵中移除,剩余活动中 4.2 与 5.1 的输入信息强度相同且最小,4.2 与 5.1 的输出信息强度也相同,将二者调整到序列前端。确定执行次序 Sep(4.1)=2,Sep(5.1)=2,Sep(5.2)=3

活动 4.1 输入信息强度最小,将其调整到序列前端。确定执行次序 Sep(4.1)=1

图 5-15　耦合活动集〈4.1,4.2,5.1,5.2〉的信息依赖度计算与割裂运算过程

图片来源:作者绘制

		1.1	1.2	1.3	1.4	1.5	1.6	1.7	2.1	2.2	2.3	3.1	3.2	3.3	3.4	3.5	4.1	5.1	4.2	5.2	4.3	5.3	6.1	6.2
组建产品研发团队	1.1																							
确定产品研发方向	1.2	1																						
分析用户需求	1.3		1																					
分析竞争产品	1.4		1																					
制定产品任务书	1.5			1	1																			
设计产品研发过程	1.6		1																					
制定产品研发过程管理计划	1.7					1	1																	
概念方案生成	2.1							1																
概念方案选择	2.2								1															
概念方案评价	2.3									1														
建立产品系统分解结构	3.1								1	1														
产品功能体设计	3.2									1	1													
产品模块设计	3.3												1											
初步制造设计	3.4													1		1								
初步装配设计	3.5														1									
详细制造设计	4.1														1	1		1	1					
工厂制造	5.1																1			1				
详细装配设计	4.2																1			1				
工厂装配	5.2																	1	1					
现场建造设计	4.3																			1				
现场建造	5.3																				1			
内部性能测试	6.1																					1		
用户测试	6.2																						1	

图 5-16　优化后的可移动建筑产品研发过程的二元设计结构矩阵

图片来源:作者绘制

第六步,进行割裂运算。首先根据信息依赖度矩阵,计算出各活动的输入信息强度,分别为 $I_{4.1} = 0.225\,0$,$I_{4.2} = 0.249\,6$,$I_{5.1} = 0.249\,6$,$I_{5.2} = 0.254\,6$。然后开始进行研发活动的执行顺序判别:先将信息输入强度最小的活动 4.1 调整到序列前端,并从矩阵中移除,确认其执行次序为 1;随后查找剩余矩阵中是否有输入信息为 0 的活动及输出信息为 0 的活动,确认不存在;接下来继续查找输入信息强度最小的活动,发现矩阵剩余活动中存在两个数值相同的信息输入强度最小的活动 4.2 与 5.1,并且二者的输出信息强度也相同;最终,可判断活动 4.2 与 5.1 的执行次序均为 2,活动 5.2 的执行次序为 3。

耦合活动集 {4.1,4.2,5.1,5.2} 经过割裂运算最终得到其所对应的信息回路的信息传递关系为:详细制造设计→详细装配设计、工厂制造→工厂装配。

(5)基于划分运算与割裂运算的最终结果,对可移动建筑产品研发过程设计结构矩阵中研发活动的排序进行重新调整,得到最终优化后的可移动建筑产品研发过程二元设计结构矩阵,如图 5-16 所示。

3. 构建可移动建筑产品研发流程模型

通过分析优化后的可移动建筑产品研发过程二元设计结构矩阵,可对研发活动间的依赖关系做出如下主要判断:分析用户需求与分析竞争产品之间是并行关系;设计产品研发过程与分析用户需求、分析竞争产品、制定产品任务书这三项研发活动间是并行关系;初步制造设计与初步装配设计之间是耦合关系;详细装配设计与工厂制造之间为并行关系;现场建造设计与工厂装配之间为并行关系;现场建造设计与现场建造之间为耦合关系;内部性能测试与用户测试之间为并行关系;最后,由于详细制造设计与详细装配设计、工厂制造与工厂装配、详细制造设计与工厂制造以及详细装配设计与工厂装配这四组依赖关系在具有耦合关系的基础上,还存在以下执行顺序"详细制造设计→详细装配设计、工厂制造→工厂装配",因为可判定详细制造设计与详细装配设计、工厂制造与工厂装配、详细制造设计与工厂制造、详细装配设计与工厂装配这四组活动间的依赖关系均为重叠并行关系。

在明确可移动建筑产品研发活动间依赖关系的基础上,最终对可移动建筑产品研发流程模型加以构建,如图 5-17 所示。可移动建筑产品研发流程模型直观地反映了产品研发活动的执行顺序及相互间的依赖关系,主要具有以下特征:

产品定义与规划阶段、产品测试阶段中的研发活动间存在并行关系。系统层面设计阶段、建造设计阶段及原型产品建造阶段中的研发活动间存在相对复杂的依赖关系,包括并行关系、耦合关系与重叠并行关系。建造设计阶段与原型产品建造阶段之间存在重叠并行关系,形成研发活动的局部耦合关系与迭代小循环。当上游建造设计活动进行到一定程度时便及时向下游的原型产品建造活动传递其所需信息,同时下游活动也积极向上游反馈信息。上游建造设计活动在接收到下游工厂制造装配及现场建造活动的反馈信息后及时对产品设计做出修改调整,避免大范围跨阶段的产品设计修改与反复。

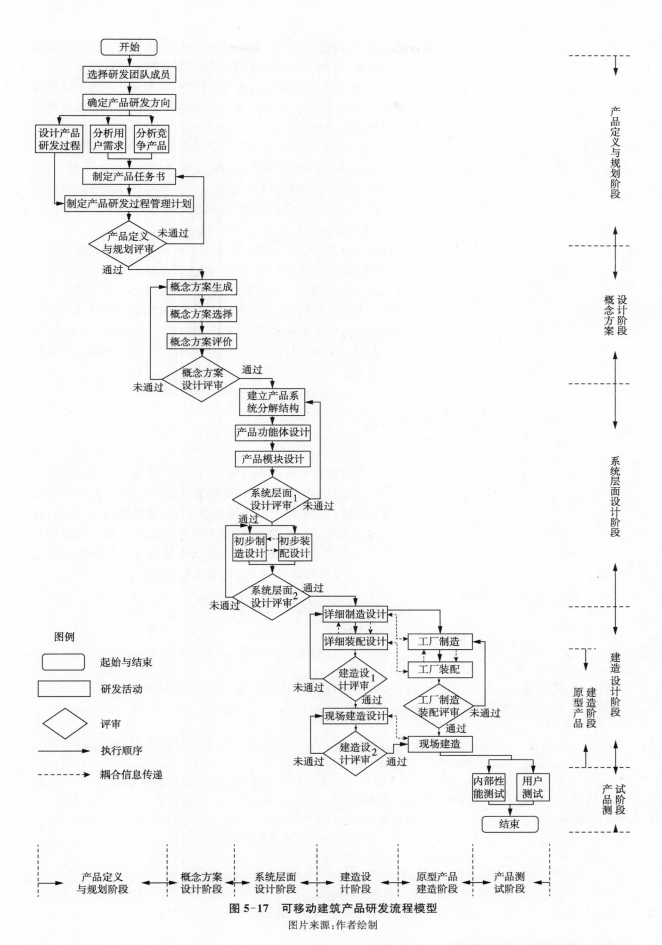

图 5-17 可移动建筑产品研发流程模型

图片来源：作者绘制

可移动建筑产品研发流程另一重要特征是在关键决策点处设置评审关口。评审关口所承担的主要任务是在两研发阶段之间或重要的研发活动结束后,对上一阶段的输出成果进行检查,判断其是否满足该阶段产品设计任务书的要求,是否能作为下一阶段的输入信息,并决策批准用于指导下一阶段研发工作的产品任务书及研发过程管理计划。当对上一阶段的评审得以通过后,将继续执行下一阶段的任务。如果评审未通过,则需根据评审结论,对上一阶段的产品研发工作进行重新修正调整,直至再次评审时得以通过。评审关口中的评审人员由可移动建筑产品研发团队中各个专业背景的研发人员共同组成,在综合各专业评审人员意见的基础上,最终评审决策由产品研发总工程师做出。

可移动建筑产品研发流程中共有七个评审关口。在产品定义与规划阶段以及产品概念设计阶段结束后分别设置产品定义与规划评审关口及产品概念设计评审关口。对系统层面设计阶段的评审设置有两个评审关口,分别位于产品模块设计及初步制造设计、初步装配设计活动之后。对于建造设计阶段的评审同样设置两个评审关口,分别位于详细装配设计与现场建造设计活动之后。对于原型产品建造活动的评审关口则位于工厂装配活动之后。

本章小结

本章首先对设计结构矩阵的定义与发展、分类及分析运算方法进行了概述;然后阐述了基于设计结构矩阵的并行产品研发过程优化方法,具体包括划分算法、定耦操作、信息依赖度求解、割裂算法等;最后,在并行产品研发过程优化方法基础上,提出了可移动建筑产品研发流程设计的基本步骤与方法,并对可移动建筑产品研发流程设计的具体过程进行了阐述,最终建立起可移动建筑产品研发流程模型。

注释

[1] Steward D V. The Design Structure System: A Method for Managing the Design of Complex System[J]. IEEE Transactions on Engineering Management,1981,28(3):71-74

[2] 唐敦兵,钱晓明,刘建刚.基于设计结构矩阵 DSM 的产品设计与开发[M].北京:科学出版社,2009:1

[3] Simth R P, Eppinger S D. A Predictive Model of Sequential Iteration in Engineering Design[J]. Management Science, 1997, 43(8): 1104-1120

[4] Yassine A, Braha D. Complex Concurrent Engineering and the Design Structure Matrix Method[J]. Concurrent Engineering-Research and Application, 2003, 11(3): 165-167

[5] Browning T R. Applying the Design Structure Matrix to System Decomposition and Integration Problems—A Review and Directions[J]. IEEE Transactions on Engineering Management,2001, 48(3): 292-306

[6] 唐敦兵,钱晓明,刘建刚.基于设计结构矩阵 DSM 的产品设计与开发[M].北京:科学出版社,2009:2

[7] 董明,程福安,查建中,等.并行设计过程的一种矩阵规划方法[J].天津大学学报,1997,30(4):411-412

[8] 李爱平,许静,刘雪梅.基于设计结构矩阵的耦合活动集求解改进算法[J].计算机工程与应用,2011,47(17):35-36

[9] 武照云.复杂产品开发过程规划理论与方法研究[D].合肥:合肥工业大学,2009

[10] 范周田.模糊矩阵理论与应用[M].北京:科学出版社,2006:216

[11] 谢季坚,刘承平.模糊数学方法及其应用[M].第 4 版.武汉:华中科技大学出版社,2013:178

第六章　基于集成多视图的可移动建筑产品研发过程管理

可移动建筑产品研发过程管理是指为实现产品研发的最终目标,对时间进程、人员组织、物力资源、财力资源等相关研发过程系统要素进行计划、执行、监控等活动的过程。通过产品研发过程管理可以有效处理产品研发过程中的各种矛盾冲突,确保产品研发过程在较短的研发周期内,在合理的人员组织及恰当的物力与财力资源支持下成功顺利实施,实现可移动建筑产品研发过程的并行、一体化目标。

建立可移动建筑产品研发集成多视图过程管理模型是进行产品研发过程管理的前提,其为产品研发过程管理提供了管理工具。集成多视图研发过程管理建模是在可移动建筑产品研发过程系统结构基础上,从过程建模、产品建模、组织建模以及资源建模出发,首先形成过程视图、产品视图、组织视图和资源视图,然后通过过程视图与产品视图、组织视图、资源视图间的两两集成,最终建立起集成多视图研发过程管理模型。

第一节　产品研发过程系统集成多视图建模

建立模型是针对复杂对象研究的基础性工作。模型是通过提炼研究对象的本质特征并忽略某些次要因素后,对研究对象的简化与抽象描述。模型的表现形式可以是装置、构筑物、数学公式、语言文字或表格图形等。只用模型的一种表现形式来描述对象的所有方面是很难做到的,模型一般只针对对象的某一具体研究范围而建立,研究对象可以是实体系统,也可以是过程。对过程开展研究首先需要对过程进行建模,即运用形象直观的工具与手段对过程进行客观描述,以充分分析与理解整个过程。所运用的工具与手段被称为建模工具,而过程建模的成果即是过程模型。过程模型应具有的功能特性包括:能够准确描述过程的基本特征与本质属性;能够定量反映过程运行的形态变化规律;能够客观表现过程的组成结构以及组成部分间的相互关系[1]。根据以上对过程建模基本概念的表述,产品研发过程系统建模则是指运用恰当的技术工具与手段建立产品研发过程系统模型,以实现对产品研发过程系统的描述、解释、预测与仿真,揭示产品研发过程系统的要素特征、运行规律及其内在结构关系。

一、产品研发过程系统建模的要求

产品研发过程系统建模是进行产品研发过程管理的基础。其最终建立的产品研发过程系统模型主要应具备以下功能：首先是过程表达功能，即将复杂抽象的产品研发过程系统简化为直观的、可视化的、易识别、可操作的模型，形成对产品研发过程具体、准确、清晰的描述；其次是过程分析优化功能，即产品研发过程系统模型支持对过程的仿真与优化，通过过程系统模型的仿真运行可以及时发现研发过程中存在的问题与缺陷，并在此基础上对研发过程进行重新规划与优化改进，尽量实现在最短的时间内用最低的成本高质量地完成产品研发目标；最后是过程运行控制功能，即产品研发过程系统模型支持产品研发过程的实施、监控与管理，通过利用产品研发过程系统模型可以对研发过程展开实时监控，根据过程实际运行情况与过程管理计划的对比，及时调控过程系统实际运行中的活动、时间、人员、资源等各要素的配置。

产品研发过程系统建模的目标即实现产品研发过程系统模型对研发过程的表达、优化及运行控制功能。为实现此目标，产品研发过程建模具体需要满足如下要求。

第一，要实现过程表达功能。首先，产品研发过程系统建模应对过程系统的活动、时间、产品、资源等要素进行全面的描述，应从研发过程的不同侧面展开建模，模型所包含的信息应具有一致性、确定性和整体性。产品研发过程系统模型的具体表达内容包括研发活动的组成、研发活动的执行顺序及相互间的依赖关系、产品的结构、研发资源构成、人员角色与任务分配、研发时间进度安排等内容。其次，产品研发过程系统模型应具有直观的图形化形式，以便于研发管理人员的理解和团队成员的共享使用，以及有利于后续计算机软件平台的建立。

第二，要实现过程分析优化功能。首先要建立合理的过程仿真、监控、调度的机制方法，在此基础上对产品研发过程系统模型加以评估、改进与优化，使其不断完善以适用于研发过程的实际管理工作。其次，模型应具有动态性特征，由于产品研发过程优化会导致系统要素内部及相互间关系的改变，因此产品研发过程系统模型应具有支持过程动态改变的能力，可根据过程改变的情况做出模型自身的调整。

第三，要实现过程运行控制功能。要求产品研发过程系统模型应具有结构性与层次性。过程系统模型应根据研发过程的实际执行需要，逐层细化，分解为相互间结构清晰且易操作掌控的系统要素模型单元以供研发个人或研发小组使用。结构性与层次性清晰的产品研发过程系统模型能够使研发团队成员的角色、任务明确，有利于研发过程的执行、控制与管理。

二、产品研发过程系统建模相关方法

产品研发过程的复杂性决定了产品研发过程系统建模应从不同侧面、不同角度对研发过程展开描述，但是面对这样一个复杂的系统，想要做到模型全面、完整地反映过程系统是非常困难的。自 20 世纪 50 年代以来出现了众多产品研发过程系统建模方法，具有代表性的建模方法有：有向图法、IDEF 方法、Petri 网、计划评审技术和关键路径法等。

有向图法主要通过网络图来表述活动间执行顺序,其由代表活动的节点集与联系这些活动有向弧组成。有向弧表达了活动间的联系与相互间依赖关系。有向图法相对直观且较容易掌握与理解,但有向图较难描述具有众多活动的复杂过程,一般只适于拥有较少活动节点的过程建模。

IDEF(Integrated Computer Aided Manufacturing DEFinition)是20世纪80年代初最早由美国空军提出的一种系统分析与建模方法,其包含了多种子方法,如 IDEF0 功能建模、IDEF1 信息建模、IDEF2 动态建模、IDEF3 过程建模等,其中 IDEF3 是一种典型的过程建模方法。IDEF3 通过采用过程流描述图与对象状态转移网图对过程进行建模,其具有简化清晰的图元,可以明确定义过程的时序与活动间的依赖关系,有效描述过程中活动对象的状态。但 IDEF3 不足的方面是其缺乏功能、组织、信息视图,无法充分反应过程演进状态,不能充分支持过程管理。

Petri 网是一种基于数学图论的图形化过程建模方法,由德国学者卡尔·A. 佩特里(C. A. Petri)于 1962 年在他的博士论文中首次提出。Petri 网可以被视为一种特殊类型的有向图,其由库所、变迁、连接库所以及变迁的有向弧三种图形元素构成[2]。Petri 网为过程建模提供了丰富的描述手段和高效的分析技术,其不但可以运用所定义图形元素直观、简明地表现出建模对象的活动动态,还可以利用数学方程严格准确地建立研究对象的数学模型。Petri 网的缺点在于建模过程过于复杂,模型系统相对封闭,不支持过程迭代及过程局部修改等。

计划评审技术(Program Evaluation and Review Technique,PERT)和关键路径法(Critical Path Method,CPM)于 20 世纪 50 年代后期开始出现,其主要用于解决复杂工程项目的计划、组织、协调与控制问题。PERT 与 CPM 运用网络计划图的形式,按照时间进程对项目从开始到结束的完整过程进行规划与描述,它是一种典型的过程建模方法。在PERT 与 CPM 出现之前,最早用于项目管理的过程模型是甘特图,也被称为横道图,其是由美国工程师亨利·L. 甘特(Henry L. Gantt)于 1917年首先发明。甘特图通过具有时间坐标的水平线段来表示活动的起始时间点以及完成该活动所需要的工期。甘特图编制简单,表达直观易于操作,但它只适于较为简单的项目计划,对于描述活动间的复杂关系便显得力不从心。PERT 与 CPM 方法的应用在很大程度上弥补了甘特图功能上的不足,它们运用网络图描述与分析各活动的进度与相互间关系,通过计算项目完成的最短周期而确认关键活动及获得关键路径,为项目管理人员提供了简明便捷的过程监督与控制工具,此外 PERT 与 CPM 图也很容易转化为甘特图。PERT 与 CPM 方法的不足之处在于其主要被用于进程管理,对于人员组织、资金、物料等要素信息的描述功能较弱,不能支持过程系统信息的集成。

除了以上所提到产品研发过程系统建模方法之外,还存在很多其他方法,如 GRAI 方法、UML 方法、工作流方法以及前文阐述过的 DSM 方法等。但所有这些过程系统建模方法大多是从自身的研究领域出发,皆具有各自不同的侧重点,它们在某些特定方面具有优势的同时也存在自身的局限性。这些建模方法只是对过程系统的某些侧面进行描述,并没有对全部过程系统要素及其相互关系展开完整分析,还无法做到全面的过程系统信息集成。而针对这些已存在问题,集成多视图建模方法提供了一条较好的解决途径。

三、集成多视图过程建模

在上文对于产品研发过程系统建模方法的介绍中可以发现,不同的研究实践者会根据自身的知识背景从不同的研究视点出发,运用不同的技术工具针对过程系统的不同方面展开描述。这些描述只是对过程系统不同侧面的反映,并不能完整、清晰地体现过程系统的全部内容。在此背景之下,集成多视图提供了一种更为全面的过程系统建模方法。集成多视图建模中的视图是指从不同的视点观察同一过程系统所形成的不同图示化内容。视图间的差异源于视点的不同,视点体现了对于过程系统分析描述的角度,其是形成视图的基础(图6-1)。不同的视图分别描述反映了过程系统的某一特定方面,最终将其集成整合构建起了完整、全面的过程系统模型。

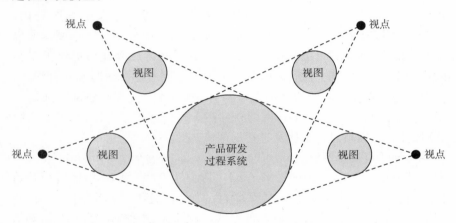

图6-1 视点、视图及过程系统间的关系
图片来源:作者绘制

此外,由于强调产品研发过程集成、并行、一体化的并行工程是一种系统化思想,其具有系统化的结构,是组织管理子系统、过程子系统以及环境子系统的集成,因此要支持并行工程的实施就需要建立一种面向系统集成的模型工具以用于研发过程管理。集成多视图模型以直观的视图形式从多角度、多层次对产品研发过程进行系统性的整体描述,以帮助研发管理人员完成对过程系统的组织、领导、监控及调度等,其成为并行工程用于产品研发过程管理的关键技术工具。

迄今为止已有众多的国内外学者与科研机构在集成多视图过程建模相关领域展开过研究。在国内,朱全敏、熊光楞、辜承林提出了基于四种视图的多视图过程建模方法,即功能视图、行为视图、组织视图以及信息视图,其认为多视图方法注重于对过程的形式化、可视化表述,需要通过确定研发活动的内容、起始条件、时间信息、执行者、资源以及信息约束条件等要素来建立过程模型,同时多视图方法创造了丰富简明的用户界面,易于研发管理人员操作使用[3]。谢列卫、吴祚宝认为基于并行工程的集成产品设计过程是一个复杂的系统,要认识过程系统的本质,就需要运用多视图建模技术分别从产品视图、功能视图、组织视图、工作流视图、资源视图、约束视图六个方面对过程进行建模[4]。李小燕、刘敬军、张琴舜提出了以产品研发过程为核心,以产品为目标,以组织和资源为支持,以资金为控制的 P-PROCE 集成多视图模型(Process-Product Resource Organization & Cost Estimation),该模型主要由过程视图、产品视图、组织视图、资源视图、资金视图组成。过程视图描述了过程中各活动内部的运作机制及相互间联系,产品视图描述产品自身的结构及相关的设计与制造信息,组织视图描述了产品研发团队的人员组织结构、角色定义与权限,资源视图描述产品研发过程中所需要的人力、物料、工具设备等资源需求,资金视图描述研发过程中所涉及的资金需求与消耗以及研发成本[5]。

在国外,德国萨尔大学的谢尔(Scheer)教授于 1992 年创建了面向过程系统的 ARIS(Architecture of Integrated Information System)建模方法。ARIS 方法的核心是对产品研发过程系统进行多视图、多层次、多关联、全生命周期描述,多视图建模与系统信息集成是 ARIS 方法的重要特征。ARIS 由组织视图、功能视图、控制视图、数据视图以及输出视图共五部分组成。其中每个视图的建模过程是相对独立的,即建立任一视图时,不需要输入或利用其他视图的信息,这样一来可以充分简化过程信息描述的复杂程度以及减少冗余信息。每个视图分别从需求定义、设计说明、实施描述三个方面进行建模。在五个视图中,控制视图的功能是描述其余四个视图间的相互关系以及维护模型整体的一致性,各视图最终通过"ARIS 屋"体系结构(图 6-2)实现最终的视图间信息集成。ARIS 方法的优势还在于其拥有一套标准的软件工具来支持过程系统建模的实施与应用[6]。

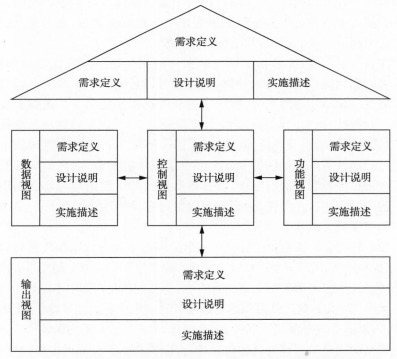

图 6-2　ARIS 屋的体系结构
图片来源:作者绘制
参见:秦现生,同淑荣,王润孝,等.并行工程的理论与方法[M].西安:西北工业大学出版社,2008:169

通过总结分析以上国内外专家学者对集成多视图建模的研究成果可以得出以下结论:集成多视图建模的重要特征是多视图与信息集成,它从多视角、多层面对产品研发过程系统进行全面描述。集成多视图建模方法的核心内涵在于建立了多视图的体系结构并形成视图间的固定关系,视图间既相互独立又互相联系,在对过程系统要素的全面描述的基础上实现过程系统信息的集成。

第二节　可移动建筑产品研发过程管理活动

一、管理的基本概念

管理是指管理者为实现组织的特定目标,对组织所拥有的资源,包括人力、物力、财力、时间、信息等进行计划、决策、组织、领导、控制、协调等活动的过程[7]。根据以上对管理的定义可以总结出如下内涵:管理的载体是组织;管理者是管理主体,它在组织中领导与指挥其他成员的行为;管理的客体,即管理对象是组织所拥有的资源要素、组织自身以及组织所进行的活动;管理活动通过一系列的具体管理职能加以实现;管理的本质是对组织、资源、活动等相互间关系的协调。

1. 管理的职能

管理的职能即管理的职责与权限,它主要通过具体的管理活动加以体现。管理的职能主要包括计划、决策、组织、领导、控制、协调六个方面。

计划职能是实施管理活动的依据,是管理者对未来行动的谋划与安排。计划不但可以增强管理活动的针对性、预见性,而且还能够使组织成员了解与明确其所需完成的任务目标及在完成过程中所应遵循的原则。

决策职能是对未来行动的路线、方向、措施等所做出的判断与选择。决策贯穿于管理过程的始终,所有的组织成员都拥有自身职责范围内的决策职能。正确的决策会指引组织沿着正确的路线前进,反之错误的决策会造成组织自身的损失,乃至行动的失败。

在管理学中,组织的含义可以分别从动态与静态两方面加以阐释。作为名词的组织可理解为人的集合体,它可以是自发产生的也可以是人为形成的。从动态方面理解,组织是管理的具体职能之一。组织职能的主要内容包括:组织内部具有特定分工,根据任务分工设置相应的职能部门;明确各组织成员及职能部门所应承担的职责与完成任务的标准;确定各职能部门及组织成员间的相互关系。组织中的所有人员、不同层级的管理者都位于各职能部门之中,管理者所做出的决策信息需要在组织结构下按照设定的次序传递,管理的最终目标需要借助组织设计与组织行为来加以实现。

领导职能是指领导者在组织所赋予的权力下对下属组织成员进行指挥、监督与协调,以确保组织目标的完成。由于组织不同成员间在个人的素质、价值观、性格、工作职责等各方面存在差异,在相互合作中不可避免地会产生矛盾与冲突。此时就需要通过领导者对组织成员的指导,赋予正确的任务,约束不当的行为,化解冲突,统一思想,最终形成高效的团队。

控制职能是指管理人员为保证实际工作按照计划顺利实施,按照计划与标准对生产活动进行检查、监督的管理活动。当管理人员发现问题偏差后,一方面可以采取措施纠正错误使生产活动仍按照计划进行,另一方面还可以调整改变计划以达到预期管理目标。

协调职能是指正确合理地处理组织内外要素间关系,为组织的顺利运行创造优良的条件,提供适宜的环境。协调职能通过管理者对各生产要素进行全面统筹安排、均衡配置的管理活动来实现。

2. 管理的对象

管理对象是管理实施的客体。要实现组织目标,需要在构建组织结构的基础上,通过开展有效的职能活动,对人力、物力、财力、时间、信息等资源要素进行调度与配置。因此管理对象包括了组织、各种资源要素以及完成组织目标所需进行的相关活动。对组织进行管理的内容主要有明确组织目标、确立组织发展战略以及进行组织决策。对人力的管理主要包括人员的选拔、配备,人员任务的设置与分配以及工作成果的评价等。对财力的管理包括有财务管理、成本管理等具有价值形态的管理活动。对物力的管理针对了所有具有物质形态的资源要素,具有较宽泛的外延。对时间的管理体现在工作进程设计、工作进度管理等方面。对信息的管理活动包括信息的收集、存储、处理、传递,以及对信息管理系统的设计、运行、维护等[7]。

二、现代项目管理知识体系

项目管理是指使用各种知识、技能、方法与工具,为满足项目相关各方的需求与期望而展开的各种管理活动[8]。项目的相关各方指的是所有的项目利益相关者,包括项目的甲方业主、项目研发者、项目的政府主管部门以及项目的供应商等。这些利益相关者对项目有着各自不同的利益需求,如项目甲方业主希望以最小的投资获得最大的项目收益;项目研发者期望在获得收益的同时能够创造优秀的成果;政府管理部门则希望通过项目创造社会就业机会及提高财政收入。项目管理的根本目标就是最大程度地满足以上这些利益需求,实现利益需求间的综合平衡。此外,项目管理与普通的运营管理因管理对象的不同而采取了不同的管理手段。项目管理的对象是具有独特性、一次性及不确定性特征的项目,而后者管理的则是具有常规性、重复性及确定性特征的一般运营活动。因此进行项目管理就需要以相关专业领域的具体的、特定的、专门的知识、技能、方法与工具作为管理手段,针对各不相同的项目展开管理活动。

现代项目管理知识体系是指现代项目管理中进行各种管理活动所运用的一系列项目管理理论、方法及工具的总和。目前世界范围内的两大项目管理研究机构,国际项目管理协会(International Project Management Association,IPMA)与美国项目管理协会(Project Management Institute,PMI)分别推出了各自的项目管理知识体系(Project Management Body of Knowledge,PMBOK)。其中 PMI 所编著的《项目管理知识体系指南(PMBOK 指南)》已成为项目管理领域的权威工具教科书。在该书中项目管理知识体系总共由 47 个项目管理活动组成,其分别被纳入 5 个项目管理过程组与 10 个项目管理知识领域(表 6-1)。

项目管理过程组分别为启动过程组、规划过程组、执行过程组、监控过程组与收尾过程组,它们共同构成了项目管理过程。启动过程组管理活动的内容主要是定义一个新项目或现有项目的一个阶段并授权该项目开始执行。规划过程组的管理活动内容为明确项目的范围并制定行动方案。执行过程组为实施完成项目管理计划中既定的工作。监控过程组为对项目的进展与绩效进行跟踪、审查与调整,识别需要调整变更的项目计划并进行相应调整。收尾过程组的管理活动内容是完结过程组的全部活动,结束项目或其中某一阶段。各个管理过程组之间通过相互间的输入与输出关系而产生联系,一个管理过程组的成果会成为另一过程组的输入或是项目及项目某阶段的交付成果。例如,规划过程组的输出成果为执行过程组所需要的管理计划与相关文件,并且在执行过程中这些管理计划与文件会随着项目进展而不断更新。项目管理过程组不同于项目生命周期中的项目阶段概念,其既会被执行于项目全部生命周期中,也会共同出现在一个项目阶段内并在各个项目阶段中重复执行,即一个项目阶段中也会包含从启动过程组到收尾过程组的完整项目管理过程[9]。

表 6-1　项目管理过程组与知识领域

知识领域	项目管理过程组				
	启动过程组	规划过程组	执行过程组	监控过程组	收尾过程组
1. 项目整合管理	1.1　制定项目章程	1.2　制定项目管理计划	1.3　指导与管理项目工作	1.4　监控项目工作 1.5　实施整体变更控制	1.6　结束项目或阶段
2. 项目范围管理		2.1　规划范围管理 2.2　收集需求 2.3　定义范围 2.4　创建 WBS		2.5　确认范围 2.6　控制范围	
3. 项目时间管理		3.1　规划进度管理 3.2　定义活动 3.3　排列活动顺序 3.4　估算活动资源 3.5　估算活动持续时间 3.6　制定进度计划		3.7　控制进度	
4. 项目成本管理		4.1　规划成本管理 4.2　估算成本 4.3　制定预算		4.4　控制成本	
5. 项目质量管理		5.1　规划质量管理	5.2　实施质量保障	5.3　控制质量	
6. 项目人力资源管理		6.1　规划人力资源管理	6.2　组建项目团队 6.3　建设项目团队 6.4　管理项目团队		
7. 项目沟通管理		7.1　规划沟通管理	7.2　管理沟通	7.3　控制沟通	
8. 项目风险管理		8.1　规划风险规划 8.2　识别风险 8.3　实施定性风险分析 8.4　实施定量风险分析 8.5　规划风险应对		8.6　控制风险	
9. 项目采购管理		9.1　规划采购管理	9.2　实施采购	9.3　控制采购	9.4　结束采购
10. 项目干系人管理	10.1　识别干系人	10.2　规划干系人管理	10.3　管理干系人参与	10.4　控制干系人参与	

表格来源:作者绘制

参:[美]项目管理协会.项目管理知识体系指南(PMBOK 指南)[M].许江林,译.第 5 版.北京:电子工业出版社,2013:61

项目管理的 10 个知识领域分别为：项目整合管理、项目范围管理、项目时间管理、项目成本管理、项目质量管理、项目人力资源管理、项目沟通管理、项目风险管理、项目采购管理以及项目干系人管理。下文重点对项目整合管理、项目范围管理、项目时间管理、项目成本管理以及项目人力资源管理进行阐述。

项目整合管理是指为识别、定义、组合、统一与协调各项目管理过程组所实施的活动与过程而进行的管理活动，其起到了对所有项目管理过程组及活动的统一、合并、沟通与集成作用。项目整合管理的工作内容包括选择资源分配方案、平衡相互竞争的项目目标、协调项目管理知识领域间的依赖关系等。项目整合管理的具体管理活动包括：制定项目章程、制定项目管理计划、指导与管理项目工作、监控项目工作、实施整体变更控制以及结束项目或阶段。制定项目章程是指编制批准项目并授权项目领导者使用项目资源文件的管理活动；制定项目管理计划的主要内容为制定与协调所有子项目管理计划，并将其整合为统一整体，因此项目管理计划包括所有的子计划；指导与管理项目工作是指为实现项目目标而执行项目管理计划的管理活动；监控项目工作的主要任务是跟踪、审查项目进展情况；实施整体变更控制的任务是对项目管理计划及组织资源的变更进行审批与管理；结束项目或阶段的主要内容是处理完结所有项目管理活动，以正式结束项目。

项目范围管理的对象是项目需要完成的全部必要工作及相关过程，其主要任务是定义与控制何种工作应包含于项目内，何种工作不应包含于项目中。项目范围管理的具体管理活动包括：规划范围管理、收集需求、定义范围、创建工作分解结构、确认范围及控制范围。规划范围管理的主要内容是描述如何定义、明确与控制项目范围；收集需求是指为确保项目目标实现，获取并分析干系人需求的管理活动；定义范围的主要内容是对项目及目标产品展开详细描述；创建工作分解结构是将项目目标产品及工作分解为较小的、易操作的单元管理活动；确认范围的任务是对项目成果进行检验与确认；控制范围主要是对产品及项目范围的状态进行监控，并对项目范围的变更进行管理。

项目时间管理是指为确保项目在限定时间内完成而需进行的管理活动。具体内容包括规划进度管理、定义活动、排列活动顺序、估算活动资源、估算活动持续时间、制定进度计划以及控制进度。规划进度管理是指为制定、执行与控制项目进度而编制相关程序与文档的管理活动；定义活动是指记录和识别为完成项目所采取的具体行动的管理活动；排列活动顺序的主要任务是识别项目活动间的依赖关系；估算活动资源是指估算完成各项活动所需要的人员、材料、设备等相关资源的数量与种类等；估算活动持续时间是在活动资源估算的基础上，估算项目活动完成所需要的工作时段及其数量的管理活动；制定进度计划的主要任务是创建项目进度模型，对项目活动顺序、活动资源需求、活动持续时间以及进度制约因素进行分析；控制进度的主要任务是跟进项目进展，实时监控项目活动的状态，及时进行进度计划变更，以最终实现项目管理计划。

项目成本管理是指为了使项目在有限的财力资源支持下完成，而围绕项目成本进行的预算、估算、筹资、控制等一系列管理活动，具体内容包括规划成本管理、估算成本、制定预算以及控制成本。规划成本管理是指为估算、预算及控制项目成本而编制相关程序与文档的管理活动;估算成本的主要内容是对项目活动所需的资金进行近似地计算与判断;制定预算的内容是在所有项目活动的成本估算基础上,建立最终经核实批准的成本基准;控制成本的主要任务是通过监控项目的状态变化,以相应更新与变更项目的估算与预算。

项目人力资源管理主要指组织、领导与管理项目团队的相关活动,其具体内容包括规划人力资源管理、组建项目团队、建设项目团队以及管理项目团队。规划人力资源管理的主要任务是识别与明确项目人员的职责、角色及所需技能,并制定人员配置计划;组建项目团队是指根据所拥有的人力资源为项目的开展而建立团队的管理活动;建设项目团队的主要任务是通过增强项目人员的工作能力,改善促进团队成员间的互动与协同程度,以最终提高项目的绩效;管理项目团队是指通过跟踪掌握项目团队成员的工作表现,解决团队人员在配合、协同、执行、变更等过程中产生的各种问题。

三、基于并行工程的可移动建筑产品研发过程管理活动体系

基于并行工程理论的可移动建筑产品研发过程管理是以过程系统为管理对象,以时间进程为管理的核心,通过制定产品研发过程管理计划、组建跨职能研发团队,以及对全过程实施监控与控制,最终实现产品研发过程并行、协同、一体化目标的管理活动集成。并行工程下的可移动建筑产品研发过程管理与传统项目管理有着显著区别。在传统项目管理中,产品研发活动与研发流程基本固定,研发团队人员相对固定,由于职能部门的相对独立导致不同研发活动、研发阶段间信息共享程度低,过程管理的集成度较低,容易形成"过程孤岛"现象。而可移动建筑产品研发过程管理更加强调过程管理的集成,强调制定基于全过程整体层面的过程管理计划、强调集成产品研发团队的组织建设以及对研发过程的动态监控。

可移动建筑产品研发过程管理的主要任务是通过对产品研发过程所涉及的研发活动、研发流程、研发产品及研发资源要素进行合理的统筹计划、组织、执行、监控等管理活动,有效地化解产品研发过程中所产生的各种矛盾冲突,确保正确的人员在正确的时间、地点,以正确的资源手段完成产品研发工作,最终保证产品研发能够按照研发流程成功顺利实施并实现研发过程运行的并行、一体化。

根据上文对 PMI 项目管理知识体系中项目管理过程组与项目管理知识领域概念的阐述,可以认识到可移动建筑产品研发过程管理属于项目管理的范畴,其主要管理活动被涵盖于 PMBOK 的 47 个项目管理活动之中。可移动建筑产品研发过程管理的范围窄于项目管理,管理活动主要以时间进程管理为核心,管理活动主要集中于 PMBOK 的规划过程组、执行过程组及监控过程组之中,项目管理知识领域主要涉及项目整合管理、项目范围管理、项目时间管理、项目成本管理及项目人力资源管理。

以 PMI 项目管理知识体系为研究参照系,可移动建筑产品研发过程管理活动从管理过程的角度可以被分为三个管理子过程与四项管理活动。管理子过程分别为制定产品研发过程管理计划、执行产品研发过程管理计划、监控产品研发过程,其中制定产品研发过程管理计划子过程中管理活动的种类与数量最多,是可移动建筑产品研发过程管理活动的主

体,其包含了一系列的子管理计划。四项管理活动分别为时间进程管理、人员组织管理、财力资源管理与物力资源管理,其又由若干管理子活动组成。时间进程管理包含的管理子活动为制定时间进度计划与控制时间进度。人员组织管理的管理子活动为制定人员组织计划、组建产品研发团队、建设与管理产品研发团队。财力资源管理的管理子活动为制定财力资源需求计划与控制研发成本。物力资源管理的管理子活动为制定物力资源需求计划、实施采购及控制物力资源供给。在以上管理子活动中,控制时间进度、控制研发成本与控制物力资源供给属于监控产品研发过程管理子过程,实施采购、组建产品研发团队、建设与管理产品研发团队属于执行产品研发过程管理计划管理子过程,其余管理活动属于制定产品研发过程管理计划管理子过程,详见表 6-2。

表 6-2 可移动建筑产品研发过程管理活动

管理活动	管理子过程		
	制定产品研发过程管理计划	执行产品研发过程管理计划	监控产品研发过程
1. 时间进程管理	1.1 制定时间进度计划		1.2 控制时间进度
2. 人员组织管理	2.1 制定人员组织计划	2.2 组建产品研发团队 2.3 建设与管理产品研发团队	
3. 财力资源管理	3.1 制定财力资源需求计划		3.2 控制研发成本
4. 物力资源管理	4.1 制定物力资源需求计划	4.2 实施采购	4.3 控制物力资源供给

表格来源:作者绘制

四、时间进程管理

开展可移动建筑产品研发时间进程管理,首先应依据产品研发过程分解结构、研发活动定义、研发流程等产品研发过程设计的输出结果,在分析研发活动间的执行顺序与依赖关系、研发活动的持续时间、资源需求、进度制约因素等基础上,进行时间进度计划的编制,建立包含各个研发活动时间计划的时间进度视图模型。然后,以经过确认的最终时间进度计划为基准,对研发时间进度进行控制,最终确保研发工作在限定的时间周期内完成。

时间进度计划所反映的具体内容包括各研发活动的计划开始时间与计划结束时间、研发活动的持续时间、里程碑以及研发活动间的执行顺序。制定基准时间进度计划需要在确定研发活动的计划起始时间及里程碑时间节点后,由研发人员审查研发活动的时间计划是否与资源需求及其他制约因素间存在冲突,进而修正研发活动的持续时间,修订时间进度视图模型,确保时间进度计划在可移动建筑产品研发过程管理中的有效性与可行性。

在时间进度计划的具体实施过程中,由于外部各种制约因素的影响,研发项目的实际时间进度常常会出现与时间进度计划不一致的情况,发生偏离。如果不及时纠正出现的偏差,可能会导致研发周期的延长,影响研发项目的顺利实施。控制时间进度管理活动的主要任务是在确立基准时间进度计划的基础上,将研发过程的实际时间进度情况与基准时间进度计划进行对比,发现进度偏差,在分析查明产生偏差的原因之后,对时间进度计划进行优化、调整与更新,因此制定时间进度计划是一个动态过程。时间进度计划主要通过制定时间进度计划图加以反映与输出。

五、人员组织管理

可移动建筑产品研发人员组织管理的主要任务包括:通过制定人员组织计划,构建研发团队组织结构;通过管理团队成员角色,明确成员的角色、职权与职责;通过组建产品研发团队,以选择团队成员、分配研发工作以及进行人员变更;通过建设与管理产品研发团队,提高团队成员的知识与技能,增加团队的认同感与士气,增进团队协作水平,最终提升团队整体研发创新能力。

1. 制定人员组织计划

可移动建筑产品研发团队是为了特定的可移动建筑产品研发任务,而以并行工程的集成产品研发团队组织模式系统性建立起来的产品研发项目小组,所有团队成员在并行工程的思想原则指导下,协同、并行、互为支持地展开集成、一体化的产品研发工作。可移动建筑产品研发团队具有以下属性特征:①项目驱动,为具体的可移动建筑产品研发项目而建立,项目目标完成后团队即解散;②产品研发工作范围限定,研发时间周期限定;③团队成员由跨专业职能的研发人员组成,不但包括建筑师、结构工程师、设备工程师、制造工程师、装配工程师、材料工程师等,还包括供应商、合作企业及目标用户的相关人员;④组织结构扁平化,团队的最高领导唯一。

制定人员组织计划的工作重点是构建研发团队的组织结构。可移动建筑产品研发团队主要由产品总工程师、一个项目规划管理小组和多个产品研发小组组成。产品总工程师是可移动建筑产品研发团队的最高领导,同时也是团队的发起人。项目规划管理小组主要承担产品研发过程设计及制定与实施研发过程管理计划的工作,小组领导为产品研发项目经理,成员为各产品研发小组的组长。产品研发小组主要针对产品系统分解结构而承担不同的产品功能体设计以及制造与装配方案的制定与实施。小组成员包括从产品设计到产品制造装配的相关专业领域人员。

2. 管理团队成员角色

团队成员的角色是指成员所承担的职务。职权是指团队成员使用研发资源、做出决策、审查验收研发成果以及要求其他成员开展某项研发工作的权利。职责是指为完成研发目标,团队成员所必须完成的工作。当团队成员所拥有的职权与职责相匹配时,能够最大程度地发挥成员的工作效能。可移动建筑产品研发团队成员分别具有岗位与专业职能双重角色。岗位角色包括产品总工程师、产品研发项目经理、产品研发小组组长及产品研发小组成员。专业职能角色则包括建筑师、结构工程师、制造工程师等。团队成员角色管理主要针对的是岗位角色。

作为团队发起人的产品总工程师是可移动建筑产品研发团队的最高级领导。产品总工程师负责选择、任命产品研发项目经理与产品研发小组组长,并进行研发任务的下达。产品总工程师并不直接对团队进行控制与管理,不直接参与具体的产品研发工作,其具体的职责主要包括组建产品研发团队、确定产品研发方向、审查批准研发交付成果、筹措项目资金、定期参加团队会议并于研发过程重要节点做出方向性决策等。

产品研发项目经理行使对研发团队的直接管理权,全面负责对可移动建筑产品研发工作的管控,其需要着眼于产品研发项目全局,使全体团队成员为共同的产品研发目标协同工作。产品研发项目经理的具体职责有:协助产品总工程师组建团队;制定产品任务书;进行研发过程设计;制定产品研发过程管理计划;进行团队成员角色管理;建设与管理研发团队,使其协同、并行开展各项研发工作,并做出相关技术性决策。

产品研发小组组长是可移动建筑产品研发团队的基层领导,对产品研发小组进行直接管理,其负责分配与协调产品研发小组成员的研发工作,确保产品研发小组能够按时、高质量地完成项目经理下达的研发任务。产品研发小组组长的具体职责包括:协同产品研发项目经理制定与细化研发小组内部的研发过程管理计划;在负责小组核心研发工作的同时为小组成员提供技术支持;按照管理计划监督与组织小组成员开展研发工作;对研发小组内部的研发技术问题进行决策。

产品研发小组成员是可移动建筑产品研发工作的具体执行者。其主要职责为:执行团队所做出的各项决策,按计划完成团队领导下达的研发任务;参与研发小组及团队的技术讨论,对决策提供建议;与研发小组其他成员交流协商、互为支持,协同展开研发工作。

3. 组建产品研发团队

组建产品研发团队的主要任务包括:为研发项目选择适合的团队成员;为团队成员分配工作任务,并将成员名单加入时间进度计划图与团队组织结构图之中;根据研发过程的实际情况对研发团队的组织结构、团队成员角色进行变更。

可移动建筑产品研发团队的规模适宜保持在5至12人,如果团队成员数量过多会使相互间的协调沟通渠道复杂化,致使工作效率降低;如果团队成员数量过少,则难以承担大量且复杂的工作任务。所以在选择团队成员时,需要关注备选人员的专业能力、工作经验、个人综素质等方面的因素,团队成员应具有较强的团队整体意识、协作及敬业精神。团队成员的专业能力与个人素质体现在:在进行产品结构、功能性设计的同时对产品后续的可制造性、可装配性、可检验性、可回收利用性等展开同步研究,实施产品及其实现过程的一体化设计;善于与团队其他成员协作与沟通,共享知识与信息,维护团队的团结;具有产品的持续改进意识,善于进行技术创新。

4. 建设与管理研发团队

建设与管理产品研发团队是产品研发项目经理的主要职责,其应努力构建一个促进研发团队协同工作的环境,给予团队成员实现自我价值的机会,为团队成员提供各方面支持,维护、激励、鼓舞研发团队,实现团队的高效运行。建设与管理产品研发团队的具体目标包括:加强研发团队成员的专业知识技能,以提高完成项目研发任务的能力;改善团队人际关系,增加团队成员间的信任感以及对团队的认同感,以提高团队士气,减少内部冲突;监督团队成员的工作表现,影响团队的行为,评估团队成员绩效；建设具有凝聚力与协作精神的团队文化，以建设性的方式管理内部冲突，使团队成员间保持机制性、及时、有效的沟通，最终提升团队的研发创新能力。

建设与管理产品研发团队的主要手段包括：面向团队成员的协调沟通方式、行为规范、协同工作机制等制定团队基本规则，用基本规则对团队成员的行为做出限定，以减少团队内部错误的发生，提高研发效率；采用集中办公的工作方式，尽可能将团队成员集中安排在同一个办公地点，以增强团队协同工作的能力；对具有优秀绩效的团队成员给予认可并实施奖励，以使成员感受到自身在团队中的价值，不断激励全体团队成员。

六、物力资源管理

可移动建筑产品研发物力资源管理的主要任务包括制定物力资源需求计划、实施采购及控制物力资源供给，其通过对研发活动所需的各种物力资源进行计划、采购与控制，以保证产品研发过程的连续顺利运行和资金成本的节约。物力资源管理的主要目的是通过对物力资源进行合理安排使其与时间进度计划相匹配，明确研发活动所需的物力资源并合理配置，控制物力资源的均衡供给，避免由于物力资源配置不合理而造成研发周期增加以及预算成本超支的情况出现。

制定物力资源需求计划的作用是对可移动建筑产品研发活动所需的各种材料、零部件、设备、工具等的种类、数量、特性加以明确，以确定具体研发活动需取得何种资源，从何处、何时取得，何时用于研发活动中等。在可移动建筑产品研发实际过程中，各研发阶段对研发资源有着不同的需求。在产品定义与规划、概念方案设计、系统层面设计阶段的研发工作重点是规划与设计，这些阶段主要需求的是人力资源，即各专业背景的研发设计人员。而当进入建造设计阶段与原型产品建造阶段后，资源需求则主要转变为各种物力资源与人力资源中的技术工人（图6-3）。在概念方案设计与系统层面设计阶段需要对物力资源需求进行近似估算，而在建造设计阶段则需要根据建造设计成果制定详细具体的物力资源需求计划并开始实施采购。

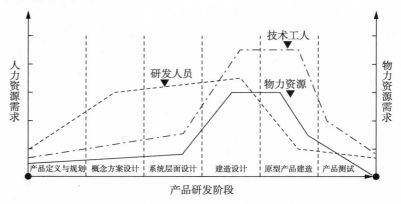

图6-3 可移动建筑产品研发资源需求状况

图片来源：作者绘制

七、财力资源管理

财力资源管理的主要任务是制定财力资源需求计划，对可移动建筑产品研发项目的成本进行估算与预算，并对资金使用情况进行监督，对成本进行控制，纠正研发过程中出现的成本偏差，确保研发项目在预算范围内完成。

制定财力资源需求计划首先需要对完成研发项目所需的资金进行近似估算,根据已知信息对研发成本进行预测,确定成本的大致数额。进行成本估算所需输入的信息主要包括人员组织管理计划、研发过程分解结构、研发活动内容、时间进度计划以及所涉及的具体研发资源种类等。成本估算的主要内容包括人工、材料、机械设备以及其他与建造、运输、管理等相关的成本。在实施成本估算过程中,需要建立多个成本比较备选方案,通过分析、评估、衡量不同成本方案的风险与优势,如比较零部件的外购成本与自制成本、设备的租赁成本与购买成本等,以确定最终实施方案,优化研发成本。

进行成本估算的方法与技术主要有专家判断、类比估算、自下而上估算、三点估算方法等。专家判断主要指专家根据自己以往的项目经验提供个人有价值的成本信息。类比估算方法主要是以过去相类似研发项目的各种相关信息、参数、指标为基础,以类似项目的实际成本为依据,对现有研发项目成本进行估算。类比估算法较为快速、便捷,但测算的准确性相对较低,可以与其他估算方法结合使用。自下而上估算方法的具体操作步骤是首先对最低层级研发活动所涉及的成本进行详细、具体的估算,然后逐级向上汇总,最终得到项目总体成本。三点估算法是指针对研发成本估算的不确定性与风险性,采用三组估算值来界定研发成本的近似值区间,并取三者的平均值得到期望成本。这三组估算值分别为基于最差预期的悲观成本、基于最好预期的乐观成本以及基于较现实预期的可能成本[10]。

对项目成本进行预算是实现项目成本控制的基础。可移动建筑产品研发成本预算的主要任务是预计各具体研发活动的资源使用量,将项目成本估算分解、细化、分配到研发活动之中,形成较实际、较真实的研发活动资金需求量,而后将各研发活动预算汇总得到各研发阶段的预算成本,继而完成研发项目的整体预算,建立研发项目成本基准。

项目成本控制是可移动建筑产品研发财力资源管理的主要目标之一。其主要任务是对研发项目的进展状态进行监督,发现实际成本与预算成本间的差异,及时采取措施纠正与更新项目成本,降低研发风险。进行成本控制需要明确研发活动所需支出的资金与实际完成工作间的联系,核心在于对由预算成本所确立的研发项目成本基准进行变更管理。可移动建筑产品研发项目成本控制的主要内容包括:对研发成本变更进行原因分析并施加影响;当成本变更发生后,对其进行有效管理,确保所有变更都及时得到处理;尽力确保实际成本支出不超出预算成本资金;识别并分析实际成本与基准成本间的偏差;如研发成本超出预算,尽可能将其控制在可接受的范围内。

第三节　建立可移动建筑产品集成多视图研发过程管理模型

建立产品研发过程系统模型是进行产品研发过程管理的前提,它为产品研发过程管理提供了技术工具。本书以集成多视图过程系统建模技术为依据,提出了适用于可移动建筑产品研发过程管理的集成多视图研发过程管理建模方法。可移动建筑产品研发过程系统主要由执行域、支撑域与管理域组成。执行域是研发过程系统结构的核心,其通过研发活动要素、研发流程要素与研发产品要素反映了具体的研发过程;由研发资源要素构成的支撑域描述了可移动建筑产品研发过程所需的各项资源支持;而由研发过程管理要素构成的管理域则说明了针对执行域与支撑域中的研发要素所进行的研发过程管理活动。建立可移动建筑产品集成多视图研发过程管理模型的目的是面向可移动建筑产品研发过程系统管理域的人员组织管理、时间进程管理、物力资源管理以及财力资源管理活动,为制定产品研发过程管理计划、执行产品研发过程管理计划、监控产品研发过程提供技术工具支持,并以产品研发过程为核心,有效集成流程、活动、产品、组织、资源等过程系统要素信息,最终实现可移动建筑产品研发过程的并行、一体化。

一、可移动建筑产品集成多视图研发过程管理模型的结构框架

建立可移动建筑产品集成多视图研发过程管理模型主要步骤为:在可移动建筑产品研发过程系统结构的基础上,首先从过程建模、产品建模、组织建模以及资源建模出发,形成过程视图、产品视图、组织视图和资源视图,然后通过过程视图与产品视图、过程视图与组织视图、过程视图与资源视图的集成,建立起集成多视图研发过程管理模型。由于可移动建筑产品集成多视图研发过程管理模型主要由过程视图、产品视图、组织视图和资源视图组成,因此也可称为过程、产品、组织、资源集成多视图研发过程模型。以上四个视图间的关系并不是简单地拼凑,而是通过相互间的联系、影响与约束共同整合集成统一整体。过程视图主要面向时间进程管理,组织视图主要面向人员组织管理,资源视图主要面向物力资源与财力资源管理,而产品视图则通过与其他视图的集成来为研发过程管理活动提供服务。

在可移动建筑产品集成多视图研发过程管理模型中,产品视图是其他视图的基础,因为产品是研发的对象,研发过程规划、人员组织建设、研发资源的确定必须根据产品研发方向及产品的结构、特性等进行具体实施。在产品的约束之下,不同产品研发项目的研发过程、组织以及所需的资源也会不尽相同。过程视图是集成多视图研发过程管理模型的核心,因为产品最终是通过研发过程而实现的,组织的建设与资源的支持也必须围绕研发过程,服务于具体的研发活动,其他产品视图、组织视图及资源视图均需要通过与过程视图的整合集成而实现自身的研发过程管理功能。组织视图与资源视图则是实现产品视图与过程视图管理功能的必要条件,因为人员组织是产品研发过程的实施主体,而资源则为产品与研发过程提供了有效支持与保障。根据以上各视图间的关系,可以建立如图 6-4 所示的可移动建筑产品集成多视图研发过程管理模型的结构框架。

在四个视图的建立过程中,过程视图、组织视图与资源视图相互间的信息依赖程度较小,而更多依赖于产品视图信息的输入,视图建立所需的信息来源直接、明确,因此各视图具有较高的独立性。当发展其中任一种

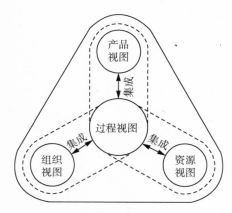

图6-4　可移动建筑产品集成多视图研发过程管理模型的结构框架

图片来源:作者绘制

视图时,并不过多地需要其他视图所提供的信息,因此相对减少了视图模型的复杂性,更加明确地凸显了视图的目标功能,减少了信息的冗余。在对过程视图、产品视图、组织视图和资源视图进行独立建模之后,更为重要的是利用其相互间的控制约束关系,在不同视图间进行信息传递,对各视图进行两两间相互信息集成,形成多个集成视图,真正实现其作为产品研发过程管理工具的功能。

二、视图的功能与构成

1. 产品视图

产品视图主要反映了构成产品系统的各要素间的结构关系及其相关设计信息。产品视图主要由产品系统分解结构图构成(图 4-21)。可移动建筑产品系统分解结构主要包括三个层级。第一层级为产品功能体层,其由具有不同功能属性的产品功能体组成,具体包括结构功能体、围护功能体、内装功能体与设备功能体。第二层级为产品功能模块层,其由构成产品功能体的若干具有独立功能的产品功能模块组成。结构功能体由主体结构功能模块和附属结构功能模块构成。围护功能体主要由墙面功能模块、地面功能模块与屋面功能模块构成。内装功能体由隔墙功能模块、装饰功能模块、家具功能模块等构成。设备功能体主要由水电功能模块、空调功能模块、太阳能功能模块、卫浴功能模块、厨房功能模块等设备模块构成。第三层级为部件级模块与零件层,其由构成产品功能体与功能模块的基本部件模块与零件组成,如主体结构功能模块可分解为结构构件与结构连接件。

2. 过程视图

过程视图主要描述了产品研发过程所包含的不同层级的研发活动、研发流程以及研发时间进度。过程视图主要由产品研发过程分解结构图、产品研发流程图及产品研发时间进度计划表构成。其中产品研发过程分解结构图与产品研发流程图是绘制产品研发时间进度表的基础,时间进度计划表是过程视图的核心。时间进度计划表主要通过甘特图的形式加以表现,其所表达的信息深度可以是概括性的,也可是详细的。具有概括性信息的甘特图可用于制定概括性时间进度计划表(表 6-3),其包含的信息内容主要有位于视图纵轴的研发活动名称、位于横轴的时间日期以及表示活动持续时间的始于计划开始日期至终于计划结束日期的横道。每一个横道代表了一个研发活动,横道的长度则代表了研发活动持续时间的长短。概括性时间进度计划表的表达形式直观易读,容易绘制,但它也有着明显的缺陷,其无法描述各研发活动间的复杂依赖关系以及研发活动执行的不确定性。以上这些问题可以通过向甘特图增添附加信息方式来解决,以形成详细时间进度计划表。详细时间进度计划表(表 6-4)实质上是概括性时间进度计划表与产品研发流程图的整合,其包含的信息内容除了研发活动的计划起始时间与持续时间外,还可以加入表示主要成果交付或关键研发节点的里程碑时间点、研发活动间的执行顺序以及研发活动的实际起始时间与持续时间。如表 6-4 所示,在横道上方标以倒立的实三角表示研发活动的计划起始时间,而横道下方标示的正立空三角则表示研发活动实际的起始时间。详细时间进度计划表更利于时间进度管理的实际管控操作。

表 6-3　概括性时间进度计划表示例

编码	研发活动名称	历时	起始日期
1	产品定义与规划	36天	7.1至8.6
1.1	选择研发团队成员	3天	7.1至7.3
1.2	确定产品研发方向	6天	7.4至7.9
1.3	分析用户需求	9天	7.10至7.18
1.4	分析竞争产品	9天	7.10至7.18
1.5	制定产品任务书	6天	7.19至7.24
1.6	设计产品研发过程	15天	7.10至7.24
1.7	制定研发过程管理计划	12天	7.25至8.6
2	概念方案设计	23天	8.8至8.30
2.1	概念方案生成	15天	8.8至8.22
2.2	概念方案选择	4天	8.23至8.26
2.3	概念方案评价	4天	8.27至8.30
3	系统层面设计	28天	9.1至9.29
3.1	建立产品系统分解结构	2天	9.1至9.2
3.2	产品功能体设计	6天	9.3至9.8
3.3	产品模块设计	6天	9.9至9.14
3.4	初步制造设计	14天	9.16至9.29
3.5	初步装配设计	14天	9.16至9.29

表格来源：作者绘制

表 6-4　详细时间进度计划表示例

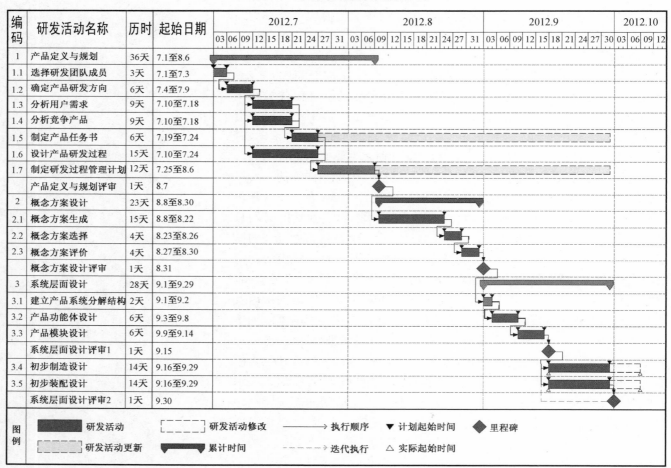

编码	研发活动名称	历时	起始日期
1	产品定义与规划	36天	7.1至8.6
1.1	选择研发团队成员	3天	7.1至7.3
1.2	确定产品研发方向	6天	7.4至7.9
1.3	分析用户需求	9天	7.10至7.18
1.4	分析竞争产品	9天	7.10至7.18
1.5	制定产品任务书	6天	7.19至7.24
1.6	设计产品研发过程	15天	7.10至7.24
1.7	制定研发过程管理计划	12天	7.25至8.6
	产品定义与规划评审	1天	8.7
2	概念方案设计	23天	8.8至8.30
2.1	概念方案生成	15天	8.8至8.22
2.2	概念方案选择	4天	8.23至8.26
2.3	概念方案评价	4天	8.27至8.30
	概念方案设计评审	1天	8.31
3	系统层面设计	28天	9.1至9.29
3.1	建立产品系统分解结构	2天	9.1至9.2
3.2	产品功能体设计	6天	9.3至9.8
3.3	产品模块设计	6天	9.9至9.14
	系统层面设计评审1	1天	9.15
3.4	初步制造设计	14天	9.16至9.29
3.5	初步装配设计	14天	9.16至9.29
	系统层面设计评审2	1天	9.30

图例：
- 研发活动
- 研发活动修改
- 执行顺序
- 计划起始时间
- 里程碑
- 研发活动更新
- 累计时间
- 迭代执行
- 实际起始时间

表格来源：作者绘制

3. 组织视图

组织视图的任务是描述产品研发团队的组织结构以及研发团队成员的角色、职权与职责。组织视图主要由产品研发团队组织分解结构图（图6-5）和团队成员角色管理表（表6-5）构成。产品研发团队组织分解结构图反映了自上而下的组织结构，作为团队最高领导的产品总工程师作为组织分解结构的第一层级，项目规划管理小组构成了第二层级，产品研发小组则为第三层级。产品研发小组在产品系统层面设计阶段加以创建，其承担的研发工作及研发对象与产品系统分解结构相对应，可具体分为结构功能体研发小组、围护功能体研发小组、内装功能体研发小组、设备功能体研发小组以及制造与装配研发小组。其中，制造与装配研发小组是产品研发小组的核心，其主要负责可移动建筑产品总体建造概念设计以及工厂制造、工厂装配、现场建造方案的制订以及原型产品建造的实施。小组成员除了产品设计人员外，还包括制造工程师、装配工程师、材料工程师以及设备供应方的相关人员等。制造与装配研发小组成员在产品系统层面设计阶段以及建造设计阶段共同参与到其他研发小组的工作之中，与其他小组成员就产品的制造、装配等相关建造问题协同展开工作。

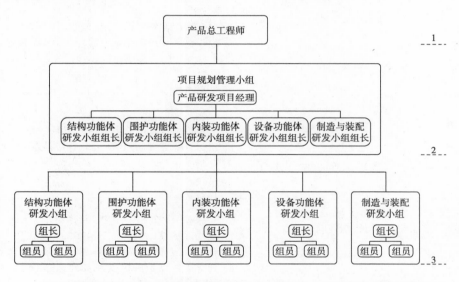

图6-5 可移动建筑产品研发团队组织分解结构图

图片来源：作者绘制

团队成员角色管理表说明了从产品总工程师、产品研发项目经理、产品研发小组组长到产品研发小组成员各自所对应的人员及其具体的职责。运用组织视图可以对产品研发团队的组织结构优化、研发人员角色和任务的安排与调整以及人员间的协同管理，确保每个研发活动都有明确的责任人，确保团队成员都能够清晰理解自身的角色与职责，保证组织内部自上而下信息传递与反馈的顺畅。

表6-5 可移动建筑产品研发团队成员角色管理表示例

层级	角 色	职 责	姓名	具体任务
1	产品总工程师	组建产品研发团队；审查批准研发交付成果；筹措项目资金；进行方向性决策	某某	确定产品研发方向；任命产品研发项目经理，选择团队成员；进行阶段性评审；定期参加团队会议

层级	角色		职　责	姓名	具体任务
2	产品研发项目经理		进行产品研发过程管理；协助产品总工程师组建产品研发团队；定义与规划产品；进行团队成员角色管理；建设与管理研发团队；做出重要技术决策	某某	制定产品任务书；进行研发过程设计；制定产品研发过程管理计划；领导产品概念设计
3	结构功能体研发小组	组长	协助产品研发项目经理进行产品定义与规划，直接管理研发小组；分配组员工作；做出技术决策	某某	绘制结构功能体的初步制造设计图、初步装配设计图、详细制造设计图、详细装配设计图
		组员	提出技术建议；执行技术决策；协同工作，完成研发任务	某某	
				某某	
	围护功能体研发小组	组长	协助产品研发项目经理进行产品定义与规划，直接管理研发小组；分配组员工作；做出技术决策	某某	绘制围护功能体的初步制造设计图、初步装配设计图、详细制造设计图、详细装配设计图
		组员	提出技术建议；执行技术决策；协同工作，完成研发任务	某某	
				某某	
	内装功能体研发小组	组长	协助产品研发项目经理进行产品定义与规划，直接管理研发小组；分配组员工作；做出技术决策	某某	绘制内装功能体的初步制造设计图、初步装配设计图、详细制造设计图、详细装配设计图
		组员	提出技术建议；执行技术决策；协同工作，完成研发任务	某某	
				某某	
	设备功能体研发小组	组长	协助产品研发项目经理进行产品定义与规划，直接管理研发小组；分配组员工作；做出技术决策	某某	绘制设备功能体的初步制造设计图、初步装配设计图、详细制造设计图、详细装配设计图
		组员	提出技术建议；执行技术决策；协同工作，完成研发任务	某某	
				某某	
	制造与装配研发小组	组长	协助产品研发项目经理进行产品定义与规划，直接管理研发小组；分配组员工作；做出技术决策	某某	绘制可移动建筑产品的工厂总体装配工序图、现场建造设计图；制定详细物力资源需求清单；实施物力资源采购；制定项目成本预算；对工厂制造装配及现场建造过程实施组织与管理
		组员	提出技术建议；执行技术决策；协同工作，完成研发任务	某某	
				某某	

表格来源：作者绘制

4. 资源视图

资源视图描述了可移动建筑产品研发过程对物力资源与财力资源的需求状况。资源视图主要由物力资源需求清单（表6-6）以及项目成本预算表（表6-7）构成。物力资源需求清单是进行物力资源管理的基础性工具，其在产品分解结构基础上通过层级化的结构关系，主要反映了可移动建筑产品研发原型产品建造阶段所需物力资源的种类以及物力资源间的相互隶属关系。物力资源需求清单对原型产品建造所需的各种材料、零部件、设备、机具等的数量、单价、规格、生产厂家、采购时间、使用时间等相关信息加以明确。项目成本预算表是在物力资源需求清单基础上加以制定的，具体包括人工成本、材料成本、零部件与设备购置成本、工具、

表 6-6　可移动建筑产品研发物力资源需求清单示例

分　　项		名称	规格	数量	单价	生产厂家	采购时间	使用时间
1. 结构功能体	主体结构模块	主体结构构件	结构型材					
		结构连接件	连接件					
	附属结构模块	附属结构构件	结构型材					
		结构连接件	连接件					
2. 围护功能体	墙面功能模块	外墙板模块	外墙板					
		内墙板模块	内墙板					
		墙板连接件	连接件					
	地面功能模块	地面板模块	地面板					
		地面板连接件	连接件					
	屋面功能模块	屋面板模块	屋面板					
		屋面板连接件	连接件					
3. 内装功能体	隔墙功能模块	隔墙板模块	隔墙板					
		隔墙板连接件	连接件					
	装饰功能模块	装饰部件模块	装饰材料					
		连接件	连接件					
	家具功能模块	家具部件模块	家具材料					
		连接件	连接件					
4. 设备功能体	水电功能模块	水电部件模块	水电部件					
		连接件	连接件					
	空调功能模块	空调部件模块	空调部件					
		连接件	连接件					
	太阳能功能模块	太阳能部件模块	太阳能部件					
		连接件	连接件					
	卫浴功能模块	卫浴部件模块	卫浴部件					
		连接件	连接件					
	厨房功能模块	厨房部件模块	厨房部件					
		连接件	连接件					
5. 工具与机械	工具	脚手架	移动脚手架					
		手动装配工具	扳手等					
		电动装配工具	电动扳手等					
		其他工具	全站仪等					
	吊装	吊具	吊具型材					
		起重机具	吊车					
	运输	现场运输机具	叉车					
		运输车辆	平板货车					

表格来源:作者绘制

表 6-7 可移动建筑产品研发项目成本预算表示例

分项			名称	规格	单位	数量	单价	合价	小计
材料设备费	结构功能体	主体结构模块	主体结构构件	结构型材						
			结构连接件	连接件						
		附属结构模块	附属结构构件	结构型材						
			结构连接件	连接件						
	围护功能体	墙面功能模块	外墙板模块	外墙板						
			内墙板模块	内墙板						
			墙板连接件	连接件						
		地面功能模块	地面板模块	地面板						
			地面板连接件	连接件						
		屋面功能模块	屋面板模块	屋面板						
			屋面板连接件	连接件						
	内装功能体	隔墙功能模块	隔墙板模块	隔墙板						
			隔墙板连接件	连接件						
		装饰功能模块	装饰部件模块	装饰材料						
			连接件	连接件						
		家具功能模块	家具部件模块	家具材料						
			连接件	连接件						
	设备功能体	水电功能模块	水电部件模块	水电部件						
			连接件	连接件						
		空调功能模块	空调部件模块	空调部件						
			连接件	连接件						
		太阳能功能模块	太阳能部件模块	太阳能部件						
			连接件	连接件						
		卫浴功能模块	卫浴部件模块	卫浴部件						
			连接件	连接件						
		厨房功能模块	厨房部件模块	厨房部件						
			连接件	连接件						
工具机械费		工具	脚手架	移动脚手架						
			手动装配工具	扳手等						
			电动装配工具	电动扳手等						
			其他工具	全站仪等						
		吊装	吊具	吊具型材						
			起重机具	吊车						
		运输	现场运输机具	叉车						
			运输车辆	平板货车						

分　项		名称	规格	单位	数量	单价	合价	小计
人工费	工厂制造	制造加工工人						
	工厂装配	工厂装配工人						
	现场建造	现场建造工人						
其他费用	临时设施							
	后勤管理							
	性能测试							
	其他							
总　　　计								

表格来源：作者绘制

机械的购置或租用成本以及其他研发过程相关成本。项目成本预算表主要反映了可移动建筑产品研发过程的总体资金需求，其为项目成本控制提供了工具。

三、多视图的集成

实现多视图间的集成是可移动建筑产品集成多视图研发过程管理模型的重要功能。通过产品视图、组织视图、资源视图与过程视图的两两集成以实现不同视图间信息与功能的整合，为可移动建筑产品研发时间进程管理、人员组织管理、物力与财力资源管理提供更具针对性与可操作性的研发过程管理工具。

1. 产品视图与过程视图的集成

产品视图与过程视图的集成主要是通过产品系统分解结构图与产品研发过程分解结构图以及时间进度计划表整合生成可移动建筑产品研发活动实施信息表而加以实现的。产品研发活动实施信息表主要描述了完成产品系统分解结构之下的产品功能体、产品模块、产品零部件等的设计、工厂制造、工厂装配以及产品现场建造所需的必要信息，具体包括相关负责人姓名、制造装配及建造的工序与工法、具体工作任务完成的起止时间以及完成相应工作所需的机具等。研发活动实施信息表通过围绕目标产品系统的具体设计、制造装配等过程信息，为研发时间进程管理提供具体的、有针对性的管理工具。表 6-8 主要反映了工厂制造、装配及现场建造阶段研发活动实施所涉及的相关信息。

2. 组织视图与过程视图的集成

组织视图与过程视图的集成主要通过产品研发团队组织分解结构图、团队成员角色管理表、产品研发流程时间进度计划表以及产品研发流程图进行整合生成可移动建筑产品研发流程组织信息图（图 6-6），以用于清晰地描述研发团队内的不同研发小组及团队成员在研发过程中所参与的研发活动及承担的研发任务。可移动建筑产品研发流程组织信息图具体明确了在研发过程中由团队中的何人在何时需要完成何种研发任务，其与产品研发团队组织分解结构图及团队成员角色管理表一起，为可移动建筑产品研发人员组织管理提供了高效的管理工具。

表 6-8　可移动建筑产品研发活动实施信息表

可移动建筑产品

		结构功能体				围护功能体							内装功能体						设备功能体									
		主体结构模块		附属结构模块		墙面功能模块			地面功能模块		屋面功能模块		隔墙功能模块		装饰功能模块		家具功能模块		卫浴功能模块		厨房功能模块		水电功能模块		空调功能模块		太阳能功能模块	
原型产品建造		主体结构构件	结构连接件	附属结构构件	结构连接件	外墙板模块	内墙板模块	墙板连接件	地面板模块	地面板连接件	屋面板模块	屋面板连接件	隔墙板模块	隔墙板连接件	装饰部件模块	连接件	家具部件模块	连接件	卫浴部件模块	连接件	厨房部件模块	连接件	水电部件模块	连接件	空调部件模块	连接件	太阳能部件模块	连接件
工厂制造	负责人																											
	工序工法																											
	时间																											
	机具																											
工厂装配	负责人																											
	工序工法																											
	时间																											
	机具																											
现场建造	负责人																											
	工序工法																											
	时间																											
	机具																											

表格来源：作者绘制

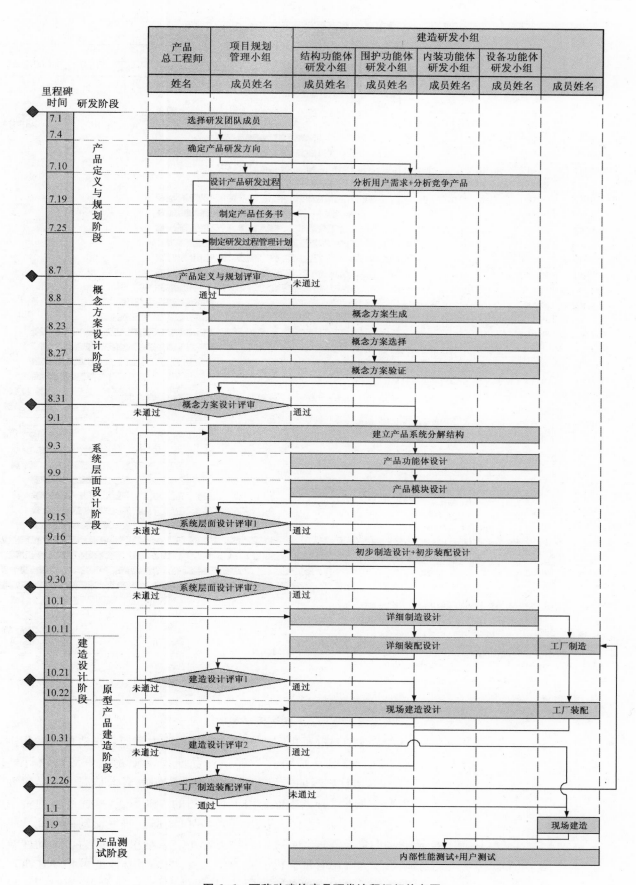

图 6-6 可移动建筑产品研发流程组织信息图

表格来源:作者绘制

表 6-9 可移动建筑产品研发活动物力资源需求计划表

分项		名称	采购准备时间	使用时间
主体结构功能模块	主体结构构件	结构型材	10.1至10.21	10.22至11.15
	结构连接件	连接件	10.1至10.21	10.22至11.15
附属结构功能模块	附属结构构件	结构型材	10.1至10.21	10.22至11.15
	结构连接件	连接件	10.1至10.21	10.22至11.15
墙面功能模块	外墙板模块	外墙板	10.1至10.10	10.11至11.30
	内墙板模块	内墙板	10.1至10.10	10.11至11.30
	墙板连接件	连接件	10.1至10.10	10.11至11.30
地面功能模块	地面板模块	地面板	10.1至10.10	10.11至11.30
	地面板连接件	连接件	10.1至10.10	10.11至11.30
屋面功能模块	屋面板模块	屋面板	10.1至10.10	10.11至11.30
	屋面板连接件	连接件	10.1至10.10	10.11至11.30
隔墙功能模块	隔墙板模块	隔墙板	10.11至11.15	11.16至12.15
	隔墙板连接件	连接件	10.11至11.15	11.16至12.15
装饰功能模块	装饰部件模块	装饰材料	10.11至11.15	11.16至12.31
		连接件	10.11至11.15	11.16至12.31
家具功能模块	家具部件模块	家具材料	11.1至12.15	11.16至12.31
		连接件	11.1至12.15	11.16至12.31
水电功能模块	水电部件模块	水电部件	12.1至1.5	1.6至1.8
		连接件	12.1至1.5	1.6至1.8
空调功能模块	空调部件模块	空调部件	12.1至1.5	1.6至1.8
		连接件	12.1至1.5	1.6至1.8
太阳能功能模块	太阳能部件模块	太阳能部件	11.1至1.3	1.4至1.6
		连接件	11.1至1.3	1.4至1.6
卫浴功能模块	卫浴部件模块	卫浴部件	11.1至12.5	12.6至12.31
		连接件	11.1至12.5	12.6至12.31
厨房功能模块	厨房部件模块	厨房部件	11.1至12.5	12.6至12.31
		连接件	11.1至12.5	12.6至12.31
工具	脚手架	移动脚手架	10.10至10.31	11.1至1.8
	手动装配工具	扳手等	10.10至10.21	10.22至1.8
	电动装配工具	电动扳手等	10.10至10.21	10.22至1.8
	其他工具	全站仪等	10.10至10.21	10.22至1.8
吊装	吊具	吊具型材	11.24至1.3	1.4至1.6
	起重机具	吊车	12.24至1.3	1.4至1.6
运输	现场运输机具	叉车	12.24至12.31	1.1至1.8
	运输车辆	平板货车	12.24至12.31	1.1至1.6

图例：■ 资源使用时间　　░ 资源采购准备时间

表格来源：作者绘制

3. 资源视图与过程视图的集成

资源视图与过程视图的集成主要通过物力资源需求清单与时间进度计划表进行整合生成可移动建筑产品研发活动物力资源需求计划表（表 6-9），以详细说明各研发活动对物力资源的需求情况。产品研发活动物力资源需求计划表也采用了甘特图的表现形式，描述了物力资源的采购准备时间、应用于研发活动的时间以及退出研发活动的时间。研发活动物力资源需求计划表结合物力资源需求清单，一同为可移动建筑产品研发物力资源管理提供了有力的工具，明确了具体的可移动建筑产品研发活动需要取得何种物力资源，从何处取得，何时取得，何时用于研发活动，以及所需资源的名称、规格、数量、单价等相关信息。

综上所述可移动建筑产品集成多视图研发过程管理模型主要由十一个视图(图 6-7)组成,分别为产品研发时间进度计划表、产品研发过程分解结构图、产品研发流程图、产品研发活动实施信息表、产品系统分解结构图、团队组织分解结构图、团队成员角色管理表、产品研发流程组织信

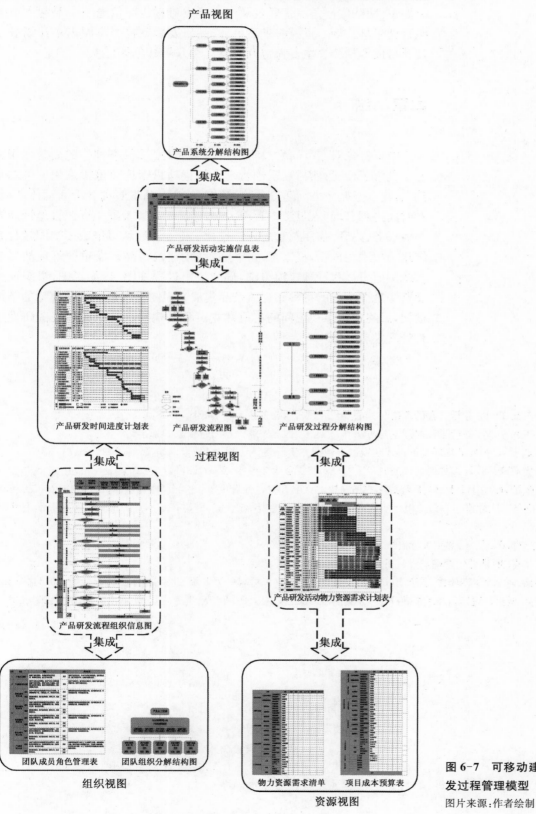

图 6-7 可移动建筑产品集成多视图研发过程管理模型

图片来源:作者绘制

息图、物力资源需求清单、产品研发活动物力资源需求计划表以及项目成本预算表。其中产品研发时间进度计划表、产品研发过程分解结构图、产品研发流程图及产品研发活动实施信息表是可移动建筑产品集成多视图研发过程管理模型的核心，其主要是时间进程管理工具。团队组织分解结构图、团队成员角色管理表及产品研发流程组织信息图主要为人员组织管理工具。物力资源需求清单、产品研发活动物力资源需求计划表以及项目成本预算表主要为物力资源及财力资源管理工具。

本章小结

本章首先对产品研发过程系统建模及集成多视图建模的概念与相关方法进行了概述；然后在明确管理及现代项目管理知识体系相关概念基础上，建立起基于并行工程的可移动建筑产品研发过程管理活动体系，并对时间进程管理、人员组织管理、物力资源管理以及财力资源管理活动的主要任务、内容、作用及管理方法进行了论述；最后，以集成多视图过程系统建模技术为依据，提出了适用于可移动建筑产品研发过程管理的集成多视图研发过程管理建模方法，确立了由过程视图、产品视图、组织视图及资源视图构成的可移动建筑产品集成多视图研发过程管理模型的结构框架，最终通过多视图间的集成建立可移动建筑产品集成多视图研发过程管理模型。

注释

[1] 秦现生，同淑荣，王润孝，等. 并行工程的理论与方法[M]. 西安：西北工业大学出版社，2008：151-152

[2] 秦现生，同淑荣，王润孝，等. 并行工程的理论与方法[M]. 西安：西北工业大学出版社，2008：164

[3] 朱全敏，熊光楞，辜承林. 并行工程环境下过程建模的多视图方法研究[J]. 华中科技大学学报，2001，29(5)：21-23

[4] 谢列卫，吴祚宝. 集成产品设计多视图建模问题研究[J]. 浙江工业大学学报，2000，28(1)：37-42

[5] 李小燕，刘敬军，张琴舜. 基于 P-PROCE 集成多视图建模的产品开发过程管理[J]. 机械科学与技术，2000，19(2)：336-338

[6] [德]Specker A. 信息系统建模——信息项目实施方法手册[M]. 黄官伟，霍佳震，魏巍，译. 第 2 版. 北京：清华大学出版社，2007：48

[7] 雷金荣. 管理学原理[M]. 北京：北京大学出版社，2012：8

[8] 冯俊文，高鹏，王华亭. 项目现代管理学[M]. 北京：经济管理出版社，2009：9

[9] [美]项目管理协会. 项目管理知识体系指南(PMBOK 指南)[M]. 许江林，译. 第 5 版. 北京：电子工业出版社，2013：49-52

[10] [美]项目管理协会. 项目管理知识体系指南(PMBOK 指南)[M]. 许江林，译. 第 5 版. 北京：电子工业出版社，2013：204-205

第七章　可移动建筑产品研发实例

本章以可移动铝合金建筑产品研发为例，从实践和应用的角度对可移动建筑产品研发过程设计与过程管理的相关方法与技术展开研究验证，将前文各章对于可移动建筑产品研发过程系统、产品研发活动、产品研发流程以及产品研发过程管理的研究成果应用于可移动铝合金建筑产品研发实例之中。

笔者自 2011 年起参与了由东南大学建筑学院建筑技术与科学研究所开展的可移动铝合金建筑产品研发工作。可移动铝合金建筑产品研发以铝合金作为主要建筑材料，通过研发过程设计与研发过程管理，在产品集成研发团队的组织模式下，运用产品平台化策略、模块化的设计方法、工厂化的制造与装配以及集装箱化的物流运输等，将传统的建筑设计与建造转变为产品研发与工厂预制装配、现场拼装，初步实现了传统的建筑设计与建造向制造业模式的转变。截至 2013 年，可移动铝合金建筑产品研发团队已研发出三代原型产品，其中第一代产品包含两种产品原型。本书主要针对第一代与第二代产品，从产品研发过程设计与过程管理两方面来进行研发实例阐述。

第一节　基于过程的可移动铝合金建筑产品研发过程设计

一、建立可移动铝合金建筑产品研发过程分解结构

可移动铝合金建筑产品研发过程分解结构可以完全参见本书第四章所建立的可移动建筑产品研发过程分解结构。第一层级包括设计与建造两大阶段。第二层级包括产品定义与规划、概念方案设计、系统层面设计、建造设计、原型产品建造以及产品测试六个研发阶段。第三层级包括选择研发团队成员、确定产品研发方向、分析用户需求、分析竞争产品、制定产品任务书、设计产品研发过程、制定产品研发过程管理计划、概念方案生成、概念方案选择、概念方案评价、建立产品系统分解结构、产品功能体设计、产品模块设计、初步制造设计、初步装配设计、详细制造设计、详细装配设计、现场建造设计、工厂制造、工厂装配、现场建造、内部性能测试以及用户测试活动。

二、可移动铝合金建筑产品研发活动

对于可移动铝合金建筑产品研发活动的具体内容及研发设计方法，以下分别从产品定义与规划、概念方案设计、系统层面设计、建造设计以及原型产品建造五个阶段对其展开详细论述。

1. 产品定义与规划

在可移动铝合金建筑产品研发之初，首先需要进行产品的定义与规划，确定产品研发方向，对用户需求与竞争产品进行分析并制定产品任务书。

当前在我国建筑工业化发展方向中，除了永久性、重质、固定类建筑的工业化外，还应包括非永久性、小型、轻质、可移动类建筑的工业化。除了发展预制装配式混凝土建筑等工业化体系外，还应发展轻型结构建筑的工业化。因此，可移动建筑产品不仅是固定类建筑的有益补充，同时也是实现建筑工业化的重要载体之一。可移动建筑产品不仅可以作为灾后临时安置住房、独立式小住宅、公寓宿舍、社会保障性住房等用于居住领域，还可作为临时展览、临时商业、临时办公建筑等用于城市文化、商业、建设等公共领域，以及作为野战营房、边防哨所、科考营地用房等用于军事和科学领域，可移动建筑产品拥有广阔的市场应用前景。可移动铝合金建筑产品是在对用户需求及市场现有可移动建筑产品进行分析的基础上研发的全新产品。可移动铝合金建筑产品研发在产品定义与规划阶段所提出的产品基本概念主要为：产品定位为自保障、零能耗的用于居住、办公及灾后安置的临时性建筑，功能与环境适应性强；产品宜采用标准货运集装箱或与其近似的规格尺寸，并借鉴集装箱的运输模式，便于移动运输；产品应采用工厂预制装配、现场拼装的建造模式，质量可控；产品应具备建造与拆解速度快，可周转重复使用的特性；产品应采用新型的结构与围护材料，减轻产品自重，提高建筑产品性能，并运用太阳能光电光热、智能家居、可变家具等新技术。

在明确了产品研发方向之后，下面所做的工作是对用户需求与竞争产品进行分析，利用问卷调查的方式以及媒体、互联网、公开出版物、商业广告、展览会议等各种信息渠道获取用户需求与竞争产品信息。在对获取信息进行研究分析后，以修正产品基本概念，为制定产品任务书奠定基础。竞争产品分析的对象主要为轻钢结构活动房屋与集装箱活动房。产品研发团队通过信息资料获取及实地考察的方式对国内不同规模的众多活动房企业的产品进行了调研，其中具有较高知名度的包括雅致集成房屋、北新集成房屋、得劳斯集装箱活动房等。通过调研发现市场上的大量活动房屋产品存在居住舒适性差、保温隔热性能低、能耗大、制造粗糙、质量偏低、可重复利用及可回收性差，产品外观形式不美观等问题。

在完成用户需求分析与竞争产品分析之后，接下来的工作是运用质量展开方法制定可移动铝合金建筑产品研发概念方案设计任务书。首先需要对用户需求分析的结果进行筛选、分类、再定义，然后针对具体的用户需求以构建质量屋的方法寻找相应的技术对策，明确可满足用户需求的产品性能要求。质量屋可以表现为由用户需求与产品性能要求两部分核心内容构成的简化形式(图7-1)。在完成质量屋后,将产品性能要求部分转换为产品任务书。在完成概念方案设计阶段后实施质量展开,以相同的方法更新产品任务书,继续制定系统层面设计任务书、建造设计任务书以及原型产品建造任务书,在此不再详述。

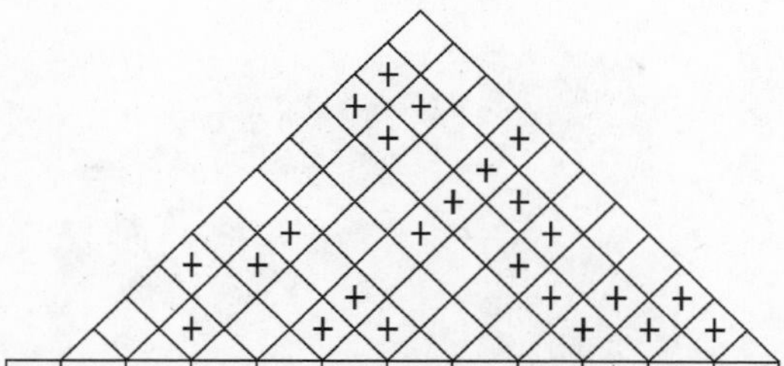

		需求重要度	采用铝合金材料	集装箱近似规格	集装箱运输模式	产品模块化构造	空间可组合拓展	产品系列化	应用保温隔热技术	太阳能光电设备	工厂预制装配模式	现场拼装建造模式	可调节式基础
基本特性需求	自重轻	6	9										
	结构坚固	8	4										
	形式美观	2	7										
	内部空间适应性强	7		8			8	8					
	满足不同功能需求	8		7		8	9	9	8				
	能够适应不同外部环境	8	8						9	8	6		9
	产品成本低	9			7	7	6	7			9	9	
运输建造需求	便于移动运输	9		9	9	7							
	易于快速建造	9	8	7		9		6			9	9	8
后续使用维护需求	产品寿命长	1	7										
	产品舒适性高	9							9	8			
	易于维护维修	5	3			9					8	8	
	易于回收利用	3	7										
	可周转重复使用	7	8		6								
	能源自我供给	4				7				9			
	性能要求重要度		335	256	186	344	236	263	209	156	202	202	144
	性能要求相对重要度(%)		13.2	10.1	7.3	13.6	9.3	10.4	8.3	6.2	8	8	5.6

图7-1 可移动铝合金建筑产品研发质量屋
图片来源:作者绘制

2. 概念方案设计

概念方案设计阶段的主要任务是以产品定义与规划阶段生成的产品性能要求为目标,进行概念生成、概念选择与概念评价活动。第一代可移动铝合金建筑产品原型1的概念方案设计首先采用铝合金材料、集装箱近似规格尺寸、集装箱运输模式、产品模块化构造、应用保温隔热技术、工厂预制装配模式以及现场拼装建造模式作为主要产品性能需求,将产品的结构功能、围护功能、可移动运输功能等作为主要概念子问题,从产品的结构(图7-2)、围护体的模块化构造以及服务于移动运输的产品构造等作为概念生成的切入点展开设计活动。然后,通过概念外部搜索与概念内部生成活动找到概念子问题的解决方案(图7-3)。最后将铝合金结构形式、围护体模块化构造及移动运输构造等不同解决方案进行概念组合,生成可供选择评价的多个方案,并通过概念筛选、概念评分与概念方案验证选择最优概念方案(图7-4)。第一代可移动铝合金建筑产品原型 1 概念方案主要有以下要点：标准货运集装箱的规格尺寸、以标准铝合金型材结构框架作为产品平台、模块化的围护功能体、标准化的连接构件、铝合金复合保温材料、集装箱运输角件、工厂预制装配。

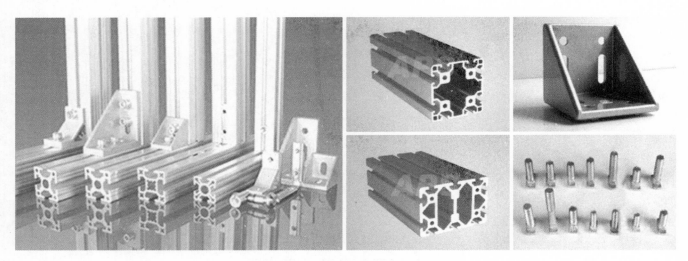

图 7-2　铝合金结构型材及连接件
图片来源：东南大学建筑学院建筑技术与科学研究所可移动建筑产品研发团队

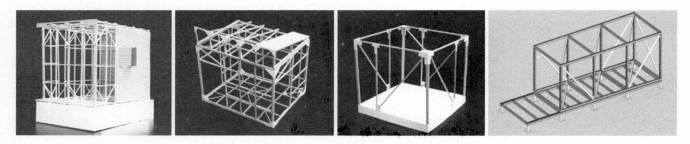

图 7-3　铝合金结构形式的子概念方案模型
图片来源：东南大学建筑学院建筑技术与科学研究所可移动建筑产品研发团队

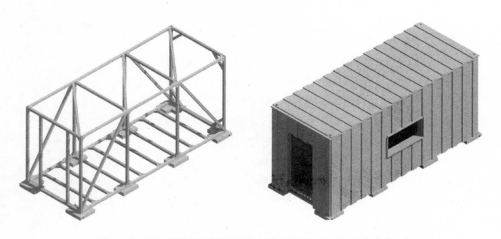

图 7-4　第一代可移动铝合金建筑产品原型 1 概念方案模型
图片来源：东南大学建筑学院建筑技术与科学研究所可移动建筑产品研发团队

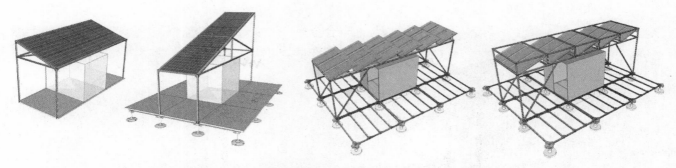

图 7-5 太阳能模块结构与构造形式的子概念方案模型
图片来源：东南大学建筑学院建筑技术与科学研究所可移动建筑产品研发团队

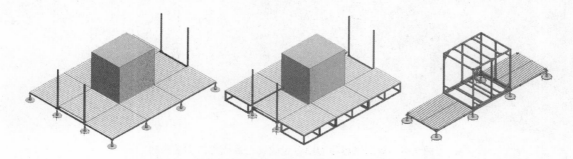

图 7-6 基座模块结构与构造形式的子概念方案模型
图片来源：东南大学建筑学院建筑技术与科学研究所可移动建筑产品研发团队

第一代可移动铝合金建筑产品原型 2 概念方案设计所对应的产品性能需求在原型 1 基础上增加了太阳能光伏设备与可调节式基础两项需求，产品的能源供给功能、可建造性功能、环境适应性功能成为主要概念子问题，产品的模块化建造、太阳能设备的装配(图 7-5)以及基础的结构与构造形式(图 7-6)成为概念生成的源头。第一代可移动铝合金建筑产品原型 2 概念方案(图 7-7)将产品分解为 3 个相对独立的装配单元，分别为太阳能单元、主体单元与基座单元。太阳能单元采用了桁架结构形式，其由标准铝合金型材构成，上面装有 4 组太阳能光伏板，并通过四角的立柱与基座单元相连接。基座单元主要由 3 榀铝合金框架、8 个可调节基脚及木地板组成。主体单元与基座中间榀框架相连接，形成前部的交通平台与后部的设备平台。第一代可移动铝合金建筑产品原型 2 的概念方案与原型 1 相比较，主要有以下优化改进：增加了太阳能光伏能源自保障功能；产品分解为 3 个装配单元提高了产品的模块化程度，降低了产品建造的难度，加快了现场建造的速度；可调节的基脚提高了产品对建造场地的适应性。

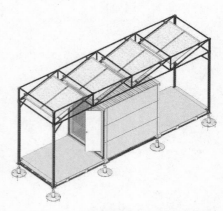

图 7-7 第一代可移动铝合金建筑产品原型 2 概念方案模型

图片来源：东南大学建筑学院建筑技术与科学研究所可移动建筑产品研发团队

第二代可移动铝合金建筑产品概念方案设计所要满足的产品性能需求在第一代产品基础上增加了空间可组合拓展及产品系列化需求，因此建筑产品空间的可组合拓展功能与产品的多样化使用功能成为概念问题分解的子问题，产品的空间组合方式、产品装配单元间的连接方式则成为第二代可移动铝合金建筑产品概念方案设计的出发点。第二代产品概念方案通过将 12 个箱体装配单元水平组合，实现了产品空间的扩展与功能的多样化。大尺度的室内空间可使产品用做临时性的办公建筑、展览建筑及商业建筑等。箱体装配单元间采用了柔性连接构造使现场拼装建造更加快速、高效(图 7-8)。

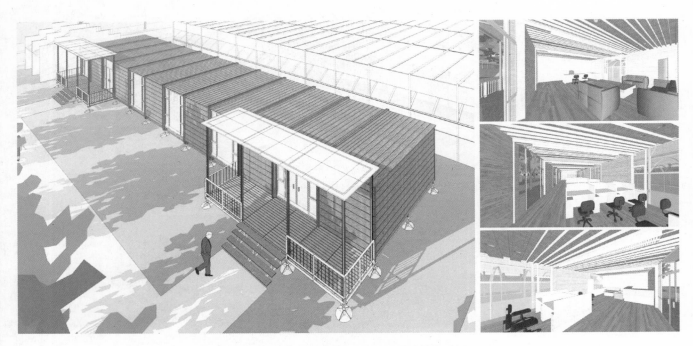

图 7-8　第二代可移动铝合金建筑产品概念方案效果图

图片来源:东南大学建筑学院建筑技术与科学研究所可移动建筑产品研发团队

3. 系统层面设计

系统层面设计的主要任务是满足概念方案设计所产生的产品性能需求,对概念方案设计阶段的成果进行深化,基于产品平台化策略与模块化构造设计方法建立产品系统分解结构、产品功能体设计、产品模块设计、初步制造设计以及初步装配设计的设计活动。

以本书第四章所建立的可移动建筑产品系统分解结构为基础,可移动铝合金建筑产品系统分解结构由三个结构层级构成。第一层级皆由结构功能体、围护功能体、内装功能体及设备功能体组成,第二、三层级则根据不同的代级产品由不同的功能级、部件级产品模块等组成。第一代可移动铝合金建筑产品原型 1 的产品系统分解结构第二层级主要由主体结构功能模块、墙面功能模块、地面功能模块、屋面功能模块、装饰功能模块、家具功能模块、水电功能模块组成。第一代产品原型 2 的产品系统分解结构第二层级在原型 1 基础上增加了附属结构功能模块。第二代可移动铝合金建筑产品系统分解结构第二层级则在第一代产品基础上增加了隔墙功能模块(图 7-9)。

第一代可移动铝合金建筑产品原型 1 的系统层面设计首要成果是建立了可移动铝合金建筑产品平台。该产品平台是由标准规格铝合金型材和连接件构建的产品结构框架,其作为产品主体结构模块可以与其他系列产品通用与共享,即其他系列产品均采用一致的产品结构形式、构造、材料及零部件。当不同的系列产品要做出改变调整时,只需调整结构框架的尺寸或更换连接于产品平台之上的产品功能模块即可,其大大加快了产品研发速度,提高了制造与装配的效率以及产品质量的可靠性。

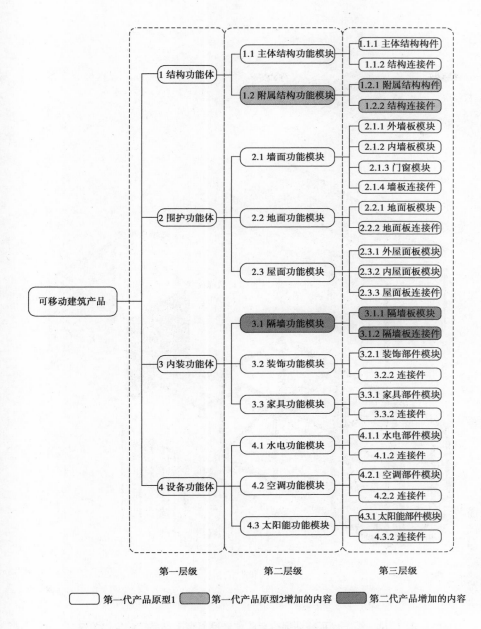

第一层级   第二层级   第三层级

▭ 第一代产品原型1   ▨ 第一代产品原型2增加的内容   ▩ 第二代产品增加的内容

图 7-9 可移动铝合金建筑产品系统分解结构

图片来源：作者绘制

第一代可移动铝合金建筑产品原型 1 的功能体空间关系如图 7-10 所示，产品模块间的空间关系如图 7-11 所示。墙面功能模块主要由位于主体结构功能模块内外两侧的内墙板模块与外墙板模块以及门窗模块构成，地面功能模块位于主体结构功能模块底部内侧，屋面功能模块位于主体结构功能模块顶部外侧，作为装饰功能模块的吊顶模块位于主体结构功能模块顶部内侧，家具功能模块位于内墙板模块里侧，而设备功能模块中的水电功能模块则位于主体结构功能模块与内墙板模块及吊顶模块之间。原型产品 1 的围护体采用了外保温模式，屋面板、外墙板与地面板模块运用了新型保温隔热材料铝合金无机复合保温板，内墙板模块与吊顶模块采用了铝合金单板材料。外墙板模块装配采用了外挂卡扣连接方式。主体结构功能模块底部四角设置角件，以用于集装箱模式运输。

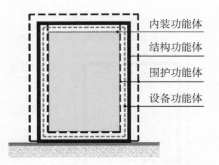

内装功能体
结构功能体
围护功能体
设备功能体

图 7-10 第一代可移动铝合金建筑原型产品 1 功能体空间关系示意

图片来源：作者绘制

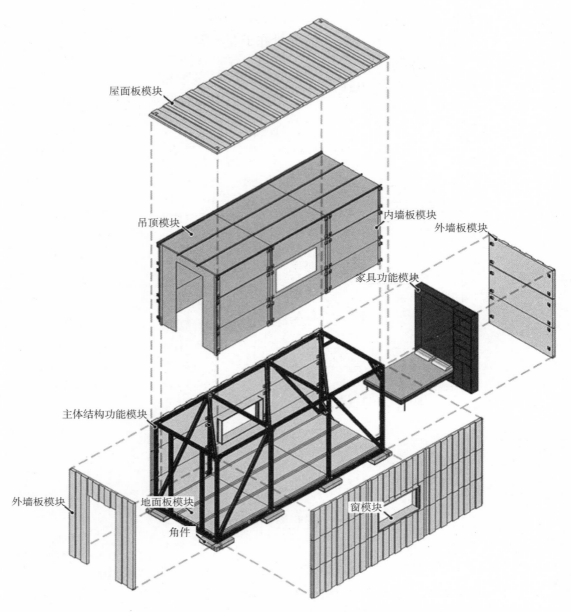

图7-11 第一代可移动铝合金建筑产品原型1产品模块空间关系

图片来源:东南大学建筑学院建筑技术与科学研究所可移动建筑产品研发团队

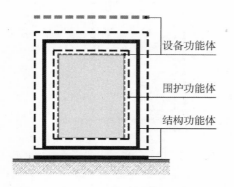

图7-12 第一代可移动铝合金建筑原型
产品2功能体空间关系示意

图片来源:作者绘制

第一代可移动铝合金建筑产品原型2的功能体空间关系如图7-12所示,产品模块间的空间关系如图7-13所示。产品原型2的产品模块空间关系基本与产品原型1一致,不同之处在于其一于主体结构功能模块之下增加承担基座功能的附属结构功能模块,其二在附属结构模块之上增加连接了太阳能功能模块,其三水电与空调功能模块安装于内墙板、内屋面板室内空间一侧。产品原型2的围护体采用了内保温模式,内屋面板、内墙板与地面板模块使用了铝合金聚氨酯复合保温材料,外屋面板与外墙板模块采用了铝合金单板材料。内屋面板与内墙板模块装配采用了外挂锚固式连接方式。门窗模块采用了LOW-E中空玻璃门窗。

第二代可移动铝合金建筑产品的功能体空间关系如图7-14所示,其产品模块空间关系及产品材料、构造与第一代产品原型2基本相同。由于主体装配单元与基座装配单元各由1个变为并置的12个,第二代产品空间实现了横向大范围拓展，产品功能得以丰富，产品模块的数量大幅提高，因此第二代产品区别于第一代产品原型 2 之处在于在主体装配单元间增加了隔墙功能模块，以及在各主体结构功能模块与各附属结构功能模块间增加了柔性连接构造。第二代产品围护体采用了外保温模式，外屋面板、外墙板及地面板模块也采用了铝合金聚氨酯复合保温材料。

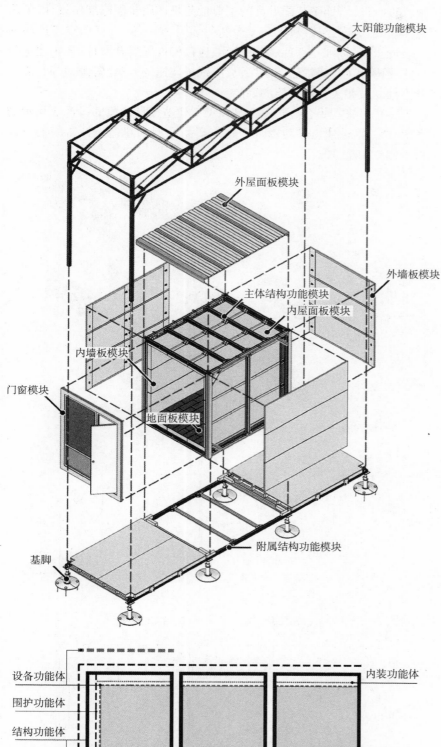

太阳能功能模块

外屋面板模块

外墙板模块

主体结构功能模块

内屋面板模块

内墙板模块

门窗模块

地面板模块

基脚

附属结构功能模块

设备功能体

围护功能体

结构功能体

内装功能体

图 7-13　第一代可移动铝合金建筑产品原型 2 产品模块空间关系
图片来源：东南大学建筑学院建筑技术与科学研究所可移动建筑产品研发团队

图 7-14　第二代可移动铝合金建筑产品功能体空间关系示意
图片来源：作者绘制

4. 建造设计

建造设计阶段的主要任务是将系统设计阶段的设计成果深化为可指导实施工厂制造、装配及现场建造的图纸与图表文件、文字说明以及建筑信息模型等,其主要由详细制造设计、详细装配设计与现场建造设计三部分设计活动组成。详细制造设计的主要工作是根据制造约束规则对产品零部件进行设计;详细装配设计的主要任务是运用装配标准化设计、装配单元化设计、装配连接设计、公差分析等设计方法,对可移动建筑产品的工厂装配工序、标准零部件、装配单元、连接构件等展开设计;现场建造设计的主要内容包括现场建造工序设计,现场建造的人员、资源、时间、成本等管理计划及相关保障措施的制定。

第一代可移动铝合金建筑产品原型 1 建造设计阶段的设计成果示例见图 7-15。第一代可移动铝合金建筑产品原型 2 建造设计阶段的设计成果示例见图 7-16。

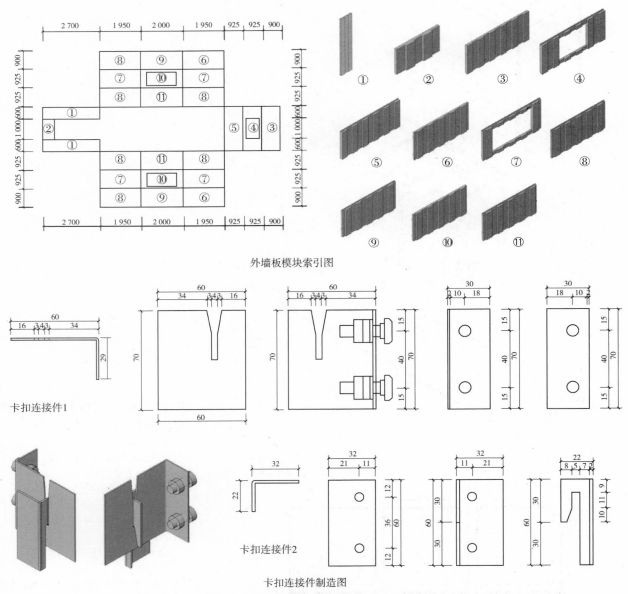

图 7-15 第一代可移动铝合金建筑产品原型 1 建造设计阶段成果示例

图片来源:东南大学建筑学院建筑技术与科学研究所可移动建筑产品研发团队

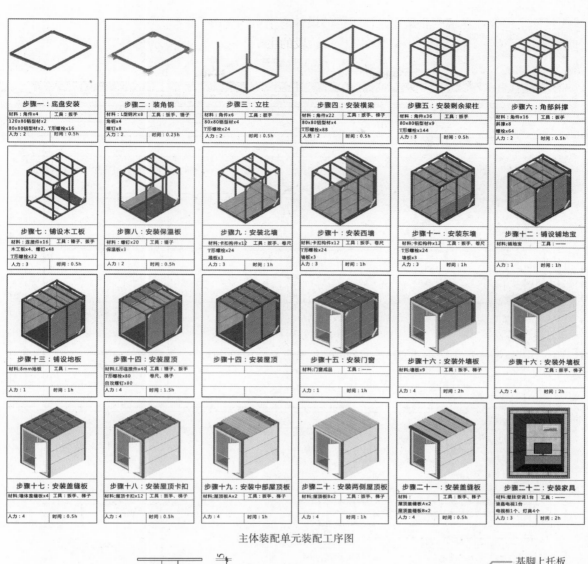

主体装配单元装配工序图

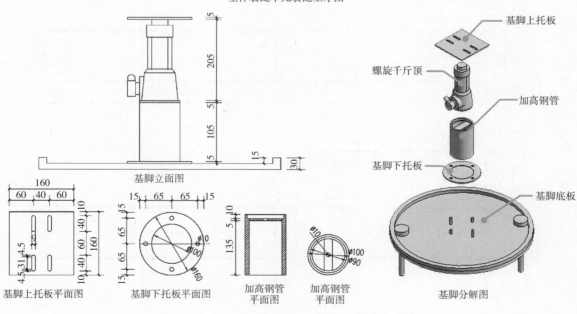

基脚制造图

图 7-16　第一代可移动铝合金建筑产品原型 2 建造设计阶段成果示例

图片来源:东南大学建筑学院建筑技术与科学研究所可移动建筑产品研发团队

第二代可移动铝合金建筑产品建造设计阶段的设计成果示例见图 7-17。

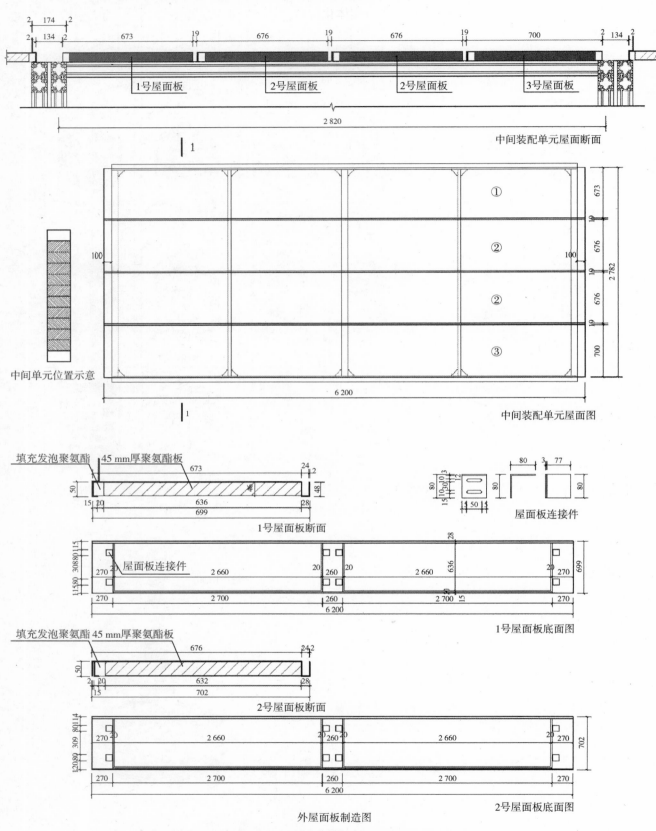

图 7-17 第二代可移动铝合金建筑产品建造设计阶段设计成果示例

图片来源:东南大学建筑学院建筑技术与科学研究所可移动建筑产品研发团队

5. 原型产品建造

原型产品建造阶段所需要完成的任务是进行实体化的可移动铝合金建筑原型产品的建造,通过原型产品的实际建造活动,以发现产品设计与实际建造过程中的所忽略或未预见到的问题,并积累从工厂制造、装配到现场建造过程中的经验,实现对产品研发最终成果的验证,为下一代产品的研发改进奠定基础。图 7-18、图 7-19、图 7-20 分别反映了第一代与第二代可移动铝合金建筑原型产品的建造过程。

图 7-18 第一代可移动铝合金建筑产品原型 1 建造过程

图片来源:东南大学建筑学院建筑技术与科学研究所可移动建筑产品研发团队

图 7-19 第一代可移动铝合金建筑产品原型 2 建造过程

图片来源：东南大学建筑学院建筑技术与科学研究所可移动建筑产品研发团队

图 7-20 第二代可移动铝合金建筑产品建造过程

图片来源:东南大学建筑学院建筑技术与科学研究所可移动建筑产品研发团队

第二节　可移动铝合金建筑产品研发集成多视图过程管理建模

可移动铝合金建筑产品研发过程管理主要是指是对可移动铝合金建筑产品研发的时间进程、人员组织及其所需的物力资源与财力资源进行计划、执行及监控活动。建立可移动铝合金建筑产品研发集成多视图过程管理模型是进行产品研发过程管理的重要前提，其为产品研发过程管理提供了管理工具。集成多视图研发过程管理建模从过程建模、产品建模、组织建模以及资源建模出发，首先形成过程、产品、组织和资源四种基本视图，然后通过将过程视图与产品、组织、资源视图进行集成，以最终形成集成多视图研发过程管理模型。以下便从产品视图、过程视图、组织视图、资源视图及多视图集成五个方面，以第二代可移动铝合金建筑产品为例，对可移动铝合金建筑产品研发集成多视图过程管理模型的内容进行阐述。

一、产品、过程、组织及资源视图

产品视图主要由产品系统分解结构图构成。可移动铝合金建筑产品系统分解结构主要包括三个层级。第一层级均由结构功能体、围护功能体、内装功能体与设备功能体构成。第二、三层级则根据不同产品的功能需求由相应的功能级、部件级产品模块等组成。关于可移动铝合金建筑产品系统分解结构的相关内容已在本章前文中进行了介绍，第二代产品的产品系统分解结构图如图 7-21 所示。

过程视图主要由产品研发过程分解结构图、产品研发流程图及产品研发时间进度计划表构成。产品研发时间进度计划表是过程视图的核心，产品研发过程分解结构图与产品研发流程图是制定产品研发时间进度表的基础。可移动铝合金建筑产品研发过程分解结构图及研发流程图可见本书第四章与第五章所建立的可移动建筑产品研发过程分解结构及产品研发流程模型。第二代可移动铝合金建筑产品研发时间进度计划表可见表 7-1。

组织视图主要由产品研发团队组织分解结构图和团队成员角色管理表构成。产品研发团队组织分解结构图由三个层级构成，产品总工程师为第一层级，项目规划管理小组构成第二层级，产品研发小组则为第三层级。产品研发小组又可具体向下分为结构功能体研发小组、围护功能体研发小组、内装功能体研发小组、设备功能体研发小组以及制造与装配研发小组。成员角色管理表具体说明了研发团队中产品总工程师、产品研发项目经理、产品研发小组组长及小组成员的各自人员姓名及其具体的职责。第二代可移动铝合金建筑产品研发团队组织分解结构图与成员角色管理表可见本书第六章的图 6-5 与表 6-5。

资源视图主要由物力资源需求清单以及项目成本预算表构成。物力资源需求清单对原型产品建造所需的各种材料、零部件、设备、机具等的数量、单价、规格、生产厂家、采购时间、使用时间等相关信息加以明确。项目成本预算表的内容主要包括人工成本、材料成本、零部件与设备购置

成本、工具、机械的购置或租用成本以及其他研发过程相关成本。第二代
可移动铝合金建筑产品研发的物力资源需求清单与项目成本预算表可参
见第六章的表 6-6、表 6-7。

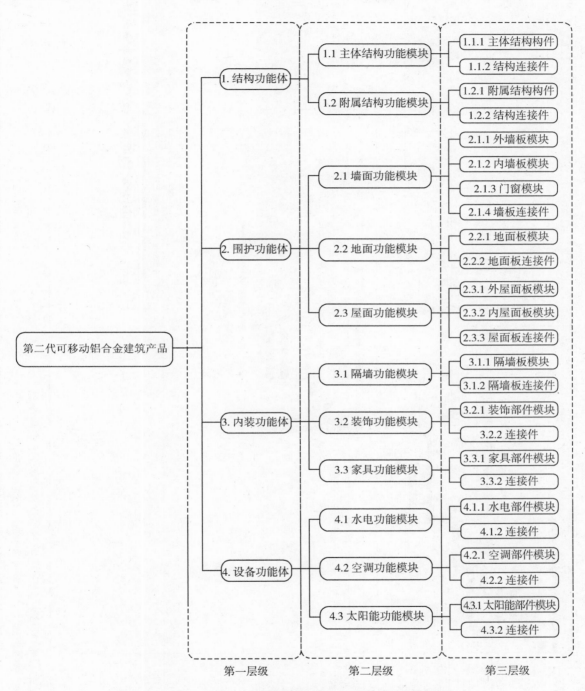

图 7-21　第二代可移动铝合金建筑产品系统分解结构

图片来源：作者绘制

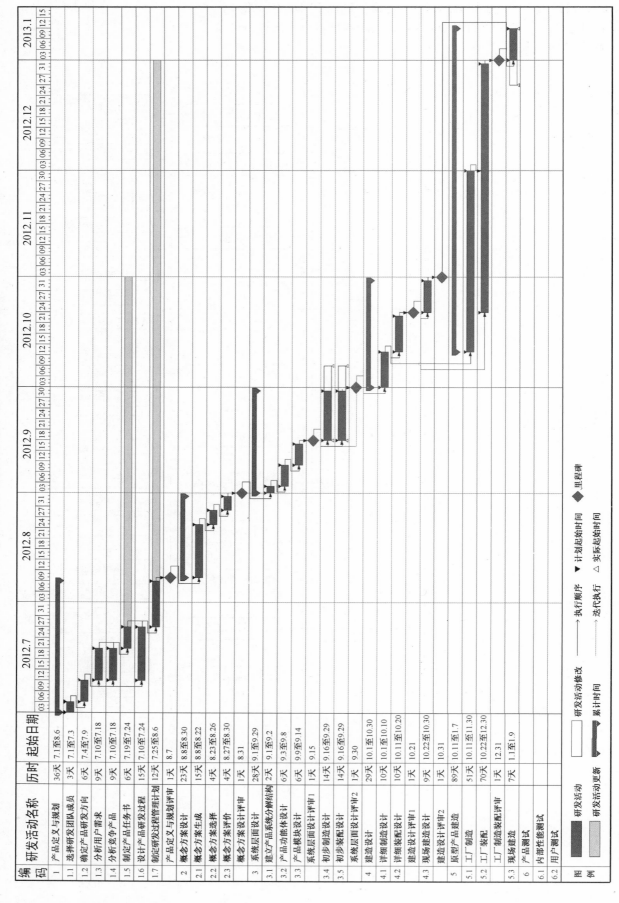

表 7-1　第二代可移动铝合金建筑产品研发时间进度计划表

编码	研发活动名称	历时	起始日期
1	产品定义与规划	36天	7.1至8.6
1.1	选择研发团队成员	3天	7.1至7.3
1.2	确定产品研发方向	6天	7.4至7.9
1.3	分析用户需求	9天	7.10至7.18
1.4	分析竞争产品	9天	7.10至7.18
1.5	制定产品任务书	6天	7.19至7.24
1.6	设计产品研发过程	15天	7.10至7.24
1.7	制定研发过程管理计划	12天	7.25至8.6
	产品定义与规划评审	1天	8.7
2	概念方案设计	23天	8.8至8.30
2.1	概念方案生成	15天	8.8至8.22
2.2	概念方案选择	4天	8.23至8.26
2.3	概念方案评价	4天	8.27至8.30
	概念方案设计评审	1天	8.31
3	系统层面设计	28天	9.1至9.29
3.1	建立产品系统分解结构	2天	9.1至9.2
3.2	产品功能体设计	6天	9.3至9.8
3.3	产品模块设计	6天	9.9至9.14
	系统层面设计评审1	1天	9.15
3.4	初步制造设计	14天	9.16至9.29
3.5	初步装配设计	14天	9.16至9.29
	系统层面设计评审2	1天	9.30
4	建造设计	29天	10.1至10.30
4.1	详细制造设计	10天	10.1至10.10
4.2	详细装配设计	10天	10.11至10.20
	建造设计评审1	1天	10.21
4.3	现场建造设计	9天	10.22至10.30
	建造设计评审2	1天	10.31
5	原型产品建造	89天	10.11至1.7
5.1	工厂制造	51天	10.11至11.30
5.2	工厂装配	70天	10.22至12.30
	工厂制造装配评审	1天	12.31
5.3	现场建造	7天	1.1至1.9
6	产品测试		
6.1	内部性能测试		
6.2	用户测试		

图例　　研发活动　　　研发活动修改　　　执行顺序　　　里程碑

　　研发活动更新　　　累计时间　　　迭代执行　　　计划起始时间　　　实际起始时间

表格来源：作者绘制

二、多视图集成

产品视图与过程视图集成生成可移动建筑产品研发活动实施信息表。产品研发活动实施信息表主要描述对产品功能体、产品模块、产品零部件进行设计、工厂制造、工厂装配以及现场建造所需的必要信息，具体包括相关负责人姓名、制造装配及建造的工序与工法、具体工作任务完成的起止时间以及完成相应工作所需的机具等。第二代可移动铝合金建筑产品研发活动实施信息表参见表6-8。

组织视图与过程视图集成生成可移动建筑产品研发流程组织信息图，其主要说明了研发小组及团队成员在研发过程中所承担的研发任务，明确了团队成员在具体的时间需要完成的具体工作。第二代可移动铝合金建筑产品研发流程组织信息图参见图6-5。

资源视图与过程视图集成生成可移动建筑产品研发活动物力资源需求计划表，其主要说明了各研发活动对物力资源的需求情况，明确了可移动建筑产品研发活动所需具体物力资源的名称、规格、数量、单价、获取的时间与地点以及使用的时间等信息。第二代可移动铝合金建筑产品研发活动物力资源需求计划表参见表6-9。

本章小结

本章以可移动铝合金建筑产品研发为具体案例，对基于过程的可移动铝合金建筑产品研发过程设计与集成多视图过程管理建模进行了阐述。具体介绍了可移动铝合金建筑产品系统分解结构、产品研发活动的内容及成果、产品研发流程以及产品研发集成多视图过程管理模型中产品、过程、组织、资源视图与多视图集成的内容。

总结与展望

　　向制造业学习,用制造业的生产方式革新建筑业,走建筑工业化之路是当前与未来建筑业的发展方向。可移动建筑产品是实现建筑工业化有效载体之一。可移动建筑产品生产通过借鉴、吸收、转化先进制造业的研发、制造及管理模式,将建筑业与制造业深度整合,将传统的建筑设计转变为建筑产品研发,将建筑现场施工转变为建筑产品的工厂化制造与装配,将设计与建造相分离的传统建设模式转变为一体化的建筑产品研发与建造过程,最终实现建筑产品研发与建造模式向制造业方向的转变。本书对基于过程的可移动建筑产品研发设计及过程管理方法的研究有利于促进可移动建筑行业产品研发体系的完善与管理水平的提高,推动可移动建筑行业的进一步优化升级。

一、总结

1. 实现建造是可移动建筑产品研发的最终目的

　　本书从产品视角审视设计的目标,从过程视角关注设计与建造的相互关系,从过程管理视角关注产品研发的全过程控制,研究的最终目的是要解决建造什么、如何建造以及怎样建造的问题,并实现最终的建造。

2. 面向建造的可移动建筑产品研发设计

　　本书基于并行工程理论与产品总体设计思想,提出要摒弃设计与建造相分离的传统建设模式,转而建立设计与建造的并行、一体化关系,强调应运用面向建造的设计方法,在研发前期阶段便对后期的工厂制造、装配及现场建造活动加以关注并展开并行、一体化设计。

3. 由传统建筑作品模式向工业化建筑产品模式转变

　　本书通过学习借鉴制造业的产品研发理论、方法与技术,基于过程的产品研发设计与过程管理两个角度,研究了传统建筑作品模式向工业化建筑产品模式转变的路径与方法。

　　本书运用系统与集成理论,在并行工程体系结构基础上对可移动建筑产品研发过程进行系统分析,通过选择确定研发过程系统要素,并对要素间的协同性、集成性、整体性进行综合优化整合,构建起可移动建筑产品研发过程系统结构,为实现研发过程系统功能奠定了基础,为建设可移动建筑产品研发过程系统提供了较完整的理论与方法体系。

　　通过对过程系统要素的内在运行机制进行研究,从产品研发过程设计与产品研发过程管理两方面,提出了具体的研发、管理方法与相关技术,最终完成对过程系统要素的构建。具体的研发、管理方法与技术包括:可移动建筑产品研发过程分解结构的构建方法;可移动建筑产品研发活动的相关研发设计方法;基于设计结构矩阵的可移动建筑产品研发流程设计方法;基于集成多视图过程建模技术的可移动建筑产品研发过程管理建模方法。

首先确立了可移动建筑产品研发过程系统的构成要素,以并行工程的体系结构为蓝本,提出了由执行域、支撑域和管理域构成的可移动建筑产品研发过程三域系统结构;然后,在建立可移动建筑产品研发过程分解结构基础上,明确了产品定义与规划、概念方案设计、系统层面设计、建造设计、原型产品建造以及产品测试阶段的研发活动内容,提出了可移动建筑产品任务书的制定方法、可移动建筑产品研发概念方案设计方法以及面向建造的设计方法等研发设计方法;接下来,运用基于设计结构矩阵的并行产品研发过程优化方法,提出了可移动建筑产品研发流程设计的基本步骤与方法,完成了可移动建筑产品研发流程模型的构建;最后,基于集成多视图过程建模技术,提出了适用于可移动建筑产品研发过程管理的集成多视图研发过程管理建模方法,建立起由产品研发时间进度计划表、产品研发过程分解结构图、产品研发流程图、产品研发活动实施信息表、产品系统分解结构图、产品研发团队组织分解结构图、团队成员角色管理表、产品研发流程组织信息图、物力资源需求清单、产品研发活动物力资源需求计划表以及项目成本预算表构成的可移动建筑产品集成多视图研发过程管理模型。

二、研究进展

本书主要对基于过程的可移动建筑产品研发设计方法与过程管理方法进行了研究与探讨,然而可移动建筑产品生产是包含研发设计、工厂制造装配、现场建造以及全过程管理在内的复杂过程,仍有大量的研发、制造、建造与管理问题需要探索研究。在本书写作期间,作者所在的东南大学建筑学院建筑技术与科学研究所可移动建筑产品研发团队在前三代产品研发成果与经验积累基础上,对产品设计、建造及过程管理等方面展开了更进一步的深入研究,建立并完善了基于可移动建筑产品的轻型建筑系统,研发出第四代可移动建筑产品"梦想居",该产品已于 2015 年 11 月在常州市武进绿色建筑产业集聚示范区建造完成。

（1）在产品设计方面,第四代可移动建筑产品进一步优化拓展了产品功能,产品系统更加成熟。第四代产品主要由 12 个箱体装配单元组成,12 个箱体在工厂预制装配完成,在施工现场整体拼装为 4 个建筑单体。4 个单体通过围廊相互联系,形成合院形式(图 1)。第四代产品的结构功能体采用了轻型钢结构,其在提高结构强度的同时,大大降低了产品造价成本,拓展了产品适应性。结构功能体的结构构件、连接件均为专门设计的标准件,全部采用螺栓连接方式,形成通用化的产品平台(图 2)。第四代产品的结构功能体在原有箱体结构模块、附属基座结构模块及太阳能结构架模块基础上,又增加了坡屋面屋顶结构模块以及围廊结构模块,为提高产品性能及扩展功能奠定了基础。

第四代可移动建筑产品的围护功能体也进行了全新设计,研发出新型模块化复合围护构造。墙面由外墙板模块、内墙板模块及空气间层组成。外墙板主要由铝装饰板与聚氨酯板复合而成,内墙板则主要由聚氨

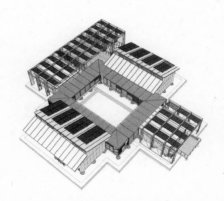

图 1　第四代可移动建筑产品模型

图片来源:东南大学建筑学院建筑技术与科学研究所可移动建筑产品研发团队

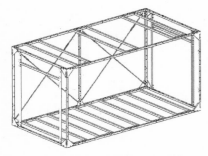

图2 第四代可移动建筑产品主体结构模块

图片来源：东南大学建筑学院建筑技术科学研究所可移动建筑产品研发团队

酯板与木质板材构成，内外墙板沿空气间层一侧覆有热辐射反射膜。屋面板与地面板基本采用了与墙面板一致的构造。模块化复合围护构造使围护体形成内外6个连续的绝热面，杜绝了冷桥。在功能系统集成方面，第四代产品在前三代基础上又完善了太阳能功能模块、水电功能模块、装饰功能模块及家具功能模块，增加了卫浴功能模块、智能化功能模块以及污水处理模块。太阳能光伏组件除了安装于太阳能结构架外，还结合坡屋面进行了集成安装（图3）。

第四代产品的研发完成进一步扩展了可移动建筑产品系列，进一步优化完善了产品设计以及工业化的制造、装配与建造技术，使可移动建筑产品的性能有了大幅提高，进一步增强了产品的市场适应性与市场竞争力。

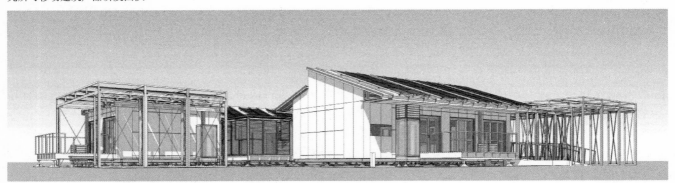

图3 第四代可移动建筑产品效果图

图片来源：东南大学建筑学院建筑技术科学研究所可移动建筑产品研发团队

（2）在建造方面，第四代可移动建筑产品的工厂预制装配完成度进一步提高，各功能模块绝大多数已在工厂装配完成，在施工现场只需进行各箱体单元的总体拼装工作，现场建造时间进一步缩短，建造效率进一步提高。第四代产品的可调节式基础技术更加成熟，其可适应各种不同地形条件，可快速进行基础定位、基座调平等工作。第四代可移动建筑产品研发基于BIM技术建立起完善的建筑信息模型，利用信息模型制定了详尽的建造施工工法，以落实、指导具体的建造工作，保证工厂与现场建造活动的高效实施。

（3）在过程管理方面，第四代可移动建筑产品的研发设计与原型产品建造阶段实施了时间进程管理、人员组织管理、物力资源管理及财力资源管理，并均制定了周密的管理计划。通过利用集成多视图研发过程管理模型工具，制定了包括时间进度计划表、研发过程分解结构图、研发流程图、研发活动实施信息表、产品系统分解结构图、研发团队组织分解结构图、团队成员角色管理表、产品研发流程组织信息图、物力资源需求清单、研发活动物力资源需求计划表以及项目成本预算表在内的众多图表。在研发与建造过程中，图表系统被不断修正优化，最终通过对图表内容的落实执行，完成了从设计、工厂制造装配、运输、现场建造到人员组织、材料采购、机具装备选择、成本控制等在内的研发建造全过程管控，实现了时间、人力、物力、财力的高度统一。

参考文献

学术著作

1　张钦楠. 建筑设计方法学[M]. 第 2 版. 北京:清华大学出版社,2007

2　肖艳玲. 系统工程理论与方法[M]. 第 2 版. 北京:石油工业出版社,2012

3　黄杰. 信息管理集成论[M]. 北京:经济管理出版社,2006

4　海峰. 管理集成论[M]. 北京:经济管理出版社,2003

5　姚振强,张雪萍. 敏捷制造[M]. 北京:机械工业出版社,2004

6　秦现生,同淑荣,王润孝,等. 并行工程的理论与方法[M]. 西安:西北工业大学出版社,2008

7　[美]项目管理协会. 项目管理知识体系指南(PMBOK 指南)[M]. 许江林,译. 第 5 版. 北京:电子工业出版社,2013

8　冯俊文,高鹏,王华亭. 项目现代管理学[M]. 北京:经济管理出版社,2009

9　胡越. 建筑设计流程的转变——建筑方案设计方法变革的研究[M]. 北京:中国建筑工业出版社,2012

10　[美]大卫·G. 乌尔曼. 机械设计过程[M]. 黄靖远,刘莹,译. 第 3 版. 北京:机械工业出版社,2006

11　[美]卡尔·T. 犹里齐,斯蒂芬·D. 埃平格. 产品设计与开发[M]. 杨德林,译. 第 4 版. 大连:东北财经大学出版社,2009

12　梁开荣,张琦. 汽车精益集成产品开发[M]. 北京:机械工业出版社,2013

13　钟元. 面向制造和装配的产品设计指南[M]. 北京:机械工业出版社,2011

14　张旭,王爱民,刘检华. 产品设计可装配性技术[M]. 北京:航空工业出版社,2009

15　唐敦兵,钱晓明,刘建刚. 基于设计结构矩阵 DSM 的产品设计与开发[M]. 北京:科学出版社,2009

16　范周田. 模糊矩阵理论与应用[M]. 北京:科学出版社,2006

17　谢季坚,刘承平. 模糊数学方法及其应用[M]. 第 4 版. 武汉:华中科技大学出版社,2013

18　[德]Specker A. 信息系统建模——信息项目实施方法手册[M]. 黄官伟,霍佳震,魏巍,译. 第 2 版. 北京:清华大学出版社,2007

19　雷金荣. 管理学原理[M]. 北京:北京大学出版社,2012

20　[美]罗伯特·安格斯,诺曼·冈德森,托马斯·卡利南恩. 项目的计划、实施与控制[M]. 周晓红,译. 第 3 版. 北京:机械工业出版社,2005

21　来可伟,殷国富. 并行设计[M]. 北京:机械工业出版社,2003

22　黎志涛. 建筑设计方法[M]. 北京:中国建筑工业出版社,2010

23　[美]詹姆斯·摩根,杰弗瑞·莱克. 丰田产品开发体系[M]. 精益企业中国,译. 北京:中国财政经济出版社,2008

24　纪雪洪,马玉波. 产品设计、流程设计与供应链设计的决策协调——基于汽车制造业的研究[M]. 北京:知识产权出版社,2012

25　[加]罗伯特·G. 库珀. 新产品开发流程管理——以市场为驱动[M]. 青铜器软件公司,译. 第 3 版. 北京:电子工业出版社,2010

26　[美]斯蒂芬·基兰,詹姆斯·廷伯莱克. 再造建筑——如何用制造业的方法改造建筑业[M]. 何清华,译. 北京:中国建筑工业出版社,2009

27　纪颖波. 建筑工业化发展研究[M]. 北京:中国建筑工业出版社,2011

28　曹吉鸣. 工程施工组织与管理[M]. 上海:同济大学出版社,2011

29　赵志缙,应惠清. 建筑施工[M]. 第 4 版. 上海:同济大学出版社,2004

30　王玉荣,彭辉. 流程管理[M]. 第 3 版. 北京:北京大学出版社,2008

31　杨建军. 产品设计可制造性与生产系统[M]. 北京:航空工业出版社,2009

32 [德]H. 布雷斯,U. 赛福尔特. 汽车工程手册:德国版[M]. 魏春源,译. 北京:机械工业出版社,2012

33 [日]鸠田幸夫,渡边衡三,关根太郎. 汽车设计制造指南[M]. 王利荣,译. 北京:机械工业出版社,2012

34 成艾国,沈阳,姚佐平. 汽车车身先进设计方法与流程[M]. 北京:机械工业出版社,2011

35 [丹麦]斯蒂芬·埃米特. 建筑师设计管理[M]. 田原,蔡红,译. 北京:中国建筑工业出版社,2011

36 沈源. 下一位建筑大师——技术管理使你的创意实现[M]. 北京:中国建筑工业出版社,2010

37 李通. 设计程序——工业设计流程与方法[M]. 天津:天津大学出版社,2007

38 [澳]乔治·李·赛伊. 六西格玛精益流程——业务持续改善的实用指导[M]. 任月园,译. 上海:东方出版社,2011

39 [美]特里·李·斯通. 如何管理设计流程:设计执行力[M]. 刘硕,译. 北京:中国青年出版社,2012

40 杨兴文. 流程管理的 55 个关键细节[M]. 北京:中国电力出版社,2011

41 [美]艾伦·C.沃德. 精益产品和流程开发[M]. 周健,赵克强,译. 北京:机械工业出版社,2011

42 [美]杰弗瑞·莱克. 丰田模式——精益制造的 14 项管理原则[M]. 李芳龄,译. 北京:机械工业出版社,2011

43 [日]釜池光夫. 汽车设计——历史·实务·教育·理论[M]. 张福昌,李勇,译. 北京:中国电力出版社,2010

44 柏庭卫,顾大庆,胡佩玲. 香港集装箱建筑[M]. 北京:中国建筑工业出版社,2004

45 陈立云,金国华. 跟我们做流程管理[M]. 北京:北京大学出版社,2010

46 [美]项目管理协会. 工作分解结构(WBS)实施标准[M]. 强茂山,陈平,译. 第 2 版. 北京:电子工业出版社,2008

47 杨向东. 产品系统设计[M]. 北京:高等教育出版社,2008

48 Pugh S. Total Design:Integrated Methods for Successful Product Engineering[M]. New Jersey:Addison-wesley, 1991:5

49 Pahl G, Beitz W. Engineering Design:A Systematic Approach[M]. 3rd ed. London:Springer-Verlag London Limited, 2007:130

50 Siegal J. More Mobile:Portable Architecture for Today[M]. New York:Princeton Architectural Press, 2008

51 Kronenburg R. Portable Architecture[M]. Burlington:Architectural Press,2003

52 Kronenburg R. Architecture in Motion:The History and Development of Portable Building[M]. New York:Routledge Press, 2014

53 Kronenburg R. Portable Architecture:Design and Technology[M]. Basel:Birkhauser Verlag AG Press, 2008

54 Smith R E. Prefab Architecture:A Guide to Modular Design and Construction[M]. Hoboken:John Wiley & Sons Inc, 2010

55 Grady J O. System Synthesis:Product and Process Design[M]. Boca Raton:CRC Press, 2010

56 Swift K G, Booker J D. Process Selection:From Design to Manufacture[M]. 2nd ed. Burlington:Butterworth-Heinemann, 2003

57 Cross N. Engineering Design Methods:Strategies for Product Design[M]. 4th ed. Chichester:John Wiley & Sons Ltd, 2005

58 Haik Y, Shahin T. Engineering Design Process[M]. 2nd ed. Stamford:Cenga-ge Learning, 2011

学术期刊

59 林施颖. 轻钢结构活动房屋的现状及发展趋势[J]. 钢结构,2011,26(10):54

60 朱竞翔,夏衍. 下寺村新芽环保小学[J]. 世界建筑,2010(10):49-50

61 吴程辉,朱竞翔. 湿地中的庇护所——上海浦东新区南汇东滩禁猎区工作站[J]. 建筑学报,2013(9):25-28

62 李强,郝际平. 拼装式铝合金活动房在竖向荷载作用下的蒙皮效应[J]. 建筑结构, 2010,40(11):87

63 于景元. 钱学森的现代科学技术体系与综合集成方法论[J]. 中国工程科学,2001,3 (11):15

64 于景元. 钱学森综合集成体系[J]. 西安交通大学学报,2006,26(80):41,45

65 常绍舜. 从经典系统论到现代系统论[J]. 系统科学学报,2011,19(3):1

66 魏宏森,王伟. 广义系统论的基本原理[J]. 系统辩证学学报,1993(1):54

67 李伯虎,柴旭东,朱文海. 复杂产品集成制造系统技术[J]. 航空制造技术,2002(12):18

68 李伯虎,吴澄. 现代集成制造的发展与 863/CIMS 主题的实施策略[J]. 计算机集成制造系统-CMIS,1998(5):7-8

69 肖田元,韩向利,张林鍹. 虚拟制造内涵及其应用研究[J]. 系统仿真学报,2001,13(1):121

70 董明,程福安,查建中,等. 并行设计过程的一种矩阵规划方法[J]. 天津大学学报,1997,30 (4):411-412

71 李爱平,许静,刘雪梅. 基于设计结构矩阵的耦合活动集求解改进算法[J]. 计算机工程与应用,2011,47(17):35-36

72 朱全敏,熊光楞,辜承林. 并行工程环境下过程建模的多视图方法研究[J]. 华中科技大学学报,2001,29(5):21-23

73 谢列卫,吴祚宝. 集成产品设计多视图建模问题研究[J]. 浙江工业大学学报,2000, 28(1):37-42

74 李小燕,刘敬军,张琴舜. 基于 P-PROCE 集成多视图建模的产品开发过程管理[J]. 机械科学与计术,2000,19(2):336-338

75 陈雪杰. 可持续发展的国内集装箱建筑应用探究[J]. 中国住宅设施,2011(9):55

76 张宏,丛勐,甘昊.用于既有建筑扩展的铝合金轻型结构房屋系统[J].建筑科技,2013(13)

77 丛勐,张宏.设计与建造的转变——可移动铝合金建筑产品研发[J].建筑与文化,2014(11)

78 田利.建筑设计基本过程研究[J].时代建筑,2005(3)

79 姜勇.项目全程管理——建筑师业务的新领域[J].建筑学报,2004(5)

80 姜勇.职业与执业——中外建筑师之辨[J].时代建筑,2007(2)

81 姜勇.精品化策略与中国建筑的制度创新——中国建筑设计制度之思考[J].世界建筑,2004(12)

82 赵红斌.基于设计方法论的建筑设计过程研究[J].建筑与文化,2014(6)

83 徐维平.建筑(项目)设计的过程管理与控制[J].时代建筑,2005(3)

84 周榕.知识经济时代建筑师角色解放与价值回归[J].建筑学报,2000(1)

85 吴峰.可移动建筑物的特点及设计原则[J].沈阳建筑工程学院学报,2001,17(3)

86 肖毅强."临时性建筑"概念的发展分析[J].建筑学报,2002(7)

87 林施颖.轻钢结构活动房屋的现状及发展趋势[J].钢结构,2011,26(10)

88 石永久,程明,王元清.铝合金在建筑结构中的应用与研究[J].建筑科学,2005,21(6)

89 吴秋明,李必强.集成与系统的辩证关系[J].系统辩证学学报,2003,11(3)

90 米洁.产品与过程集成开发机制研究[J].中国制造业信息化,2007,36(23)

91 同淑荣,李浩,张新卫,等.集成产品开发的协同和并行化实现途径[J].制造业自动化,2007,29(9)

92 王国庆.集成产品开发模式的探索与实践[J].航天工业管理,2013(2)

93 孙亚东,张旭,宁汝新,等.基于层次化设计结构矩阵的复杂产品研发过程研究[J].机械工程学报,2011,47(16)

94 裘乐森,张树有,徐春伟,等.基于动态设计结构矩阵的复杂产品配置过程规划技术[J].机械工程学报,2010,46(7)

95 王爱虎,杨曼丽.基于设计结构矩阵的过程系统优化方法[J].工业工程,2005,8(6)

96 张东民,廖文和,罗衍领.基于设计结构矩阵的设计过程建模研究[J].应用科学学报,2004,22(4)

97 米洁.基于协同设计的集成过程规划研究[J].机械设计与制造,2008(12)

98 柳玲,胡登宇,李百战.基于设计结构矩阵的过程模型优化算法综述[J].计算机工程与应用,2009,45(11)

99 刘彬,米东,杜晓明,等.基于多视图的复杂系统仿真概念模型体系结构研究[J].计算机应用研究,2011,28(10)

100 薛善良,叶文华,廖文和.产品并行开发过程建模研究[J].机械科学与技术,2005,24(2)

101 Steward D V. The Design Structure System：A Method for Managing the Design of Complex System[J]. IEEE Transactions on Engineering Management，1981，28(3)：71-74

102 Simth R P, Eppinger S D. A Predictive Model of Sequential Iteration in Engineeering Design[J]. Management Science，1997，43(8)：1104-1120

103 Yassine A，Braha D. Complex Concurrent Engineering and the Design Structure Matrix Method[J]. Concurrent Engineering Research and Application，2003，11(3)：165-167

104 Browning T R. Applying the Design Structure Matrix to System Decomposition and Integration Problems—A Review and Directions[J]. IEEE Transactions on Engineering Management，2001，48(3)：292-306

学位论文

105 武照云.复杂产品开发过程规划理论与方法研究[D].合肥:合肥工业大学,2009

106 王晶.我国居住地产项目规划与建筑设计流程研究[D].天津:天津大学,2008

107 蔡玉春.面向产业化的钢结构住宅工程管理模式研究[D].武汉:武汉理工大学,2010

108 成飞飞.建筑产品设计过程建模与仿真研究[D].哈尔滨:哈尔滨工业大学,2009

109 钱晓明.面向并行工程的产品开发过程关键技术研究[D].南京:南京航空航天大学,2004

110 吴子燕.项目驱动下建筑产品并行设计关键技术研究[D].西安:西北工业大学,2006

111 曹守启.复杂产品开发过程规划及其支撑技术研究[D].上海:上海大学,2005

112 郭峰.机械产品设计过程的建模、评价与优化方法研究[D].杭州:浙江大学,2007

113 古莹奎.集成产品开发过程规划及其微观特性分析[D].大连:大连理工大学,2004

114 侯俊杰.集成环境下产品开发方法及过程管理研究[D].西安:西北工业大学,2003

115 孔建寿.面向协同产品开发过程的集成管理技术研究[D].南京:南京理工大学,2004

116 解放.并行工程中产品开发过程的工作流管理研究[D].南京:南京航空航天大学,2002

117 李成标.面向产品创新的管理集成理论与方法[D].武汉:武汉理工大学,2002

118 高颖.住宅产业化——住宅部品体系集成化技术及策略研究[D].上海:同济大学,2006

119　余本功. 复杂产品开发过程建模与管理研究[D]. 合肥：合肥工业大学，2011
120　陈庭贵. 基于设计结构矩阵的产品开发过程优化研究[D]. 武汉：华中科技大学，2009
121　陈彦海. 产品设计与工艺设计过程建模及其并行技术研究[D]. 天津：天津大学，2006
122　秦笛. 建筑的可移动性研究——以工业化住宅为例[D]. 南京：东南大学，2009
123　晁新强. 新型铝合金军用活动房承载力试验研究[D]. 西安：西安建筑科技大学，2007
124　古美莹. 建筑整体环境性能设计流程研究[D]. 广州：华南理工大学，2011
125　孟海港. 当前国内建筑设计管理及技术平台问题研究[D]. 南京：东南大学，2008
126　王伟男. 当代集装箱装配式建筑设计策略研究[D]. 广州：华南理工大学，2011
127　赵鹏. 集装箱建筑适应性设计与建造研究[D]. 长沙：湖南大学，2011
128　宋劲军. 箱式活动住宅设计研究[D]. 广州：华南理工大学，2012
129　黄甫丹丹. 基于并行工程的新产品开发流程优化及进度管理研究[D]. 天津：天津理工大学，2012
130　杨丽萍. 基于并行工程的产品开发过程规划方法研究[D]. 长沙：湖南大学，2011
131　周天翔. 摩托罗拉产品研发流程管理分析[D]. 上海：上海交通大学，2009
132　陈艳芬. 制造企业产品研发流程管理过程研究[D]. 上海：同济大学，2005
133　陈继学. 基于并行工程的工程机械新产品开发模式研究[D]. 上海：同济大学，2005

国家标准

134　建设部建筑制品与构配件产品标准化技术委员会. JG 151—2003T　建筑产品分类和编码[S]. 北京：中国标准出版社，2003
135　中华人民共和国国家质量监督检验检疫总局. GB/T 20000.1—2002　标准化工作指南第 1 部分：标准化和相关活动的通用词汇[S]. 北京：中国标准出版社，2002

报纸文章

136　吴涛. 加快转变建筑业发展方式　促进和实现建筑产业现代化[N]. 中国建设报，2014-02-28(8)

其他

137　刘佩弦，常冠吾. 马克思主义与当代辞典[M]. 北京：中国人民大学出版社，1988
138　黄汉江. 建筑经济大辞典[M]. 上海：上海社会科学院出版社，1990